■ 公益性行业（农业）科研专项经费项目

农业机械
适用性评价技术
集成研究论文精选集

农业机械适用性评价技术集成研究项目组　编

中国农业科学技术出版社

图书在版编目（CIP）数据

农业机械适用性评价技术集成研究论文精选集／农业机械适用性评价技术集成研究项目组编 . —北京：中国农业科学技术出版社，2014.8

ISBN 978 - 7 - 5116 - 1737 - 8

Ⅰ. ①农⋯　Ⅱ. ①农⋯　Ⅲ. ①农业机械 - 适用性 - 评价 - 文集　Ⅳ. ①S232 - 53

中国版本图书馆 CIP 数据核字（2014）第 138153 号

责任编辑	徐　毅　张国锋
责任校对	贾晓红

出 版 者	中国农业科学技术出版社
	北京市中关村南大街 12 号　邮编：100081
电　　话	(010) 82106636（编辑室）　(010) 82109702（发行部）
	(010) 82109704（读者服务部）
传　　真	(010) 82106631
网　　址	http：//www. castp. cn
经 销 者	各地新华书店
印 刷 者	北京富泰印刷有限责任公司
开　　本	787 mm × 1 092 mm　1/16
印　　张	23.5
字　　数	580 千字
版　　次	2014 年 8 月第 1 版　2014 年 8 月第 1 次印刷
定　　价	88.00 元

内容简介

　　"农业机械适用性评价技术集成研究"是国家公益性行业（农业）科研专项，立项于 2009 年 1 月份。项目包括七个子课题：农机适用性评价技术理论模型研究、农业机械适用性评价技术种类研究、农业机械适用性评价通用技术规则研究、农业机械适用性区域划分谱系研究、农业机械适用性评价标准体系研究、农机农艺结合模式及农机动力配备优化研究和农业机械作业状态参数采集传输系统研究。项目第一承担单位为农业部农业机械试验鉴定总站，协作单位包括中国农业大学、中国农业机械化科学研究院、农业部南京农业机械化研究所和江苏、河南、甘肃、山东、山西、内蒙古、吉林、四川 8 家省级农机鉴定站。项目历时五年，研究人员在实地试验调查、查阅大量文献和科学研究的基础上共撰写并发表论文六十余篇。本书精选其中 50 篇论文成册出版，可为农机试验鉴定、农机化管理、科研、推广等相关人员开展农机适用性评价研究提供参考。

目　录

关于联合收割机国家标准中
"谷物穗幅差" 术语的商榷[*]

兰心敏

（农业部农业机械试验鉴定总站）

　　使用联合收割机是抢农时、保收成的重要手段。随着科技创新和技术进步，各种新型联合收割机不断涌现，技术质量水平不断提升。然而，农民用户对联合收割机作业质量的要求也越来越高。这就需要在大力支持企业研制开发技术先进的高性能联合收割机的同时，更要深入开展联合收割机试验和质量评价技术方法的研究，以确保质量评价的科学性和准确性。谷物穗幅差是联合收割机的重要试验条件和评价指标，其准确性直接影响联合收割机的作业性能和适用性评价。

1　谷物穗幅差的重要性

1.1　穗幅差反映谷物自然状态的特征

　　这里的谷物专指小麦和水稻。由于品种的差异，各地的种植习惯和环境、气候的不同，以及水肥供应、田间管理等差异，造成小麦和水稻单株的高矮、粗细不一，谷穗的长度、形态不一致，有带芒的，有不带芒的。谷穗在自然状态下，有直立的，也有弯曲的。弯曲的谷穗，又有穗尖高于穗根和低于穗根之分。直立的和弯曲的谷穗形态特征不一样，其表征的穗幅差也不同，这是由小麦、水稻本身特性所决定的（图1至图3）。

图 1　直立谷穗

图 2　弯曲的穗尖高于
　　　　穗根谷穗

图 3　弯曲的穗尖低于
　　　　穗根谷穗

＊　基金项目：农业部 2009 年公益性行业（农业）科研专项经费项目（200903038）

1.2　穗幅差大小影响联合收割机的作业质量

GB/T 20790—2006《半喂入联合收割机 技术条件》标准要求谷物穗幅差不大于250mm。穗幅差大于250mm 时，全喂入联合收割机可以在喂入量允许条件下，通过调整割茬高度等措施来保证收获作业质量，而半喂入联合收割机就不那么容易了。半喂入联合收割机收获作业时，将收割下来的谷物通过夹持链，从脱粒滚筒的喂入端输入脱粒室，沿脱粒滚筒轴线方向运动并完成脱粒。当谷物穗幅差大于250mm 时，也就意味着较低作物茎秆的谷穗会夹在较高作物茎秆中，无法进入脱粒室脱粒，很容易随谷物茎秆掉落田间而造成损失，影响联合收割机的作业质量。可见，谷物穗幅差是半喂入联合收割机田间性能试验的重要条件之一，需要引起高度重视。

2　标准中谷物穗幅差定义及存在问题

2.1　穗幅差定义

GB/T 6979.1—2005《收获机械 联合收割机及功能部件 第1部分 词汇》标准给出的穗幅差定义为：每测点选有代表性的最高、最低的植株，测量茎秆基部（地面起）至穗尖（不包括芒）的高度，其差值为穗幅差。

2.2　存在的问题

① "每测点选有代表性的最高、最低的植株"，未明确是测点一束作物中的最高、最低植株，还是测点相邻几束作物中的最高、最低植株，不易操作。

② "测量茎秆基部（地面起）至穗尖（不包括芒）的高度差"，没有考虑谷穗的形态因素，如直立谷穗和弯曲谷穗的区别等。不同形态的谷穗，测量结果也不同。

③ 测量结果只能反映谷物的形态特征，而无法准确评价谷物适于联合收割机作业的程度。当穗幅差测量结果等于250mm 时，其实较低作物茎秆的谷穗已在250mm 以外，因无法进入脱粒室脱粒而夹在较高作物茎秆中掉落田间，成为夹带损失，进而影响半喂入联合收割机作业质量评价的科学性和准确性（图4）。图5 和图6 所示的谷物穗幅差未计入较高作物茎秆的谷穗，在喂入脱粒时，由于喂入基准的上移而同样造成较低作物茎秆谷穗的损失。

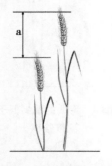

图4　谷物穗幅差 A

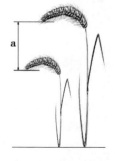

图5　谷物穗幅差 B

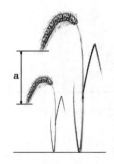

图6　谷物穗幅差 C

3　谷物穗幅差的研究结果

近些年来，农业部农业机械试验鉴定总站完成的联合收割机田间性能试验多达 200 余项，其中，半喂入联合收割机也有 50 余项。在研究联合收割机的测试技术、试验方法，以及影响联合收割机作业质量因素中发现，谷物穗幅差不但与作物植株的高低有关，而且与谷穗的形态有关。因此，谷物穗幅差应分两种情况进行定义。

① 对于谷穗直立或谷穗弯曲下垂且穗尖高于谷穗根部的作物，穗幅差是指一束作物中最高植株茎秆基部至谷穗顶部（不包括芒）的长度，减去最低植株茎秆基部至谷穗根部长度的差值（图 7，图 8）。

② 对于谷穗弯曲下垂且穗尖低于谷穗根部的作物，穗幅差是指一束作物中最高植株茎秆基部至谷穗顶部（不包括芒）的长度，减去最低植株茎秆基部至穗尖（不包括芒）长度的差值（图 9）。

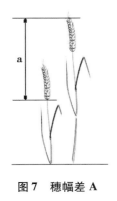
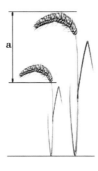
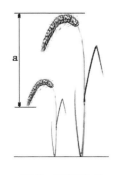

图 7　穗幅差 A　　　　　　图 8　穗幅差 B　　　　　　图 9　穗幅差 C

4　谷物穗幅差的测定及注意事项

4.1　穗幅差的测定

用五点法在选定的田间试验区内确定测点，每个测点测试 10 束作物，5 点共测 50 束，取算术平均值作为测量结果。

① 对于谷穗直立或谷穗弯曲下垂且穗尖高于谷穗根部的作物，在一束作物中，先测量最高植株茎秆基部至谷穗顶部的距离，再测量最低植株茎秆基部至谷穗根部的距离，二者的差值即为穗幅差。

② 对于谷穗弯曲下垂且穗尖低于谷穗根部的作物，在一束作物中，先测量最高植株茎秆基部至谷穗顶部的距离，再测量最低植株茎秆基部至穗尖的距离，二者的差值即为穗幅差。

4.2　注意事项

① 确定谷穗的形态，采用正确的测量方法。

② 在作物自然状态下测定，不能有手扶等外力作用于作物植株。

③ 测量工具应垂直田面，不能倾斜和随意移动。

④ 测量基准应选定一束作物茎秆的基部，测量时不能随意改变。

⑤ 测量对象是一束作物的最高植株和最低植株，不应在相邻几束作物中任意选定。

⑥ 测量时，不包括麦芒或稻芒。

5 研究结果的应用

本文研究的谷物穗幅差测定方法，已经成功应用于农业部批准实施的谷物联合联合收割机推广鉴定大纲中。经过几年的实际应用情况表明，所述谷物穗幅差测定方法操作简便易行，测试准确、效率高，能够准确反映作物的性状特征，在统一试验条件、规范试验方法、确保试验结果可比性等方面，取得了显著成效，受到生产企业与鉴定机构的一致认可和好评。

农业机械适用性标准体系研究与构建[*]

陈俊宝[1] 张咸胜[1] 吕树盛[2] 赵丽伟[2] 林玉涵[2] 杨兆文[1]

（1. 中国农业机械化科学研究院，北京 100083；
2. 国家农机具质量检测监督检验中心，北京 100083）

摘 要：分析了我国农业机械标准存在的问题，介绍了建立农业机械适用性评价标准体系的原则。以田间作业机械适用性评价标准为重点，提出了典型田间农业机械适用性评价影响因素和评价指标。

关键词：农业机械；适用性；标准体系

Research and Building on Standard System
of Chinese Agricultural Machinery Applicability

Chen Junbao[1]，Zhang Xiansheng[1]，Lv Shusheng[2]，Zhao Liwei[2]，Lin Yuhan[2]，Yang Zhaowen[1]

（1. Chinese Academy of Agricultural Mechanization Sciences，Beijing，100083，China；
2. National Agricultural Machinery Quality Supervision and Testing Center，Beijing，100083）

Abstract：Problems existing in the standard of Chinese agricultural machinery were analyzed. Evaluation principles used to establish standard system of Chinese agricultural machinery applicability were explained. Developing evaluation standards of field machinery applicability should be focused. Influencing factors and evaluation criteria of typical agricultural machinery applicability were proposed.

Key words：Agricultural machinery；Applicability；Standard system

0 引言

随着农业技术的发展及产业结构的调整，我国农业生产对农机产品的需求也在不断增加，新型农机产品也不断出现。但我国农机市场秩序尚未完全规范，市场经济不够成熟，企业的技术水平、经济实力相对较低，部分农机企业新产品开发研制后，未进行充分的地区适用性试验，就直接推向各地市场，导致部分农机产品不能有效适用当地的农业生产需

* 基金项目：科技部 2009 年公益性行业（农业）科研专项经费项目"农业机械适用性评价技术集成研究"（项目编号：200903038）

作者简介：陈俊宝，研究员，主要从事农业机械标准化研究工作。E-mail：13671173053@163.com

要，不仅给农民用户造成经济损失，影响农业生产，而且还引起了产品质量纠纷[1]。为了推进我国农业机械化发展进程，满足农业生产需要，农业机械适用性标准体系的建立意义重大。

1　农业机械标准存在的问题

1.1　农机具与农艺之间标准化协调性差

我国现行农业机械标准中对新农艺的反应不及时，一方面在新农艺发展初期没有及时开展超前农机标准化工作，另一方面，许多标准仍停留在对传统技术内容的归纳、总结上，标准技术内容老化，没有建成农艺标准与农机作业规范相适应标准体系。长期以来，我国农机与农艺一直没有很好地融合，农业机械标准化工作始终不断地试图被动适应农艺要求。农业部门在进行农业标准化的同时，不太考虑到农机的适用性和可行性；农机产品在研发时，也对各地农艺的适应性研究不够。农机具与农艺之间标准化协调性差，影响了我国农业标准化的发展[2~3]。

1.2　现有标准结构老化

现代农业机械通过优化设计驾驶室、驾驶座、方向动力控制、空调装置等减轻机手的劳动强度，加大操作的舒适性，实现农机系统内按钮操作，实现高精度的机、电、液（气）一体化等与农机产品的有机结合，国外已实现在播种施肥监控、收割损失监控及机具故障诊断等智能化监控技术广泛运用。但我国高新现代农业机械技术标准起步晚，技术相对薄弱，影响了高新技术在农机上的应用[3]。

1.3　缺少经济作物机械标准

随着农业产业结构调整力度的不断加大，我国农业生产重点逐渐由产量型向效益型转移，经济作物种植面积进一步扩大，农民的种植积极性不断提高。但是与大田粮食作物相比，经济作物生产机械化水平普遍较低。由于农业机械产品开发设计和试验受作物生长周期的季节、气候条件的制约，造成在制定标准时，前期研究不充分，试验验证数据不够，造成了我国油菜、花生、棉花、甘蔗、大豆和马铃薯等经济作物机械产品标准十分薄弱[3]。

1.4　标准配套性和协调性差

现有标准体系不完善，缺乏应有的配套性和协调性。有些标准在技术内容等方面不协调，尤其是某些涉及产品配套互换的标准，缺乏必要的统一协调，无法实现产品的配套使用。各种农田作业工序间机具与动力配套性差，用户不能根据自己的经营规模选择合适的机具，机具使用效益不高。

农业机械生产已由大批量、单品种向小批量、多品种转变。现代农业需要的农业机械越来越多地显示出多样化、个性化和地域化需求，要求生产企业、科研院所不断开发具有不同特点的、适应不同要求的产品。农业机械标准化工作习惯于大批量、单品种生产，考虑系列化不够。生产企业产品品种单一，系列化程度不高、成套性差[3]。

1.5 缺少适用性评价标准

我国农机产品标准的性能指标是在特定的作业条件下规定的，各种机型的数据具有一定的可比性，但产品适用性应当在多种典型的环境下试验，而不能只在一种作业条件下实施。目前，我国没有统一规范的农业机械适用性评价方法以及相关标准，缺乏对农机适用性评价方法深入系统的研究，还未形成统一规范的评价方法，使这项工作的开展缺乏技术依据。

2 构建农业机械适用性评价标准体系的原则

2.1 全面性原则

我国地域辽阔，地区差别很大，影响适用性的因素多，作业条件相当繁杂，过大的试验工作量，阻碍了性能试验法的使用。标准指标体系要尽量全面反映农业机械在农业生产全过程中的适用状态，要兼顾生产企业和使用者的利益。

2.2 客观性原则

农机适用性标准制定要结合目前我国农机生产、使用等方面的实际情况。以用户为主，充分满足使用者的要求。标准体系的选择应尽可能反映客观实际，能够反映出全国或某一地区在特定时段内对农机适用性的客观要求。

2.3 易用性原则

由于适用性考核的内容较多，试验量较大，需要大量的试验费用。在满足标准体系全面性的前提下，适用性数据收集应比较便利、指标数量尽量少，主要以反映作业性能指标为主，直观地了解到不同方面对机具的适用性。

2.4 可比性原则

标准指标体系应能反映出不同区域间适用性的比较，不同发展时期不同机具前后的比较。分类研究机具的适用性特点进行比较，优先重点解决适用性突出的机具适用性标准。以用户为主，充分满足使用者的要求。

3 构建农业机械适用性评价标准体系

3.1 机具的选择

面对种类繁多的各种农机，不可能逐一地进行适用性评价，应分类研究机具的适用性特点，重点解决适用性突出的机具。因此需要研究制定适用于规范的农业机械适用性评价方法[4]。对我国有典型代表性地区的自然条件、作物、耕作模式、土地状况、配套机具和农艺要求等做一些系统的研究，取得基本数据后，进行农业机械适用性评价。

对种植业中的田间作业机械，包括耕整机械、种植机械、田间管理机械、喷灌机械、植保机械和收获机械等因各地土壤、气候条件、农艺模式差别较大的，应重点进行适用性评价。对设施农业、设施畜牧业、农副产品加工行业，因环境条件可控，适用性问题不突出，可暂不进行适用性评价。

3.2 产前（种苗准备）机械

种子加工机械：一般在室内进行作业，不受气候条件、各地土壤条件的影响，配套动力一定，并且种子加工机械一般是按用户（种子加工企业）的要求，根据加工不同的种子，配备不同的加工工艺路线和设备，进行订单生产，适用性环境条件可控，适用性问题不突出，可暂不进行适用性评价。

设施农业装备：连栋温室、节能日光温室、塑料大棚以及中小拱棚、温室智能化环境控制装备等为固定式，因环境条件可控，适用性问题不突出，可暂不进行适用性评价。

3.3 产中（田间生产）机械

耕作机械、种植机械、植保机械、收获机械作业性能受各地区土壤、气候条件、耕作制度、种子品种、肥料特性、作物行株距、作物高度、作物含水率及当地农艺模式影响较大，应重点进行适用性评价。

排灌机械是以农田灌溉水为作业对象，特性稳定，可暂不进行适用性评价。

3.4 产后（加工、贮运）机械

农产品干燥设备、农产品贮存设备和农产品加工机械，因作业环境条件可控，适用性问题不突出，可暂不进行适用性评价。

3.5 指标的选择

目前，我国对农机具的适用性研究内容主要以测定性能指标、可靠性为主，完全可以进行量化评价。以联合收割机为例，在一定作业条件下，测定机器的生产率、总损失率、脱净率、含杂率、破碎率和可靠性，当测得各单项性能指标符合国家标准时即认为该联合收割机适用，而对于机器的经济性很难进行量化评价，一般不进行适用性评价。

4 田间作业机械适用性评价标准影响因素

4.1 地区自然条件

不同的地区有不同的土壤和气候条件，包括土壤类型、土质、土壤比阻、土壤含水率、地形（平地、坡地）和气候（气温、风速、空气湿度）等[5]。

4.2 田块状况

田块大小、植被情况（前茬作物、地表下的根系），种植规模、机耕道等因素直接影响不同机具在不同地区的适用性。

4.3 耕种模式

不同的耕种模式会对机械提出不同的要求，包括当地农艺要求，耕作规范。如耕作方式（免耕、深松、犁耕），播种方式（平播、垄播、沟播），行距，株距，播量，播种深度等。种植模式对机具适用性起决定性的作用[6]。

4.4 作物条件

作物品种有不同的生长特性，包括生长高度、结穗高度、成熟期、产量、籽粒含水率和茎秆含水率等。

4.5 机具结构型式和质量

包括动力型式（自走式、悬挂式、牵引式），行走方式（轮式、履带式），机具的大小与地块的大小、地头转弯所需的宽度等都影响机具在当地的适用性及机具的调节方式（如行进速度的调整、工作部件转速的调整）。

4.6 配套机具

不同动力配套不同的机具会有不同的效果。如犁和拖拉机的配套合理性，用户在使用上出现的问题，认为是产品质量和设计问题，生产企业说是用户使用不当造成的，而很多情况其实主要是配套适应性引起的故障问题。"小马拉大车"配套往往会损坏拖拉机；"大马拉小车"配套往往会损伤犁的部件，致使犁架变形，犁体、犁臂断裂等。

4.7 操作者水平

操作者素质、使用水平和熟练程度等因素都无形地影响机器的适用性。每一种作业条件都是由多种因素组成的，当其中任何一种因素发生变化时，作业条件也会随之而变。不同的农业机械，影响其作业条件的因素是不同的。如何在能保证评价效果的前提下，优化设计、减少试验量，是做好适用性考核工作的关键。

5 典型田间农业机械适用性标准评价方法

5.1 铧式犁适用性评价

影响因素：配套动力、联结形式、旱田、水田、植被情况（前茬作物）、土壤类型、土壤含水率和作业幅宽调整等。

评价指标：耕深及耕深稳定性、植被覆盖率、碎土率、入土性能、犁铧及犁体耐磨性、犁架强度和安全装置。

5.2 旋耕机适用性评价

影响因素：配套动力、联结形式、旱田、水田、植被情况、土壤类型、土壤含水率、作物秸秆和残茬处理。

评价指标：耕深及耕深稳定性、耕后表面平整度、植被和秸秆覆盖率、碎土率、旋耕刀耐磨性、机架强度和安全装置。

5.3 插秧机适用性评价

影响因素：机具接地压力、泥脚深、秧龄、苗高（拔取苗、带土秧苗）、行距、株距、栽插深度调节、操作方便性。

评价指标：插秧相对均匀度、插秧深度及合格率、伤秧率、漏插率、漂秧率、翻倒率、水田通过性、过埂转弯性。

5.4 玉米免耕播种机适用性评价

影响因素：配套动力、土壤类型、土壤含水率、土壤墒情、行距、播量、前茬作物品种、表面秸秆残留量和秸秆处理方式。

评价指标：播种深度及合格率、株距合格率、作业通过性（拖堆、堵塞情况）。

5.5 玉米收获机适用性评价

影响因素：行距（等行距、宽窄行），播种方式（平播、垄播、沟播、套播），收获期（成熟期、籽粒含水率、茎秆含水率、倒伏程度、果穗下垂度、最低结穗高度、穗高、秸秆直径），大小地块的适应性、地面坡度适应性、动力的配套性、作物品种（制种玉米、甜玉米、饲料玉米、工业用玉米），玉米种植模式（小麦玉米套种、玉米单种），秸秆处理方式（还田、秸秆整留回收、秸秆粉碎回收）。

评价指标：总损失率、粒籽破碎率、果穗含杂率、籽粒含杂率、苞叶剥净率、作业时堵塞情况。

6 结论

建立我国农机适用性标准体系，必须走农机和农艺融合的道路，首先提高机具的设计制造水平，增强机具的地区适用性、作物的适应性；同时，当机具在结构上难以满足农艺要求时，农艺应在耕种模式、作物品种上进行相应的调整，适应机具的作业，解决我国长期以来农机农艺标准化脱节的问题，实现我国农业现代化、标准化生产。

参考文献

[1] 刘博，焦刚. 农业机械适用性的评价方法 [J]. 农业机械学报，2006，37（09）：100 – 103.

[2] 张咸胜，陈俊宝. 我国农业机械标准现状和发展趋势 [J]. 机械工业标准化与质量，2008（7）：13 – 19.

［3］张咸胜，陈俊宝，吕树盛等．中国农业装备标准现状和发展方向［C］//2010 国际农业工程大会论文集，上海：中国农业机械学会，2010.

［4］牛永环，刘博，焦刚等．农业机械适用性研究的发展探讨［J］．农机化研究，2007（2）：12 – 14.

［5］苍安国，史永刚，肖海洋等．农业机械的适用性研究概述［J］．广东农业科学，2010（12）：148 – 149.

［6］忽晓葵．谈谈农业机械适用性的适用性［J］．农机质量与监督，2010（8）：27 – 28.

从实地调研看山东省玉米机械化收获与农艺的结合[*]

陈婷莹　郑志安　高振江　杨宝玲

（中国农业大学　100083）

　　山东省四季分明，气候温和，光照充足，热量丰富，雨热同季，适宜多种农作物生长发育，是我国种植业的发源地之一。小麦、玉米、红薯是山东省三大主要粮食作物。山东省同时又是我国农业机械工业生产大省，在农业机械化发展上有着得天独厚的优势条件。在此契机上，如何更好地促进农机与农艺结合，为农业生产机械作业铺平道路，就显得尤为重要了。

1　山东省玉米收获基本情况

　　2010 年山东省玉米机收率已达到了 71.5%。当地的收获机机型主要以背负式为主，因为背负式收获机收获行数少，较为适合小地块，机收效果基本能达到国家标准。此外，山东省经济政策支撑条件较好，是我国农机工业大省，2010 年全国农机销售额为 2 800 亿元，仅山东省就达到了 1 500 亿元，超过了 50%，这为农机新技术的推广起到了很好的支撑作用；各种扶持政策落实情况较好，扶持力度较强，保证了农机购置补贴的平均发放，使大部分农机产品购置都可享受到补贴，补贴力度基本达到了销售价的 30% 左右。

2　调查分析

　　此次实地调研主要通过问卷及访谈形式。问卷均为匿名填写，并在互不干扰的情况下完成，统计指标权重系数及对实际情况打分平均值如表 1 所示。

表 1　指标权重及对实际情况打分表

指标	权重平均值	打分平均值	指标	权重平均值	打分平均值
组织形式	5.8	3.6	背负式收获机械购买价格	7.4	6.4
种植人员文化程度	5	5.4	收获机械保养次数	4.8	5.2
种植人员年龄结构	5	4.4	油耗成本	7.2	5.6
土地面积大小	8.8	5	劳动力成本	7.2	5.4

　　*　基金项目：2009 年公益性行业（农业）科研专项经费项目"农业机械适用性评价技术集成研究"（项目编号：200903038）

（续表）

指标	权重平均值	打分平均值	指标	权重平均值	打分平均值
耕种方式	7	6.6	收净率	7	6.4
种植行距	8.2	6.6	果穗损失率	8	6.4
密植度	6.2	5.2	籽粒破损率	6	6.2
果穗离地高度	6.2	7.2	果穗含杂率	6	6.4
果穗直径	6.2	6.2	机械收获服务组织形式	5.6	5.4
果穗含水率	6.4	5.4	机手熟练度	6.8	6.2
倒伏率	8.4	6.6	机手每年参加培训次数	6.8	5.4
秸秆含水率	6.4	6	农村家庭经营收入	6.4	5.6
病虫害	5	5.4	顷均劳动力人数	6.6	5
当地收获期总时间	5.4	5.4	玉米售价	6.6	5.2
劳动力短缺度	8	6.6	玉米种植收入所占比例	6.6	5
机械保有量	6.8	5.8	良种补贴政策	5.4	4.6
机械供给量	7	6.2	种粮农民直接补贴	5.6	5
零配件供给时间	6.8	5.6	农资综合补贴	5.4	4.8
收获期内维修时间	6.8	5.4	国家购机补贴政策	7.6	6.4
自走式收获机械购买价格	6.8	5	地方购机补贴政策	6.8	5.4

2.1 指标权重系数分析

指标权重系数平均值大于等于 8 分（强）的指标有 5 项，分别为土地面积大小（8.8分）、倒伏率（8.4分）、种植行距（8.2分）、果穗损失率（8分）、劳动力短缺度（8分）；平均值小于等于 5 分（一般）的指标有 4 项，分别为种植人员文化程度（5分）、种植人员年龄结构（5分）、病虫害（5分）、收获机械保养次数（4.8分）。下面结合访谈调研内容具体分析这几项指标。

（1）土地面积大小

对于机械收获，地块的大小直接影响到了机械是否能作业。如果地块过小，综合考虑成本效益平衡性，使用机械收获是不划算的。其次，农户也完全可以自行收获，没有必要使用机械。而如果地块面积较大，机械的效率每增加 0.067hm² 可提高 25% 左右。此时，地块面积大小的定量问题就显得格外重要，在问卷中初步分为 0.67hm²、0.67 ~ 1.33hm² 与 1.33hm² 以上 3 个档次。但通过访谈得知，山东省户均玉米种植面积为 0.2 ~ 0.27hm²，整体面积都偏小，机收最大的面积也仅为 2hm²，而最小的面积甚至只有 0.4 hm² 土地，这种实际状况对于机收的实现产生了较大阻碍，致使山东省自走式玉米收获机械非常少，而大多为背负式玉米收获机，收获行距一般为 2 行或 3 行。此外，同样大小的地块，也分为正方形与矩形两种情况，对于这两种情况机收的效率也是不同的。地块长度越长效率越高，这主要与机械转弯次数相关，转弯次数越少越能节约机手的时间。

（2）倒伏率

当土地面积大小满足了机械进地要求后，第二个相对重要的因素就是玉米收获期的倒伏率。由于机械收获果穗有最低限制，当玉米秸秆倒伏后，致使果穗离地高度小于60cm后，机械便不能将其收获。一般情况下，倒伏率在5%以下，机械可以收获。在实际收获中，因倒伏未能采用机械收获的果穗，农户可进地补收，从而减少损失，所以倒伏在5%甚至更高一点时也可机收。

（3）种植行距

种植行距一直是玉米机收的一个关键性指标，种植行距与机械行距的匹配度最直接影响到机收的效果。在山东地区，玉米种植行距大部分为60~70cm，也有少部分达到了75~80cm。一般农户都是按自家地块宽度来设计自己的种植行距以达到高产的目的。山东地区所采用的背负式玉米收获机，机械本身设计的采收行距为65cm，采收行数为2行或3行。而在实际作业中，可适用于53~80cm范围内的行距，在这个范围内收获效率变化不明显，超出这个范围就不可采用机械收获。

（4）果穗损失率

果穗损失率是所有机收效果中最具代表性的因素，是农户和机手第一时间可观察到的。当损失率过大的时候，农户会终止使用机械，甚至还会影响到其周围人使用机械收获的积极性。国家标准的损失率应小于3%。这项指标在实际作业中基本能达到。只有降低了果穗损失率，才能更快地推进玉米机械收获进程。

（5）劳动力短缺度

人工与机械是相对的两个指标，当人工充足的时候，机械的市场份额自然就少。相反，当人工短缺的时候，机械的市场就相对高一些。现在由于从事第一产业的人员越来越少，很多青壮农民都进城打工，留在农村的往往都是年龄层偏大的人群，而收获作业又是一个劳动量很大的工作，所以，劳动力季节性短缺成了农业发展的一个很大阻力。但这也给机械收获带来了很好的契机，人们对机械收获的需求越来越迫切，促进了机械收获市场的快速发展。

（6）种植人员文化程度

种植人员基本都是当地农户，文化程度大部分为初中或中专水平。对于种植玉米来说，只要通过简单的指导或有祖辈传下来的经验等，一般无论教育背景高低，都可将玉米种好，所以，文化程度对于农机与农艺结合模式的影响相对小一些。但文化教育背景也在一定程度上起到了作用，高教育背景的人对机械会更容易接受，也会更容易产生钻研的兴趣，有逐渐发展成为农机大户的可能，这也就为玉米机械收获起到一定推动作用。

（7）种植人员年龄结构

种植人员除了文化程度外，年龄结构也相对单一，大多为45岁以上的人群，主要是留守农村的老人。但只要能提高产量、增加收入，他们也可很快接受机械收获，并没有太大抵触心理。

（8）病虫害

绝大多数的病虫害并没有直接对玉米农机与农艺结合模式产生影响。有影响的主要是一种叫玉米螟的虫害，玉米螟俗称钻心虫，成虫属鳞翅目螟蛾科，是玉米的主要虫害，各地的春、夏、秋播玉米都有不同程度受害，尤以夏播玉米最重。玉米螟可为害玉米植株上的各个部位，使受害部分丧失功能，降低籽粒产量。而对于机收的影响主要在于其会使玉米秸秆中空腐烂，当机械收获时，会造成玉米还未收获茎秆就折损折断，而增大了机械收获过程中的堵塞问题，使含杂率升高。

（9）收获机械保养次数

对于山东省主要使用的机械——背负式玉米收获机，它的保养并不像自走式玉米收获机要求高，只要保证最基本的机油等，便可正常作业，很少有因为保养不当而致使机械无法正常收获的情况。

2.2 实际情况选取及评分分析

（1）实际情况选取分析

根据问卷选取情况，当地实际情况表述具体见表2。由表2可以看出，组织形式、种植人员文化程度、土地面积大小、种植行距、密植度、倒伏率、机械供给量、自走式收获机械购买价格、收获机械保养次数、种粮农民直接补贴、农资综合补贴、国家购机补贴政策、地方购机补贴政策等13个因素现实情况比较统一，有一定的规模性。而果穗含水率这个因素最为平均，主要原因可能是玉米收获季节含水率不好估算，导致答案的差异性较大。

此外，在填写问卷过程中，每万公顷机械保有量不太好计算，通过访谈得知，当地玉米种植面积大约为1万hm^2，而机械（包括自走式和背负式）保有量为6万多台，问卷选项设置存在问题。

通过对实际情况的选取可以看出，山东当地主要以个体农户种植玉米为主，且种植户文化层次较低、年龄结构整体偏大，这与全国整体情况相吻合。每户种植面积比较小，平均在$0.2 \sim 0.27 hm^2$，大多以平作为主，偶尔也有垄作及套种，主要以小麦玉米套种为主，但这种耕作方式在逐年减少。种植行距、密植度较为单一，品种选择也较简单，主要为郑单958，且当地对此玉米品种较为满意。

表2 实际情况选取比例表

序号	指标	水平分级		
1	组织形式	个体农户（100%）	农场主（0%）	
2	种植人员文化程度	小学（0%）	初中或中专（100%）	高中或大专（0%）
3	种植人员年龄结构	30岁以下（0%）	30~45岁（40%）	45岁以上（60%）
4	土地面积大小	1hm² 以下（100%）	1~2hm²（20%）	2hm² 以上（0%）
5	耕种方式	平作（80%）	垄作（20%）	
6	种植行距	50~60cm（0%）	60~70cm（100%）	70cm以上（0%）
7	密植度	稀植（0%）	密植（100%）	
8	果穗离地高度	50cm以下（0%）	50~100cm（80%）	100cm以上（20%）
9	果穗直径	4cm以下（20%）	4~6cm（80%）	6cm以上（0%）
10	果穗含水率	20%以下（20%）	20%~30%（40%）	30%~40%（40%）
11	倒伏率	5%以下（100%）	5%~10%（0%）	10%以上（0%）
12	秸秆含水率	50%以下（20%）	50%~70%（60%）	70%以上（20%）

（续表）

序号	指标		水平分级	
13	病虫害	有（80%）	无（20%）	
14	当地收获期总时间	14d 以下（20%）	14～21d（80%）	21d 以上（0%）
15	劳动力短缺度	充足，可人工收获（0%）	一般，需雇人收获（0%）	短缺，需采取机械收获（100%）
16	机械保有量	1 台/万 hm² 及以下（0%）	1～2 台/万 hm²（20）	2 台/万 hm² 以上（0%）
17	机械供给量	充足（100%）	不充足（0%）	
18	零配件供给时间	24h 内（80%）	24～48h（20%）	48h 以上（0%）
19	收获期内维修时间	1d 以下（60%）	1～7d（40%）	7d 以上（0%）
20	收获机械购买价格　自走式	25 万～30 万元（100%）	30 万～35 万元（0%）	35 万元以上（0%）
	背负式	2 万元以下（0%）	2 万～3 万元（60%）	3 万元以上（40%）
21	收获机械保养次数	0 次/d（0%）	1～3 次/d（100%）	3 次/d 以上（0%）
22	油耗成本	240 元/hm² 以下（0%）	240～260 元/hm²（80%）	260 元/hm² 以上（20%）
23	劳动力成本	50 元/hm² 以下（20%）	50～100 元/hm²（60%）	100 元/hm² 以上（20%）
24	收净率	80% 以下（0%）	80%～90%（20%）	90% 以上（80%）
25	果穗损失率	1% 以下（60%）	1%～5%（40%）	5% 以上（0%）
26	籽粒破损率	1% 以下（60%）	1%～5%（40%）	5% 以上（0%）
27	果穗含杂率	1% 以下（60%）	1%～5%（40%）	5% 以上（0%）
28	机械收获服务组织形式	国营（0%）	合作社（60%）	个体户（40%）
29	机手熟练度	很熟练（60%）	一般熟练（40%）	不熟练（0%）
30	机手每年参加培训次数	1 次及以下（60%）	2～4 次（40%）	4 次以上（0%）
31	农村家庭经营收入	4000 元以下（20%）	4000～5000 元（0%）	5000 元以上（80%）
32	顷均劳动力人数	1 人及以下（20%）	2～3 人（80%）	3 人以上（0%）
33	玉米售价	1.5 元/kg 以下（0%）	1.5～2.0 元/kg（40%）	2.0 元/kg 以上（60%）
34	玉米种植收入所占比例	50% 以下（80%）	50%～80%（20%）	80% 以上（0%）
35	良种补贴政策	有（60%）	无（40%）	
36	种粮农民直接补贴	有（100%）	无（0%）	
37	农资综合补贴	有（100%）	无（0%）	
38	国家购机补贴政策	有（100%）	无（0%）	
39	地方购机补贴政策	有（100%）	无（0%）	

注：括号内为问卷选取比例，而不是当地实际情况比例

（2）实际情况评分分析

对实际情况评分标准共分为 7 个等级，分别为最好（10 分）、好（8 分）、较好（6 分）、一般（5 分）、较差（4 分）、差（3 分）、最差（1 分）。平均分在 8 分以上即实际情况好甚至非常好的指标数为 0 个；在 6～8 分即实际情况较好的指标数为 15 个，所占比例为 37.5%；在 5～6 分即实际情况一般的指标数为 21 个，所占比例为 52.5%；在 4～5 分即实际情况较差的指标数为 3 个，所占比例为 7.5%；在 3～4 分即实际情况差的指标数为 1 个，所占比例为 2.5%；在 3 分以下即实际情况很差的指标数为 0 个。

评分的结果比较趋中，这是一种不太明显的结果，但也能从中看出一些问题。第一，分数最低的指标为组织形式（3.6 分），而现实情况组织形式主要为个体农户，这种小户种植的模式从根本上制约了玉米产业的统一化、规模化，也使农业生产全程机械化受到很大影响。小户导致了土地的分摊，致使土地种植面积偏小，种植模式不统一，达不到连片种植的规模。而机械收获又直接受到了土地面积大小的影响，可见组织化程度是影响机械化实现的根本性问题，但如今这种组织形式改变仍较为缓慢，这是我国国情所导致的必然结果。但从整体大的趋势可以看出，土地集约势在必行，农场主经营模式也将是我国农业以后发展的方向与目标。第二，分数最高的指标为果穗离地高度（7.2 分），对于机械收获高度只要在 60cm 以上便都可以收获，根据这个指标的得分，可看出机械的适用性范围大时，对农艺要求就更宽松。同时，果穗离地高度属于农艺中玉米品种的范畴，而玉米品种所决定的其他几个因素的分值——果穗直径（6.2 分）、果穗含水率（5.4 分）、秸秆含水率（6 分），这几个因素的分数在这个指标打分中算中等偏高，可见山东省现在所采用的品种比较适合。第三，存在的问题是此次打分较为趋中，没有指标打分在 8 分以上或 3 分以下。而得分在 4～6 分的指标占到了全部指标的 50% 以上。但若以 5 分为分水岭，5 分以上算正向指标、5 分以下算负向指标，5 分以上的指标有 36 个，5 分以下的指标仅有 4 个，可见山东省玉米收获农机农艺结合模式整体偏好，这是个积极的信号，可见玉米收获机械化还是可以继续发展下去的。

3 总结

3.1 存在的问题

（1）行数与行距的匹配度

当地主要使用的是背负式玉米收获机，收获机行数偏小，而行数与行距匹配度有很大的关联性。当行数偏小的时候，机械收获的行距范围就更大些；相反，当行数偏大的时候，机械收获的行距范围也就相应缩小一些。所以，当考虑种植行距这个影响因素的时候，一定不能忽视了收获机械的行数。

（2）收获期玉米秸秆粗细的问题

当玉米秸秆较粗时，收获速度有可能降低，否则机械容易造成堵塞现象；而当秸秆过细时，又有可能造成玉米秸秆折损折断而不能正常收获。但通过访谈调查，玉米秸秆粗细对收获是有影响的，但实际作业中秸秆粗细适中，没有发生上述的现象，故对这个影响因素敏感性不强。

3.2　发展趋势展望

（1）土地与人员的集约化

集约生产可在一定面积土地上，集中投入较多的生产资料和劳动、使用先进的技术和管理方法，以求在有限面积土地上获取高额收入。集约主要包括两个方面，一个是土地的集约，一个是人员的集约。土地的集约主要便于种植统一、管理统一、收获统一，加强土地合理、科学地规划，缩小非农建设用地，提高土地利用质量，减少土地利用浪费。而人员的集约可应对如今劳动力短缺的现象，使更少的劳动力成本产生更大的利润。

（2）生产从规模化到标准化

只有做到玉米连片种植、规模化生产，才能降低生产成本，统一种植、管理及收获，规模化生产可自发顺应市场经济需求，在规模化的基础上达到标准化，从而提升我国的食品安全质量。生产从规模化到标准化必然是玉米产业的发展方向与目标。

（3）机械大型化、功能集聚化

现代农业的生产过程要求机械功能的多元化与集聚化，把能集聚的功能归一化，使整个机械操作更加简单易行。而山东省现有机械主要以背负式为主，但当玉米规模化生产后，必然需要大型的收获机械统一作业，这样才能节约成本，提高机械收获效率。

北方春玉米收获农机与农艺结合评价*

陈婷莹　郑志安　高镇江　杨宝玲

（中国农业大学　100083）

摘　要：为系统评价北方春玉米区机械化收获与农艺结合效果的优劣、在建立评价指标体系的基础上用定量的办法评价农机农艺结合适应性，将两种数学方法相结合，研究制定出采用定量方法评价农机农艺结合所需开展的工作内容、方法和步骤，完成农机农艺结合评价指标制定方法，并对实际情况进行了评价，实例表明，评价结果与实际情况基本一致，为评价农业机械化发展水平提供了一种新方法。

关键词：玉米收获；农机农艺结合；评价方法

0　前言

随着农业科技的不断发展和国家一系列惠农政策的连续实施，我国农业生产现代化进程明显加快，但是随着农业机械化进程的加快，农机农艺相互不协调的新矛盾也逐步显现出来。而目前对农机农艺结合的评价，主要是以定性评价为主，即在试验（或调查等）的基础上，作出某种机具适用或不适用某种作业条件，或适用或不适用某地的作业条件，这样的评价较为笼统，有时甚至无法全面反映机械的适用特征，或无法枚举全部的适用条件。本研究提出用定量的办法评价农机农艺结合适应性，通过采用多种数学方法，研究制定出采用定量方法评价农机农艺结合所需开展的工作内容、方法和步骤，完成农机农艺结合评价指标制定方法。

在本文中，农机农艺结合是一个双重的概念，既是农艺管理去适应农机要求，也是农机制造去适应农艺条件。考察的是一个互相适合对方要求的能力。农机要为农业服务，要为农业的增产、增收、优质、低耗、安全服务，但农艺也要为农机化的可行性考虑，往往农艺上很小的变动，就可给农机带来很大的方便，因此，农艺与农机结合是非常重要的。农艺的变动应有利于农机的推广使用，以便有利于新的农艺措施实现机械化。规范化的农艺要求才有利于对机械进行适应性设计，而在设计集聚时，也应多方面考虑农艺条件，例如，研制机械时应考虑到机械行距可调，这样，收获时就可以不受行距的限制了。农艺中种子的大小、形状、脱粒难易程度，种子在秸秆上所处位置，以及秸秆的粗细、高矮等都

* 基金项目：2009 年公益性行业（农业）科研专项经费项目"农业机械适用性评价技术集成研究"（项目编号：200903038）

影响机械作业，在可能的条件下应相互照应，考虑更加周到。

1 体系建立

玉米收获农机农艺统合的优劣，主要是从玉米农艺与农机分别相对对方的匹配程度以及机械收获的效果三方面来看的，针对结合模式本身的影响因素层层深入，最终找到关键影响指标。本文通过对玉米收获农机农艺结合适应性中农艺适应性、农机适用性以及机械收获后的效果等三个准则层的具体分析，再进一步分析每个准则层的影响因素，确定了如下 14 个玉米收获农机农艺结合适应性评价指标，建立了以下指标体系，如图 1。

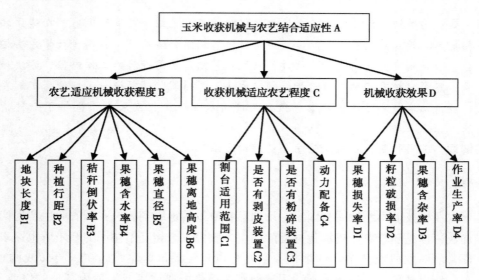

图 1 玉米收获机械与农艺结合适应性评价体系图

1.1 农艺适应机械收获程度

农艺适应机械收获程度的指标层又可具体分为地块长度、种植行距。秸秆倒伏率、果穗含水率、果穗直径以及果穗离地高度 6 个具体指标。因为研究的目标是针对于玉米生产中的机械收获环节，所以收获期的农艺条件是一个最直接的适应性表征，而追根溯源，这时农艺的种种表现，都离不开种植环节所采取的模式以及土地环境条件。故农艺方面指标的选取主要考虑的是种植及收获两个环节的情况。下面再详细分析农艺适应性具体指标层。

1.1.1 地块长度

地块长度，这个指标主要是考虑到收获时机械行走和转弯成本收益比，如果地头长度过短，机械就无法作业；地块长度越长，机械收获时花在转弯上的时间就越短，更加节约时间，提高了作业效率。

1.1.2 种植行距

种植行距主要是为了与收获机械的割台行距匹配，当完全匹配的时候，机械可较理想作业，相对的果穗损失率也将减少，作业生产率也有所提高。种植行距是一个人为可控的指标，这个就更大程度上决定了农艺匹配农机的效果。

1.1.3　秸秆倒伏率

秸秆倒伏率，倒伏是指直立生长的作物成片发生歪斜，甚至全株匍倒在地的现象，倒伏可使作物的产量和质量降低，收获困难，当倒伏率大于一定比率时，机械收获将无法进行。只有保证收获期秸秆倒伏率在一定范围内，才能正常发展机械收获。

1.1.4　果穗含水率

果穗含水率，指玉米果穗的含水比率，当果穗含水率过大时，收获时剥皮环节将易造成果穗破损。机械收获时最好的果穗含水率为28%，而16%～40%范围内基本是可以收获的。

1.1.5　果穗直径

果穗直径，主要考察果穗的大小问题。这个直接和收获机割台部件的设计有关，如果果穗偏小，将无法正常收获，造成机械堵塞。

1.1.6　果穗离地高度

果穗离地高度，这个指标主要是考虑到收获时机械割台高度有一定限制，如果玉米果穗位置过低，也将无法被收获。一般情况下果穗离地高度应该至少在40cm以上，这才能符合机械收获要求。

1.2　收获机械适应农艺程度

收获机械本身的制造，就是依托于农艺的需求，就是要解决人工所不能解块的问题，减少劳动力，提高生产效率。但现有的很多机械，还并不能完全满足各种农艺的要求，机械本身还存在一些问题。考虑收获机械适应农艺的程度，主要是从机械本身部件出发，包括割台设备、剥皮设备、粉碎设备以及机械的动力配备。

1.2.1　割台适用范围

割台是收获机械最重要的部件，是完成摘穗玉米过程的直接设备，它的适用范围越大，将越能适应更多的不同的农艺条件，相反，如果割台适用范围越小，能适应的农艺条件也就越少。这个指标最直接地反映了收获机械作业时与农艺结合的好坏，它最直观地与种植行距要相互适应。

1.2.2　是否有剥皮装置

剥皮装置是收获机械附带功能，可以根据要求选择是否带有剥皮装置，东北地区一般都需要有剥皮装置，否则不剥皮的话，由于收获后很快气温会降低，易造成玉米的霉变，无法保存。

1.2.3　是否有粉碎装置

粉碎装置也是收获机的附带功能，主要针对玉米秸秆的粉碎还田，但在东北地区更期望能将秸秆回收，回收的秸秆一方面可饲养牲畜，另一方面还可作为过冬的燃料。现在也有部分秸秆发电厂到农户家收集秸秆。

1.2.4　动力配备

只有配备了足够的动力，才能使机械正常作业，也才能保证机械收获的效率。如果达不到机械应有的动力配备，会大大降低机械收获效率，浪费不必要的人力物力以及时间。

1.3 机械收获效果

收获机械效果主要是指收获机械工作的优劣程度。通过效果的对比，可直接影响到农户是否愿意使用机械收获，从而影响到结合模式中机械收获实现的水平。收获机械效率的指标层具体包括了果穗损失率、籽粒破损率、果穗含杂率以及作业生产率四项指标。

1.3.1 果穗损失率

果穗损失率是指机械收获后在地头损失掉的果穗占全部农业生产果穗的比率，损失掉的果穗不包括籽粒回收箱内的，但包括人工二次进地收获的果穗。这个指标是检验机收效果最重要的一个指标，也是农户采取机械收获后最关心的一个指标。

1.3.2 籽粒破损率

籽粒破损率是指带剥皮的收获机械在剥皮过程中。造成的籽粒破损的个数占全部剥皮籽粒的比率。这个指标主要是针对带有剥皮装置的机械收获，它与收获时期果穗的含水率有直接的关系。必须要达到相应匹配才能降低籽粒的破损率。

1.3.3 果穗含杂率

果穗含杂率是指收获的玉米中含有的如沙土、枝叶、秸秆等非危害性杂物的比例。

1.3.4 作业生产率

作业生产率是玉米收获机械整体的作业效率，其单位是亩/h（1 公顷 = 15 亩，1 亩 ≈ $667m^2$，全书同）。这是一个与其他很多指标都相互关联的综合性指标，受多方面的影响，这就更能显示农机农艺相结合的最终效果。

2 权重确定

发放了 12 份专家问卷，通过层次分析法一致性检验后，再使用 YAAHP 软件群决策——专家数据集结方法：各专家排序向量加权几何平均（标度类型：1～9），结果见表 1。

表 1 指标权重最终结果表

备选方案	权重
地块长度 B1	0.0528
种植行距 B2	0.1414
秸秆倒伏率 B3	0.1331
果穗含水率 B4	0.0616
果穗直径 B5	0.0538
果穗离地高度 B6	0.0664
割台适用范围 C1	0.1090
是否有剥皮装置 C2	0.0727
是否有粉碎装置 C3	0.0647
动力配备 C4	0.0557
果穗损失率 D1	0.0768
籽粒破损率 D2	0.0410
果穗含杂率 D3	0.0207
作业生产率 D4	0.0504

3 方法制定

3.1 地块长度

地块长度的满意值应越大越好，故不好设置，取当前机手普遍接受的均值——600m，不允许值设为20m，可推出地块长度这个指标的功效分数为：

$$d_1 = \frac{x_1 - x_1^{(s)}}{x_1^{(h)} - x_1^{(s)}} \times 40 + 60 = \frac{x_1 - 20}{600 - 20} \times 40 + 60 = \frac{2}{29}x_1 + \frac{1\,700}{29} \qquad （式1）$$

3.2 种植行距

种植行距不好规定其好坏，但可以用种植行距与机械行距差值的绝对值来表示，这个行距差的满意值应为0，不允许值设为8cm，可推出行距差这个指标的功效分数为：

$$d_2 = \frac{x_2 - x_2^{(s)}}{x_2^{(h)} - x_2^{(s)}} \times 40 + 60 = \frac{x_2 - 8}{0 - 8} \times 40 + 60 = 100 - 5x_2 \qquad （式2）$$

3.3 秸秆倒伏率

秸秆倒伏率的满意值为0，而其不允许值为5%，可推出秸秆倒伏率这个指标的功效分数为：

$$d_3 = \frac{x_3 - x_3^{(s)}}{x_3^{(h)} - x_3^{(s)}} \times 40 + 60 = \frac{x_3 - 5\%}{0 - 5\%} \times 40 + 60 = 100 - 800x_3 \qquad （式3）$$

3.4 果穗含水率

果穗含水率最优值为28%，而不允许值为小于16%或大于40%，所以这个指标可用实际果穗含水率与28%的差值的绝对值来表示，那么这个差值得满意值为0，而其不允许值为12%，可推出果穗含水率这个指标的功效分数为：

$$d_4 = \frac{x_4 - x_4^{(s)}}{x_4^{(h)} - x_4^{(s)}} \times 40 + 60 = \frac{x_4 - 12\%}{0 - 12\%} \times 40 + 60 = 100 - \frac{100}{3}x_4 \qquad （式4）$$

3.5 果穗直径

果穗直径的满意值为10cm，而其不允许值为5cm，可推出果穗直径这个指标的功效分数为：

$$d_5 = \frac{x_5 - x_5^{(s)}}{x_5^{(h)} - x_5^{(s)}} \times 40 + 60 = \frac{x_5 - 5}{10 - 5} \times 40 + 60 = 8x_5 + 20 \qquad （式5）$$

3.6 果穗离地高度

果穗离地高度的满意值为120cm，而其不允许值为40cm，可推出果穗离地高度这个指标的功效分数为：

$$d_6 = \frac{x_6 - x_6^{(s)}}{x_6^{(h)} - x_6^{(s)}} \times 40 + 60 = \frac{x_6 - 40}{120 - 40} \times 40 + 60 = 0.5x_6 + 40 \qquad （式6）$$

3.7　割台适用范围

割台适用范围的满意值为 20cm，而其不允许值为 0cm，可推出割台适用范围这个指标的功效分数为：

$$d_7 = \frac{x_7 - x_7^{(s)}}{x_7^{(h)} - x_7^{(s)}} \times 40 + 60 = \frac{x_7 - 0}{20 - 0} \times 40 + 60 = 2x_7 + 60 \qquad （式7）$$

3.8　是否有剥皮装置

是否有剥皮装置主要是看当地的需求，它的满意值为符合需求（1 分），而其不允许值为不符合需求（0 分），可推出是否有剥皮装置这个指标的功效分数为：

$$d_8 = \frac{x_8 - x_8^{(s)}}{x_8^{(h)} - x_8^{(s)}} \times 40 + 60 = \frac{x_8 - 0}{1 - 0} \times 40 + 60 = 40x_8 + 60 \qquad （式8）$$

3.9　是否有粉碎装置

是否有粉碎装置同上，主要也是看当地的需求，它的满意值为符合需求（1 分），而其不允许值为不符合需求（0 分），根据（式4~式7），可推出是否有粉碎装置这个指标的功效分数为：

$$d_9 = \frac{x_9 - x_9^{(s)}}{x_9^{(h)} - x_9^{(s)}} \times 40 + 60 = \frac{x_9 - 0}{1 - 0} \times 40 + 60 = 40x_9 + 60 \qquad （式9）$$

3.10　动力配备

动力配备的满意值及不允许值不可直接赋值，但可以将其分为 3 个挡：动力完全匹配，完成收获作业很容易（3 分）；动力基本匹配，可完成收获作业（2 分）；动力不太匹配，完成收获作业有困难（1 分）。根据（式4~式7），可推出动力配备这个指标的功效分数为：

$$d_{10} = \frac{x_{10} - x_{10}^{(s)}}{x_{10}^{(h)} - x_{10}^{(s)}} \times 40 + 60 = \frac{x_{10} - 1}{3 - 1} \times 40 + 60 = 20x_{10} + 40 \qquad （式10）$$

3.11　果穗损失率

果穗损失率的满意值为 0，不允许值为 5%。可推出果穗损失率这个指标的功效分数为：

$$d_{11} = \frac{x_{11} - x_{11}^{(s)}}{x_{11}^{(h)} - x_{11}^{(s)}} \times 40 + 60 = \frac{x_{11} - 5\%}{0 - 5\%} \times 40 + 60 = 100 - 800x_{11} \qquad （式11）$$

3.12　籽粒破损率

籽粒破损率的满意值为 0，不允许值为 1%。可推出籽粒破损率这个指标的功效分数为：

$$d_{12} = \frac{x_{12} - x_{12}^{(s)}}{x_{12}^{(h)} - x_{12}^{(s)}} \times 40 + 60 = \frac{x_{12} - 1\%}{0 - 1\%} \times 40 + 60 = 100 - 4\,000 x_{12} \qquad (式12)$$

3.13 果穗含杂率

果穗含杂率的满意值为 0，不允许值为 5%。可推出果穗含杂率这个指标的功效分数为：

$$d_{13} = \frac{x_{13} - x_{13}^{(s)}}{x_{13}^{(h)} - x_{13}^{(s)}} \times 40 + 60 = \frac{x_{13} - 5\%}{0 - 5\%} \times 40 + 60 = 100 - 800 x_{13} \qquad (式13)$$

3.14 作业生产率

作业生产率的满意值为 $1hm^2/h$，不允许值为 $0.2hm^2/h$。可推出作业生产率这个指标的功效分数为：

$$d_{14} = \frac{x_{14} - x_{14}^{(s)}}{x_{14}^{(h)} - x_{14}^{(s)}} \times 40 + 60 = \frac{x_{14} - 0.2}{1 - 0.2} \times 40 + 60 = 50 x_{14} + 50 \qquad (式14)$$

最后，将权重系数及各个指标的功效分数代入，得到：

$$P = \frac{\sum_{i=1}^{n} d_i W_i}{\sum_{i=1}^{n} W_i} = \frac{d_1 W_1 + d_2 W_2 + \cdots + d_{14} W_{14}}{W_1 + W_2 + \cdots + W_{14}}$$

$$P = \frac{\left(\frac{2}{29}x_1 + \frac{1\,700}{29}\right) \times 0.0528 + (100 - 5x_2) \times 0.1414 + \cdots + (50x_{14} + 50) \times 0.0504}{1}$$

$$P = 0.0036 x_1 - 0.707 x_2 - 106.48 x_3 - 2.0533 x_4 + 0.4304 x_5 + 0.0332 x_6 + 0.218 x_7 +$$
$$2.908 x_8 + 2.588 x_9 + 1.114 x_{10} - 61.44 x_{11} - 164 x_{12} - 16.56 x_{13} + 2.52 x_{14} + 73.8192$$

$$(式15)$$

（式15）就是玉米收获农机农艺结合适应性评价的最终公式，其中，x_1 表示地块长度，单位为 m；x_2 为种植行距与机械行距的差值，单位为 cm；x_3 为秸秆倒伏率，为百分数形式；x_4 为果穗含水量与 28% 的差值的绝对值，为百分数形式；x_5 为果穗直径，单位为 cm；x_6 为果穗离地高度，单位为 cm；x_7 为割台适用范围，单位为 cm；x_8 为是否有剥皮装置与当地需求的匹配，匹配为 1，不匹配为 0；x_9 为是否有粉碎装置与当地需求的匹配，匹配为 1，不匹配为 0；x_{10} 为动力配备程度，动力完全匹配，完成收获作业很容易为 3，动力基本匹配，可完成收获作业为 2，动力不太匹配，完成收获作业有困难为 1；x_{11} 为果穗损失率，为百分数形式；x_{12} 为籽粒破损率，为百分数形式；x_{13} 为果穗含杂率，为百分数形式；x_{14} 为作业生产率，单位为 hm^2/h。

4 实例验证及结论

具体实际情况数据、评分值以及所得的分数可参见表 2，从表 2 中，也更容易对比四个代表各自的优缺点，分析其优劣势，从而为下一步的优化改进工作提供依据。

表 2　典型代表评分表

序号	指标	权重	实际情况				评分计算			
			A	B	C	D	A	B	C	D
1	地块长度	0.0036	310	450	400	200	1.116	1.62	1.44	0.72
2	行距差	−0.7070	3	0	0	2	−2.121	0	0	−1.414
3	秸秆倒伏率	−106.4800	5%	1%	1%	5%	−5.324	−1.0648	−1.0648	−5.324
4	果穗含水率 −28%	−2.0533	5%	5%	6%	2%	−0.10267	−0.10267	−0.1232	−0.04107
5	果穗直径	0.4304	6	6	5	6	2.5824	2.5824	2.152	2.5824
6	果穗离地高度	0.0332	95	110	110	90	3.154	3.652	3.652	2.988
7	割台范围	0.2180	5	5	5	5	1.09	1.09	1.09	1.09
8	剥皮是否匹配	2.9080	1	1	1	1	2.908	2.908	2.908	2.908
9	粉碎是否匹配	2.5580	1	1	0	1	2.558	2.558	0	2.558
10	动力配备	1.1140	2	2	2	2	2.228	2.228	2.228	2.228
11	果穗损失率	−61.4400	4%	20%	5%	1%	−2.4576	−12.288	−3.072	−0.6144
12	籽粒破损率	−164.0000	1%	1%	1%	1%	−1.64	−1.64	−1.64	−1.64
13	果穗含杂率	−16.5600	1%	10%	1%	1%	−0.1656	−1.656	−0.1656	−0.1656
14	作业生产率	2.5200	0.4	0.3	0.5	0.3	1.008	0.756	1.26	0.756
	评分结果						78.65274	74.46214	82.4836	80.45053

由表 2 中可看出，典型代表 A 的优点与其他 3 个代表相比并不显著，而缺点主要在于行距差过大以及秸秆倒伏率大这两个原因，这也可能是其果穗损失率较大的原因。典型代表 B 与其他 3 个代表相比优点在于地块长度较长，但其果穗损失率及果穗含杂率都非常高，致使其得分最低，可见机械收获效果在整个评价的影响还是很大的。典型代表 C 与其他 3 个代表相比，地块长度较长，行距差为 0cm，秸秆倒伏率也很低，作业效率相对较高，优势较多，但也有很多令人不满意的地方，例如，果穗含水率与收获最优含水率相差较大，粉碎装置还未达到农户需求，还需要农机农艺双方的改进。典型代表 D 与其他 3 个代表相比，优势主要在于果穗含水率与最优含水率相差较小，但其地块长度相对最短。可见，每一个评分的结果，都不是单一因素影响所致，它受到多重因素的共同影响。

An Impact Analysis of Corn Plant Spacing on Mechanical Harvesting

Ni Zhiqiang[1, a *]   Ren Jingrui[2, b]   Yang Baoling[3, c]

Zheng Zhian[4, d]   Gao Zhenjiang[5, e]

(1 College of Engineering, China Agricultural University, No. 17 Qinghua Donglu, Haidian District, Beijing 100083, China

2 College of Engineering, China Agricultural University, No. 17 Qinghua Donglu, Haidian District, Beijing 100083, China; Automotive Engineering Product Research & Development Institute, Beiqi Foton Motor Co.. Ltd, Shayanglu, Shahe Town, Changping District, Beijing 102206, China

3 Corresponding author. College of Engineering, China Agricultural University, No. 17 Qinghua Donglu, Haidian District, Beijing 100083, China

4 College of Engineering, China Agricultural University, No. 17 Qinghua Donglu, Haidian District, Beijing 100083, China

5 College of Engineering, China Agricultural University, No. 17 Qinghua Donglu, Haidian District, Beijing 100083, China)

Abstract: The influence of corn plant spacing on mechanical harvesting was analyzed. Corn flexible model was established through the flexible body module of ADAMS by using virtual prototype. Mechanical dynamics simulation was performed. Plant spacing was suggested to a significant positive correlation on the efficiency of mechanical harvesting. During mechanical harvesting, weight loss is dependent on plant spacing. The optional range of corn plant spacing was between 0. 15m and 0. 2m according to the simulation results.

Key words: Corn; Plant spacing; Mechanical harvesting; ADAMS

* [a]nzqiang520@ 163. com, [b]renjingrui@ yeah. net, [c]icb@ cau. edu. cn,
[d]zhengza@ cau. edu. cn, [e]zjgao@ cau. edu. cn

Preface

Corn is an important grain crop in China. Corn yield presented a growing trend from 2003 to 2010. In 2010, the planting area and yield of corn reached 32.5 million hectares and 177 million tons respectively. The level of harvest mechanization was around 17.6%, which was an increase of 7% year-on-year[1]. However, compared with wheat and rice harvest mechanization, the harvest mechanization of corn is far behind the above-mentioned two in our country. Such situation has become the main "bottleneck" in the process of the corn production mechanization. Based on the outcome of investigation, to promote the corn yield, farmers take advantage of close planting technique, and reduce the plant spacing to get corn yield maximized. Within a certain range of changing plant spacing, it mainly affects harvest mechanization efficiency. The path of snapping unit can not meet the snapping movement as requested if it's too density, which influences the performance of the mechanical operation. Therefore, it is essential to make a study on the corn harvest mechanical process, and discuss the influence of the harvest mechanization in different plant spacing, and find out the suitable plant spacing for harvest machinery homework, so that we can not only plant corn with high yield according to agricultural demands, but also create conditions convenient to the mechanical harvesting.

Currently, there are basically two approaches[2~5] in corn mechanical harvesting adaptability research: one is to analyze factors of mechanical harvesting influence based on physical prototype test and the other method is based on tracking investigation and evaluation. Both of methods have their limitations, such as the location, time, growth cycle, high testing cost and long testing cycle and so on. This paper makes use of the virtual prototype technology to make simulation analysis on process of corn harvest mechanization. This paper is to discuss the effect of the corn mechanical harvesting process by plant spacing, trying to find out the best plant spacing range of harvest mechanization for corn.

1 Mechanical system modeling

1.1 Corn modeling

The job object of harvest machinery is the ripe corn plants. In the process of harvesting, the main parts like divider and stalk pulled roller will all work and contact with corn straw and cluster. Stem diameter, stem height, ear position and size, row spacing, plant spacing and alike, will also have a substantial connection with the quality of the harvesting mechanization.

1.1.1 Corn biological characteristic parameters

From the perspective of the harvesting mechanization, corn biological characteristics mainly include stalks height, ear position, stalks diameter, ear length, and ear's bigger side diameter, stem diameter, stem length and related mechanical characteristics[6]. The spring corn in north district is taken as a point. According to its agronomic characteristics and the design principle of the ear snapping unit, we determine the related biological characteristics parameters of a corn, as is shown in Tab. 1.

Tab. 1 Biological characteristics of different part of corn

position	diameter (m)	length (m)	ear position (m)	modulus of elasticity (Pa)	density (kg/m³)	Poisson's ratio	Static friction coefficient	Kinetic friction coefficient
Stalks	0.025	2	1.5	1.1×10^{10}	450	0.33	0.65	0.42
Stem	0.024	0.055	—	8×10^{10}	500	0.37	0.65	0.42
Ear	0.046	0.26	—	5.5×10^{10}	655	0.4	0.725	0.32

1.1.2 Foundation of corn flexibility theory

In the process of mechanical harvesting, corn plants are deformed by instantaneous impact, the deformation cannot be neglected in mechanical harvesting system, so the corn will be considered as a flexible body. By using the ADAMS/Flex module, we establish a model of the flexible corn. This module is an integrated optional module in ADAMS, which is software of multi-body kinematics, and it describes the flexibility of object mainly based on modal flexibility. The description of the object elastic deformation is built in small flexibility deformation with respect to the object coordinate system, which constructs big range rigid motion (big range nonlinear integral mobile and rotation) for the system. For above-mentioned two assumptions, we express the object's infinite freedom[7,8] with degrees of freedom of several limited nodes in discrete element.

Predictably, the position of a point (a finite element node) in corn can be demonstrated as:

$$r_i = x + A \ (s_i + u_i) \tag{1}$$

In the equation,

x—the position vector of the origin of local coordinate system in the overall coordinate system;

A—transition matrix of the local coordinate system to the overall coordinate system;

s_i—variables of position of some node in corn in the local coordinate system with non deformation;

u_i—deformation vector of some point in corn relative to its non deformation position in the local coordinate system;

The generalized coordinates of any node in elastic corn can be defined as:

$$\zeta = [\ xyz \ \psi\theta\phi q_i\ ]^t \tag{2}$$

In the equation,

x, y, z—the position of the local coordinate system in the overall coordinate system;

$\psi\theta\phi$ —the Euler angles of the local coordinate system in the overall coordinate system;

q_i—modal shape component;

$i = 1, 2\cdots m$, n—selection of modal;

By *Lagrange equation*, it is known that *the dynamics equation*[9] of more flexible body in corn refers to:

$$M\zeta + KG\zeta + C\zeta + \left[\frac{\partial\psi}{\partial\iota}\right]^{T}\lambda = Q\zeta \tag{3}$$

In the equation,

M—weight matrix of corn mode;

K—stiffness matrix of corn modal;

G—gravity;

C—damping matrix of system modal;

Ψ—constraint equations of the system;

λ—Lagrange multiplier;

Q—matrix of generalized force

1.2 Mechanical modeling

At present, there are two primary types of snapping unit: one is a type of snapping rolls, and the other is snapping plate-and stalk pulled roller. Take snapping plate-and stalk pulled roller as an example, this paper establishes its mechanical model. Considering the related requirement of stalk pulled roller's design: we try to decrease the machinery loss of grain in the condition of keeping stalks' grab ability, namely grab straw but do not grind grain. Similarly, stalk pulled roller is required to meet the working gap which allows the straw through but not break the straw and cluster, can gather the grain but not bite it. In addition, machine parameters such as rotary speed and the horizontal angle in the axis of the stalk pulled roller, and homework speed directly influence the work performance of the corn shears. With the physical geometric relationships of the parameters and related operation parameters of self-contained combine, we get the key technologic parameters of the snapping unit, as shown in Tab. 2.

Tab. 2　Main data of the machine modeling

Parameters	Value	Parameters	Value
Plant spacing (m)	0.65	Breadth (m)	2.6
Angle of inclination (°)	35	Forward speed (m/s)	1.6
Speed of dial chain (m/s)	1.76	Gap of snapping plate (mm)	0.035
Diameter of stalk pulled roller (m)	0.096/0.054	Gap of stalk pulled roller (mm)	0.025
Active length of stalk pulled roller (m)	0.75	Rotary speed of stalk pulled roller (r/min)	970

Since the solid modeling[10] function of ADAMS software is weak, we use three-dimensional parametric modeling software Pro/E to make the solid modeling of snapping unit, and then take advantage of the Mechanism/Pro module as interfaces of software Pro/E and ADAMS to generate the CMD files which can be read by ADAMS, then input the model file into ADAMS environment.

After simplification, the mechanical model[11] of snapping plate-and stalk pulled roller of snapping unit, is mainly including frame, ear plate, and stalk pulled roller and divider. It adopts gear pair between stalk pulled rollers, mobile pair between frame and the earth, solid model as shown in Fig. 1 below.

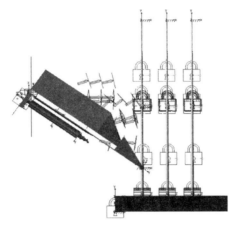

Fig. 1   3-D model of feed-in mechanism in software Pro/E

1.3   Dynamics modeling of mechanical harvesting system

The dynamics model of the mechanical harvesting system consists of two flexible bodies (corn), nine rigid bodies (as shown in Fig. 2 below), and contact force is established between machine and corn [12]. The parameters of the contact force are estimated by *Hertz theory*; we get accurate values of parameter by corresponding modification in light of the parameters table of material contact in the process of emulation.

Fig. 2   Simulative modeling of mechanical harvesting system

In the system model, there are three types of forms of ideal constraints between different rigid bodies: contact force is established between corn and machine, collar force is established between corn and the earth, and the fixed constraints in the interior of corn. According to ADAMS, each constraint minus certain degrees of freedom in the system, we get the formula of the freedom:

$$W = Pz - \lambda - 3N \qquad\qquad (4)$$

In the equation,

W—refers to the degree of freedom of the space mechanism;

Pz—refers to the overall number of the degree of freedom of the space mechanism pair;

λ—refers to the redundant degree of freedom of the space mechanism, which present the sum degrees of the total five extra freedom;

N—refers to the number of closed ring of the space mechanism;

We can calculate that the degree freedom of mechanical harvesting virtual prototype for two, three and four strains corn are 60, 90 and 120.

2 Simulation of mechanical harvesting system

At present, the dominant references in China to evaluate the quality of mechanization harvesting for corn are "Chinese National Standard (GB/T21962-2008): Technology conditions of corn mechanical harvesting", "Chinese National Standard (GB/T21961-2008): Testing method of corn mechanical harvesting" and "Chinese National Agriculture Standard (NY/T 1355-2007): Operating quality of corn harvester". The percent of damage and drop of grain and grain productivity are the key indicators to measure the harvesting performance of corn. In the meantime, the energy consumption is gradually drawn much attention[12,13]. In this paper, according to mathematical relationship of the index, the analysis and evaluation index in the simulation is set up to measure harvesting homework effect of the combine harvester.

① Completion harvesting time: time (s) is used in harvest all the plants; the index can reflect the harvesting efficiency indirectly.

② Percentage of damage: according to the related literature, the limit compressive strength of the corn kernel is 1.37×10^7 Pa. However, the bracts of the ear have some buffer ability. If taking the corn as a whole consideration, the limit compressive strength of the ear far will far outweigh the kernel of corn. Based on the theory, elastic modulus[14] of bracts is six times of the limit compressive strength of the corn kernel, namely 8.22×10^7 Pa is limit compressive strength for corn kernel, when the corn kernel stress is more than 8.22×10^7 Pa, plastic deformation happens. Afterwards, broken phenomenon will happen on corn ear. The proportion of average broken unit in whole number to present the percentage of damage of the grain was employed.

③ Percentage of drop: according to the related literature[15,16], connection strength between grain and ear core is 3.92×10^7 Pa, similarly consider of bracts role, to press 1.5 times of the value, namely 5.88×10^7 Pa as average limit connection strength to drop. Drop phenomenon happen to corn ear, we use the proportion of average drop unit in whole number to present the drop rate of the grain.

④ Harvesting energy consumption: only considered the work of grain harvest.

⑤ Stability of harvesting process: we judge the stability of the harvest process in view of the stability of displacement, velocity and acceleration harvest of the connection point of ear and carpophores.

We make use of second development language programming in ADAMS to establish constraints in corn mechanical harvesting system model, and at same time take use of the model to realize simulation of single factor testing on different plant spacing. Afterwards, we get a law of how different levels of plant spacing affect the corn mechanical harvesting. In the calculation model of effect of corn mechanical harvesting, the graphical user interface is designed, as shown in Figure. 3 below. The left part of graphical user interface is the different input boxes with levels of parameters. The right part is the run button in the simulation. When the model is operating, it will also generate related text files of the measurement, and the operation results will be stored, user can analyze the calculation results with post-processing module of ADAMS. At the same time, the simulation results stored into text files can be very handy to provide the reference data for other analysis software and program the system, which is beneficial to establish the joint simulation model of combine.

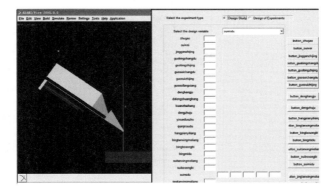

Fig. 3   Visual graphical user interface of mechanical-harvesting system

3   Results and analysis

This thesis is based on the dynamic simulation model, and takes the harvesting time, percentage of damage and drop, grain productivity, and energy consumption and harvesting process stability as the judgment standards, carrying out single factor experiment. Through the investigation, the plant spacing changes from a range of 0.1 m to 0.3 m and we select five different plant spacing to simulate. The test factors and results are shown as Table 3, in which a, b, c and d represent respectively grain completion time, percentage of damage and drop, energy consumption, among which, $i = 2$, 3 and 4 respectively present the number of harvest corn; $j = 1$, 2, 3, 4 present the first j plant corn in the process of harvesting.

Tab. 3　Results of the single factor experiment

Lever of plant spacing (mm) x			0. 1	0. 15	0. 2	0. 25	0. 3
Harvest completion time (s) a_i	a_2		0. 81	0. 84	0. 87	0. 9	0. 93
	a_3		0. 87	0. 93	1	1. 05	1. 12
	a_4		0. 93	1. 03	1. 13	1. 22	1. 31
Percentage of damage (%) b_{ij}	b_{2j}	b_{21}	11. 19	8. 51	12. 22	10. 36	4. 74
		b_{22}	32. 19	34. 93	34. 87	36. 44	34. 11
	b_{3j}	b_{31}	4. 19	5. 63	3. 16	2. 68	8. 85
		b_{32}	2. 40	5. 63	9. 68	5. 42	1. 92
		b_{33}	1. 78	1. 92	12. 49	11. 05	17. 64
	b_{4j}	b_{41}	10. 09	9. 61	2. 75	9. 75	10. 09
		b_{42}	6. 93	13. 80	1. 65	1. 99	2. 06
		b_{43}	5. 70	10. 91	12. 49	13. 86	17. 36
		b_{44}	1. 92	13. 25	17. 30	13. 11	7. 55
Percentage of drop (%) c_{ij}	c_{2j}	c_{21}	30. 75	29. 38	34. 45	30. 95	27. 18
		c_{22}	47. 15	51. 27	52. 57	52. 44	51
	c_{3j}	c_{31}	33. 01	30. 68	26. 56	26. 70	30. 61
		c_{32}	28. 48	29. 92	29. 51	29. 99	23. 13
		c_{33}	24. 91	24. 30	32. 33	31. 85	37. 06
	c_{4j}	c_{41}	33. 36	31. 50	24. 98	33. 97	33. 01
		c_{42}	32. 33	35. 21	20. 93	27. 11	24. 23
		c_{43}	31. 50	32. 94	37. 20	39. 60	36. 51
		c_{44}	26. 77	34. 73	36. 58	32. 67	26. 36
Energy consumption (J) d_{ij}	d_2		3 645	4 706	3 200	4 122	3 263
	d_3		6 000	7 000	8 043	5 910	7 411
	d_4		9 547	4 833	10 148	7 794	6 673

3.1　Analysis on the plant spacing influence of the harvest time

Using statistical analysis method to establish three order regression equations for grain completion time and plant spacing：

$$a_2 = 0. 78 + 0. 031x \tag{5}$$

$$a_3 = 0. 81 + 0. 062x \tag{6}$$

$$a_4 = 0. 84 + 0. 095x \tag{7}$$

The decision coefficient of regression equations is above 0.99.

Fig. 4 is the relationship between plant spacing x and completion harvest time, due to close relations between the times showed in the simulation and integral steps, and has a certain error compared with the truth value.

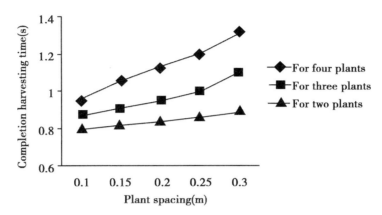

Fig. 4   Impact of different plant spacing on mechanical harvesting efficiency

Shown from Fig. 4, along with the increase of plant spacing, the harvesting completion time presents a corresponding increase trend. Under the condition of fixed plant spacing, the growth extent of the harvesting completion time is almost identical. When plant spacing is 0.1 m, the intervals of two plants of corn's harvesting time is 0.135 s, difference of 0.06 s and 0.12 s respectively with the harvest completion time of three and four plants of corn; When plant spacing is 0.3 m, harvest time interval between two plants change to 0.3375 s, which is 150% more than the former one and showed the difference of 0.19 s and 0.38 s, respectively with the harvesting completion time of three and four plants of corn.

3.2   Analysis on the plant spacing influence of the yield loss

It can be seen from Table 3 that, along with the increase of the amount of corn, the rate of overall mechanical harvesting loss has been improved significantly. Under each level of plant spacing, average rate of mechanical harvest loss was lower than 12%; it is lower about more than 10% relative to the harvest of two plants.

The results of harvest of three plants show that when the plant spacing is less than 0.2 m, the mechanical harvest loss tends to decline, the work efficiency is guaranteed. When the plant spacing is more than 0.2 m, the rate of mechanical harvesting loss tends to increase. When plant spacing is 0.3 m, mechanical harvesting loss appears a remarkable fluctuation, and consequently, the state of harvesting is not stable then. Also, when four plants of corn are harvested, plant spacing is more than 0.2 m, the variance of the mechanical harvesting loss doubled in levels of plant spacing, which were greater than 10%. Such finding is shown in Fig. 5 below.

mechanical harvesting loss for three plants of corn

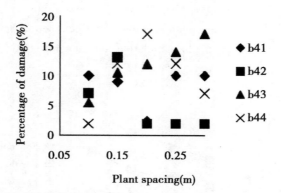

Fig. 5　Impact of different plant spacing on mechanical harvesting loss

mechanical harvesting loss for four plants of corn

Seen from the process of mechanical harvesting, kinetic parameters such as acceleration, speed and displacement of each plant of corn are on stable state when the plant spacing ranges from 0. 15 m to 0. 2 m.

Predictably, when the plant spacing is between 0. 15 m and 0. 2 m, mechanical harvesting loss is fewer, and the process of mechanical harvesting is relatively stable.

3.3　Analysis on the plant spacing influence of the harvest energy consumption

Combined with Fig. 5 and Fig. 6, the changing trend of mechanical harvesting energy consumption is as the same as that of overall mechanical harvesting losses. d_2, d_3 and d_4 present changing curves of energy consumption respectively when two, three and four plants of corn are harvested with different plant spacing.

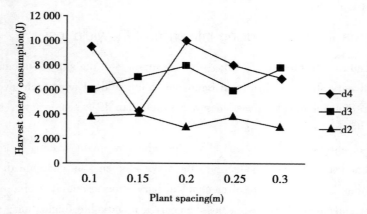

Fig. 6　Impact of different plant spacing on mechanical harvesting energy consumption

Seen from Fig. 6 above, harvesting energy consumption has great changes with plant spacing fluctuating, and when plant spacing is 0. 15 m, energy consumption will reach the lowest point.

4   Conclusion

① Applying ADAMS/Flex, a flexible corn model was established. Using the three-dimensional parametric modeling software Pro/E, roller solid mechanical model of snapping plate-and stalk pulled roller of snapping unit was set up to assist the construction of virtual prototyping model of corn mechanical harvesting system.

② By using the virtual prototype technology, a dynamics simulation on harvest system was conducted. Based on the simulation results analysis, plant spacing was found to have a significant effect on mechanical harvesting completion time. With the increase of plant spacing, mechanical harvesting completion time will increase remarkably.

③ With the increase of the amount of corn plant, there is a prominent improvement of the overall loss rate of mechanical harvesting. The harvested quality of the first two plants of corn displays a great fluctuation. The mechanical harvesting quality for the individual plant of corn is relatively concentrated within the range of suitable plant spacing for mechanical harvesting.

④ According to the analysis results, less mechanical harvesting loss and lower energy consumption will be emerged when the plant spacing is between 0.15 m and 0.2 m, meanwhile, the process of mechanical harvesting will be relatively steady. The range of that plant spacing is fit for mechanical harvesting.

Acknowledgements

This work was financially supported by the research program of combined pattern of farm machinery and agronomy and optimization of power configuration for farm machinery, which is a part of "R&D Project for Voluntary Industry (Agricultural industry)" named as "Technology Integration of Adaptability Assessment for Agricultural Machineries" (Project No. 20090303806).

References

[1] Agricultural mechanization management department of the agriculture department. The National Agricultural Mechanization Statistical Reports (2009).

[2] Hongyu Yan, Wenfu Wu, et al. Effects of the Type of the Snapping Rolls of Vertical Corn Harvester on Harvesting Performance [J]. Transacyions of the Chinese Society for Agricultural Machinery 2009, 40 (5): 76 – 80.

[3] Junlin He, Tong Jin, Wei Hu, et al. Influence of Snapping Roll Type and Harvesting Speed on 4YW-Q Corn Harvester [J]. Transactions of the Chinese Society for Agricultural Machinery, 2006, 37 (3): 46 – 49.

[4] Hanna H M, Kohl K D, Haden D A. Machine losses from conventional versus narrow row corn harvest. Applied Engineering in Agriculture. (2002).

[5] Guochang Fan, Huixin Wang, Junjie Ji. Analysis of Influence Factor on Seed Damage Rate and Loss Rate during Picking Corn-Cob [J]. Transactions of the Chinese Society of Agricultural Engineering, 2002, 18 (4): 72 – 74.

[6] Pamela J W, Lawrence A J. Corn: *chemistry and technology* [M]. St. Paul, Minnesota: America Association of Cereal Chemists, Inc. 2003.

[7] Mechanical Dynamics Inc. ADAMS Help Using MECHANISM/Pro (2002).

[8] Schwertassek R, Allyn and Bacon, in: *Dynamics of Mechanical System* [M]. (1989).

[9] Youfang Lu, in: *Flexible multibody system dynamics* [M]. Beijing: higher education press. (1996).

[10] Demin Chen, Chuangfeng Huai, Ketao Zhang, in: *Proficient in ADAMS 2005/2007 virtual prototype technology* [M]. Beijing: Chemical Industry Press, 2010.

[11] Cuihong Du. Theory and Experimental Study on the Vertical Header of Corn Combine Harvester for Both Ears and Stalks [D]. Shandong University of Science and Technology (2006).

[12] Shapiro C A, Kranz W L, Parkhurst A M. Comparison of harvest techniques for corn field demonstrations [J]. American Journal of Alternative Agriculture, 1989, 4 (2): 59 – 64.

[13] Hanna H M, Kohl K D, Haden D A. Machine losses from conventional versus narrow row corn harvest [J]. Applied Engineering in Agriculture, 2002, 18 (4): 405 – 409.

[14] Xin Jie, Xiaofeng Li, Liang Sun, et al. Experiment on Optimal Forcing Method for Seed-corn Thresher [J]. Transactions of the Chinese Society for Agricultural Machinery, 2009, 40 (12): 71 – 75.

[15] Yu Bai, Zhongping Yang, Kangquan Guo, et al. Researches on the Strength Performance of the Corn Brace [J]. Journal of Agricultural Mechanization Research, 2008, (4): 143 – 145.

[16] Fandohan P, Ahouansou R, Houssou P. Impact of mechanical shelling and dehulling on fusarium infection and fumonisin contamination in maize [J]. Food Additives and Contaminants, 2006, 23 (4): 415 – 421.

[17] Xinping Li, Lianxing Gao. Experimental study on breaking mechanism of kernel stem of corn seed [J]. Transactions of the Chinese Society of Agricultural Engineering, 2007, 23 (11): 47 – 51.

Applicability Evaluation of Corn Harvesting Machinery in Northern China [*]

Lu Xiufeng[1]   Zheng Zhian[1]   Yang Baoling[1]   Gao Zhenjiang[1]   Chen Xingying[1]
(College of Engineering, China Agricultural University, Beijing, China)

Abstract: The applicability evaluation of corn harvesting machinery is a basic research in China to find the key factor restricting the development of the corn harvesting mechanization. On the basis of systematic analysis for the influence factors to the corn harvesting machinery suitability, this article uses the Analytic Hierarchy Process to establish the applicability evaluation system of corn harvesting machinery in northern China, including technical indicators, economic indicators, social indicators and environmental indicators. Then it sets up the fuzzy evaluation model to evaluate the corn harvesting machinery applicability of the typical place, and the results show that the applicability evaluation score of corn harvesting machinery in the typical place is 74, and the applicability level of corn harvesting machinery is in general degree, which is adapted to local realities. The results can make a reference to the agricultural machinery applicability evaluation in China.

Key words: Maize area; Mechanical harvesting of corn; Applicability; Evaluation

Introduction

With the continuous development of agricultural science and technology and the country's continuous series of preferential agricultural policy implementation, the process of modernization of agricultural production significantly accelerated, food for six consecutive years of bumper harvests, corn made a great contribution, which is the close integration of agricultural agronomic is divided not open, but with the accelerated process of agricultural mechanization, agricultural agronomic mutually incompatible new contradictions have gradually emerged, such as land management, and some grains, economic crops, intercropping, and some grains, economic crops, intercropping; wide plot of land tillage and narrow stretch, wheat plot some 1.5m wide, some 2m wide; corn planting narrow row spacing with wide spacing and line spacing, spacing between the

---

* Written for presentation at the 2013 ASABE Annual International Meeting Sponsored by ASABE Kansas City, Missouri July 21 ~ 24, 2013

range of 0. 2 ~ 0. 8m range, and even the size of the line; sowing some ridging, some flat so-wing, some sets of broadcast, and some intercropping, etc. These complex mixed cropping pattern is only suitable for human animal production methods, unable to adapt to modern agricultural ma-chinery popularization and application of agricultural machinery efficiency and effectiveness diffi-cult to fully play. To change this mutual suited to agricultural and agronomic situation, the forma-tion of agricultural and agronomic combination of social consensus, the need to agriculture, agri-cultural sector to further unify their thinking, strengthen cooperation and jointly carry out research and demonstration trials to establish mutual adaptation of modern agricultural production tech-niques systems. This is to accelerate the development of corn production to ensure national food se-curity, improve the comprehensive production capacity of corn inevitable choice.

For corn harvest agricultural agronomic evaluation system of combining adaptability is immi-nent, a good evaluation system needs to meet the quality and performance of the present stage of agricultural cultivation and management and agronomic evaluation of combined degree require-ments. In the complex and diverse agricultural production conditions, combined with agricultural agronomic evaluation of adaptability, the need for scientific evaluation index system and evalua-tion system. This scientific evaluation of the combined effect of agricultural agronomic and effective implementation of quality control, and vigorously promote the use of advanced and applicable agri-cultural machinery, and promote the healthy development of the corn harvest mechanization is ver-y favorable.

At present, China corn harvester in the field of research evaluation system adaptability less, most of the studies discussed in qualitative description is only through mechanical harvesting corn development status, problems and development direction, or through field operations experiments, testing different corn cultivation techniques mode and adaptability of corn harvesting machiner-y. This method is vulnerable to natural environmental conditions, and the experimental cycle is long, high input costs, and only take into account the technical aspects of the impact of adaptive mechanical harvesting corn, ignoring the economic, environmental, and policy and other related important factor [1~7], therefore, the traditional evaluation system do not allow for mechanical harvesting corn adaptability depth, systematic analysis, reliability and practicality is not strong.

1 Building of evaluation system

1.1 Indicator Analysis and primaries

By combining adaptive corn harvest in agricultural agronomic agronomic adaptability, agri-cultural suitability and mechanical effects, post-harvest three criteria detailed analysis layer, and further analysis of the impact of each criterion level factors that determine the 14 maize harvest ag-ricultural agronomic suitability evaluation, the establishment of index system.

1. 1. 1 Agronomic adaptation degree of mechanical harvesting

Agronomic adaptation indicator of the degree of mechanical harvesting layer can be divided into specific block length, planting spacing, stalk lodging rate, moisture ear, ear diameter and ear height of six specific indicators.

Because the objective of the study is targeted at mechanical harvesting corn production areas, so the harvest agronomic conditions is one of the most direct adaptive characterization, traced, then the various agronomic performance, but also inseparable from the cultivation aspects taken patterns and land environmental conditions. Therefore, the selection of indicators index agronomic main consideration is the growing and harvesting two aspects of the situation.

1. 1. 2 Harvesting machinery agronomic adaptation degree

Harvesting machinery itself manufacture, is relying on the agronomic needs, is to solve the problems can not be solved manually, reduce labor and improve production efficiency. However, many existing machinery, but also does not fully meet the requirements of a variety of agronomic, mechanical itself, there are some problems, considering the extent of harvesting machinery agronomic adaptation, mainly starting from the mechanical parts itself, including cutting devices, peeling equipment, crushing equipment and machinery, power equipment.

1. 1. 3 Mechanical harvesting effect

Effect of harvesting machinery harvesting machinery work mainly refers to the merits of the degree, through the effect of contrast, can directly affect the farmers are willing to use mechanical harvesting, which affects the binding mode to achieve the level of mechanical harvesting. Harvesting machinery efficiency index layer specifically including the ear loss rate, grain breakage rate, ear impurity rate and job productivity and other four indicators.

1.2 Screening and outcome indicators

12 parts expert questionnaire distributed by the consistency test, then use YAAHP software group decision - Expert Data Aggregation Method: Each expert Sort vector weighted geometric mean (scale type: 1 to 9). The results are shown in Tab. 1.

Tab. 1 The final result table index weights

Alternative	Weights
Block length B1	0. 0528
Planting spacing B2	0. 1414
Stalk lodging rate B3	0. 1331
Ear moisture B4	0. 0616
Ear diameter B5	0. 0538
Ear height above ground B6	0. 0664
Scope cutting table C1	0. 1090
Is there peeling device C2	0. 0727
Is there crushing device C3	0. 0647
Power equipment C4	0. 0557

（续表）

Alternative	Weights
Ear loss rate D1	0.0768
Grain breakage rate D2	0.0410
Ear impurity rate D3	0.0207
Job productivity D4	0.0504

2 Evaluation method developed

Considering its character and advantages, we use efficiency coefficient method.

2.1 Effectiveness of each index score calculation

2.1.1 Block length

Block length value should be the bigger the better satisfaction, so bad set, take the current machine hand generally accepted mean - 600m, does not allow the value to 20m.

$$d_1 = \frac{x_1 - x_1^{(s)}}{x_1^{(h)} - x_1^{(s)}} \times 40 + 60 = \frac{x_1 - 20}{600 - 20} \times 40 + 60 = \frac{2}{29}x_1 + \frac{1700}{29} \tag{1}$$

2.1.2 Planting spacing

Planting spacing provides good or bad, but can be grown and mechanical spacing spacing an absolute value of the difference between said that the spacing of the difference value should be satisfied 0cm, allow the value to 8cm.

$$d_2 = \frac{x_2 - x_2^{(s)}}{x_2^{(h)} - x_2^{(s)}} \times 40 + 60 = \frac{x_2 - 8}{0 - 8} \times 40 + 60 = 100 - 5x_2 \tag{2}$$

2.1.3 Stalk lodging rate

Stalk lodging satisfaction rate is 0, and its value is not 5%.

$$d_3 = \frac{x_3 - x_3^{(s)}}{x_3^{(h)} - x_3^{(s)}} \times 40 + 60 = \frac{x_3 - 5\%}{0 - 5\%} \times 40 + 60 = 100 - 800x_3 \tag{3}$$

2.1.4 Ear moisture

Ear optimum moisture content is 28% and not less than the value of 16% or greater than 40%, so this indicator can be the actual moisture content and 28% of the ear of an absolute value of said difference, then this difference is worth satisfied 0, and its value is not 12%.

$$d_4 = \frac{x_4 - x_4^{(s)}}{x_4^{(h)} - x_4^{(s)}} \times 40 + 60 = \frac{x_4 - 12\%}{0 - 12\%} \times 40 + 60 = 100 - \frac{100}{3}x_4 \tag{4}$$

2.1.5 Ear diameter

Is satisfied ear diameter 10cm, and its value is not 5cm.

$$d_5 = \frac{x_5 - x_5^{(s)}}{x_5^{(h)} - x_5^{(s)}} \times 40 + 60 = \frac{x_5 - 5}{10 - 5} \times 40 + 60 = 8x_5 + 20 \tag{5}$$

2.1.6 Ear height above ground

Is satisfied ear height of 120cm, and it is not allowed to 40cm.

$$d_6 = \frac{x_6 - x_6^{(s)}}{x_6^{(h)} - x_6^{(s)}} \times 40 + 60 = \frac{x_6 - 40}{120 - 40} \times 40 + 60 = 0.5x_6 + 40 \tag{6}$$

2.1.7 Scope cutting table

Scope satisfaction cutting table is 20cm, and its value is not allowed 0cm.

$$d_7 = \frac{x_7 - x_7^{(s)}}{x_7^{(h)} - x_7^{(s)}} \times 40 + 60 = \frac{x_7 - 0}{20 - 0} \times 40 + 60 = 2x_7 + 60 \tag{7}$$

2.1.8 Is there peeling device

Is there peeling device is mainly to see local demand, which meet the needs of satisfaction value (1 point), and its value does not meet the requirements (0 points).

$$d_8 = \frac{x_8 - x_8^{(s)}}{x_8^{(h)} - x_8^{(s)}} \times 40 + 60 = \frac{x_8 - 0}{1 - 0} \times 40 + 60 = 40x_8 + 60 \tag{8}$$

2.1.9 Is there crushing device

Is there crushing device ibid., largely to see local demand, which meet the needs of satisfaction value (1 point), and its value does not meet the requirements (0 points).

$$d_9 = \frac{x_9 - x_9^{(s)}}{x_9^{(h)} - x_9^{(s)}} \times 40 + 60 = \frac{x_9 - 0}{1 - 0} \times 40 + 60 = 40x_9 + 60 \tag{9}$$

2.1.10 Power equipment

Satisfaction with the value and power does not allow direct assignment remedial value, but it can be divided into three files: Power exact match to complete the harvest operation is easy (3 points); force basic match, to be completed harvesting operations (2 points); power is not matched, the completion of harvesting operations have difficulty (1 point).

$$d_{10} = \frac{x_{10} - x_{10}^{(s)}}{x_{10}^{(h)} - x_{10}^{(s)}} \times 40 + 60 = \frac{x_{10} - 1}{3 - 1} \times 40 + 60 = 20x_{10} + 40 \tag{10}$$

2.1.11 Ear loss rate

Satisfaction ear loss rate is 0, the value of 5% is not allowed.

$$d_{11} = \frac{x_{11} - x_{11}^{(s)}}{x_{11}^{(h)} - x_{11}^{(s)}} \times 40 + 60 = \frac{x_{11} - 5\%}{0 - 5\%} \times 40 + 60 = 100 - 800x_{11} \tag{11}$$

2.1.12 Grain breakage rate

Satisfactory grain breakage rate is 0, 1% is not.

$$d_{12} = \frac{x_{12} - x_{12}^{(s)}}{x_{12}^{(h)} - x_{12}^{(s)}} \times 40 + 60 = \frac{x_{12} - 1\%}{0 - 1\%} \times 40 + 60 = 100 - 4000x_{12} \tag{12}$$

2.1.13 Ear impurity rate

Ear satisfactory impurity rate is 0, the value of 5% is not allowed.

$$d_{13} = \frac{x_{13} - x_{13}^{(s)}}{x_{13}^{(h)} - x_{13}^{(s)}} \times 40 + 60 = \frac{x_{13} - 5\%}{0 - 5\%} \times 40 + 60 = 100 - 800x_{13} \tag{13}$$

2.1.14 Job productivity

Productivity job satisfaction is 1 ha / hour, allowed value of 0.2 ha / hour.

$$d_{14} = \frac{x_{14} - x_{14}^{(s)}}{x_{14}^{(h)} - x_{14}^{(s)}} \times 40 + 60 = \frac{x_{14} - 0.2}{1 - 0.2} \times 40 + 60 = 50x_{14} + 50 \tag{14}$$

2.2 Calculation of the total efficiency coefficient

$$P = \frac{\sum_{i=1}^{n} d_i W_i}{\sum_{i=1}^{n} W_i} = \frac{d_1 W_1 + d_2 W_2 + \cdots + d_{14} W_{14}}{W_1 + W_2 + \cdots + W_{14}} \qquad (15)$$

$$P = \frac{(\frac{2}{29}x_1 + \frac{1700}{29}) \times 0.0528 + (100 - 5x_2) \times 0.1414 + \cdots + (50x_{14} + 50) \times 0.0504}{1}$$

$P = 0.0036x_1 - 0.707x_2 - 106.48x_3 - 2.0533x_4 + 0.4304x_5 + 0.0332x_6 + 0.218x_7 + 2.908x_8 + 2.588x_9 + 1.114x_{10} - 61.44x_{11} - 164x_{12} - 16.56x_{13} + 2.52x_{14} + 73.8192$

3　Empirical Analysis

Through the above two research areas questionnaires and visits, questionnaires 36 were randomly selected using a mechanical harvesting corn four questionnaires were used as evidence, obtained using the above evaluation formula to analyze the combination of local corn harvest agricultural agronomic suitability the merits and features.

Respondents, aged 31 ~ 40 years of age, education level of primary school, at home, a population of five people, including four agricultural labor force, household annual net income of 350 000 yuan, of which, planting corn annual income 12 ~ 13 million. Land area of 150 acres of corn planted, belong to the plain area, annual production of about 100 tons, 150 acres of land are used mechanical harvesting. Maize seed stations recommended for local farmers and Lian Hua 101 cultivated way of mechanical tillage, sowing methods for non-power and power Bunch compatible way, planting of ridge, ridge length 450m, planting spacing of 65cm, scion height of 110cm, ear moisture content of 23%, 1%, lodging, ear loss rate of 20%, 1% seed damage, ear 10% impurity, the job productivity of about 0.3 acres / hour, using the maize machine for the straw chopper-type, consistent with their needs.

A typical representative of the specific values into equation (15).

$P = 0.0036x_1 - 0.707x_2 - 106.48x_3 - 2.0533x_4 + 0.4304x_5 + 0.0332x_6 + 0.218x_7 + 2.908x_8 + 2.588x_9 + 1.114x_{10} - 61.44x_{11} - 164x_{12} - 16.56x_{13} + 2.52x_{14} + 73.8192 = 0.0036 \times 450 - 0.707 \times 0 - 106.48 \times 1\% - 2.0533 \times 5\% + 0.4304 \times 6 + 0.0332 \times 110 + 0.218 \times 5 + 2.908 \times 1 + 2.588 \times 1 + 1.114 \times 2 - 61.44 \times 20\% - 164 \times 1\% - 16.56 \times 10\% + 2.52 \times 0.3 + 73.8192 = 74.4621$

Through a series of mathematical calculations, and ultimately get the score of the survey is 74.5.

4　Conclusion

This research refers to the northern spring maize area corn harvest corn harvest machinery suitability assessment is to achieve technical indicators, economic indicators, environmental and social indicators a comprehensive reflection, is a comprehensive concept. On this basis, study the establishment of a corn harvest adaptive evaluation system using fuzzy evaluation model to evaluate adaptability of the selected area of the corn harvest conditions, the evaluation results meet local conditions.

Acknowledgements

This work was financially supported by the research program of combined pattern of farm machinery and agronomy and optimaization of power configuration for farm machinery, which is a part of "R&D Project for Voluntary Industry (Agricultural industry)" named as "Technogy Integration of Adapatability Assessment of Agricultural Machineries" (Project No. 200903083).

References

[1] Liu Bo, Jiao Gang. Evaluation Method of Suitability for Agricultural Machinery [J]. Transactions of the Chinese Society for Agricultural, 2006, 37 (9): 100 – 103.

[2] Chen Zhiying. Identification and evaluation of the agricultural suitability test [J]. Farm Machinery, 2007 (12): 39 – 40.

[3] Xue Jian, Li Zengjia, Liu Kun, et al. Study on adaptability of machines and tools to harrowing straw or stalk in a new tillage system [J]. Journal of Shandong Agricultural University, 1994 (1): 65 – 69.

[4] Chen Yantai, Chen Guohong, Li Meijuan. Classification & research advancement of comprehensive evaluation methods [J]. Journal of Management Sciences in China, 2004, 7 (2): 69 – 79.

[5] Wang Jianjun, Yang Deli. A comprehensive assessment method for complicated system [J]. Journal of Harbin Institute of Technology, 2008, 40 (8): 1 337 – 1 340.

[6] Kaufmann M, Tobias S, Schulin R. Quality evaluation of restored soils with a fuzzy logic expert system [J]. Geoderma, 2009, 151: 290 – 302.

[7] Li Qiang, Zhao Ye, Yan Jinming. Health appraisal of farmland under mechanism of urbanization drive [J]. Transaction of the CSAE, 2010, 26 (9): 301 – 307.

[8] Zhang Tienan, Li Jinglei. Application of Multi-step Fuzzy Comprehensive Evaluation [J]. Journal of Harbin Engineering University, 2002, 23 (3): 132 – 135.

浅析我国棉花机械采收
现状及制约因素[*]

孙　巍[**]　杨宝玲[***]　高振江[****]　周利飞[****]

（中国农业大学工学院，北京市　100083）

摘　要：本文介绍了我国棉花生产的现状，指出棉花机械采收是整个棉花机械化生产的薄弱环节。针对我国三大棉区的棉花机械采收现状，对我国棉花收获机械化的发展进行了详细的分析。从采棉机的角度出发，在作业效率、生产效益以及棉花品级三个方面探讨了与采棉机相适应的农艺配套技术，进而提出了棉花机械化采收的制约因素，并对棉花机械采收做出展望。

关键词：棉花；采棉机；农艺配套技术；制约因素

Analysis of Mechanical Harvest Situation
and Restricting Factors of Cotton

Sun Wei，Yang Baoling，Gao Zhenjiang，Zhou Lifei

（College of Engineering，China Agriculture University，Beijing，100083）

Abstract：This paper introduces the producing situation of cotton，and points out that the mechanical harvest of cotton is the weak link of the mechanization of cotton production. Aiming at the mechanical harvest situation of cotton in China，the development of cotton harvest has been analyzed. Thinking from the perspective of cotton harvest machine，including working efficiency，producing effect and cotton grade，it discusses the

---

　＊　基金项目：农业部公益性行业科研专项课题"农机农艺结合模式及农机动力配置优化研究"（20090303806）

　＊＊　孙　巍，女，1989 年生，辽宁人，中国农业大学硕士研究生；研究方向为机械工程；邮箱：sherrysunwei@163.com

　＊＊＊　杨宝玲（通讯作者），女，1957 年生，河北人，中国农业大学教授；研究方向为农业机械化工程；邮箱：icb@cau.edu.cn

　＊＊＊＊　高振江，男，1958 年生，内蒙古自治区（全书称内蒙古）人，中国农业大学教授；研究方向为农业装备工程；邮箱：zjgao@cau.edu.cn

　＊＊＊＊　周利飞，男，1986 年生，河北人，中国农业大学硕士研究生；研究方向为农业机械化工程；邮箱：18001323767@126.com

agronomic techniques that are compatible with cotton harvest machine, puts forward the restricting factors, and then makes the outlook for mechanical harvest of cotton.

Key words: cotton; harvest machine of cotton; agronomic techniques; restricting factor

0 概述

棉花是我国主要的经济作物,既是我国两亿农民的重要经济来源,又关系到纺织行业近两千万人员的就业问题[1]。黄河流域、长江流域和西北内陆棉区是我国棉花三大主产区,尤以西北内陆地区的新疆(新疆维吾尔自治区,全书简称新疆)最具实力。2011 年,我国棉花总播种面积高达 5.038×10^6 hm^2,总产量为 6.589×10^6 t。在棉花生产的各个环节中,棉田耕整、播种、中耕施肥、植保、灌溉等环节已基本实现了机械化作业。在采收方面,长期以来以人工采收为主,因起步较晚,机采棉及其配套技术成为我国棉花基地建设的薄弱环节,也是耗费劳动力最多的作业环节。人工采收棉花生产效率低,收获期长,用工量大,在棉花收获期内,劳动力极为缺乏,严重制约着棉花生产效益的提高[2]。为摆脱生产力对劳动力数量的依存关系,提高劳动生产率和经济效益,使传统的生产方式得到转变,解决"拾花难"的问题日益突出。

1 我国棉花主产区机械化采收的现状

黄河流域、长江流域和西北内陆棉区因地势、自然气候等多种原因,在棉花生产方面有很大的差异。根据农业机械化统计年报的数据显示,2011 年三大棉区耕种收面积比较如图 1 所示。

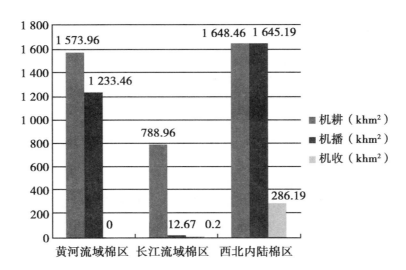

图 1 2011 年三大棉区耕、种、收面积

黄河流域棉区在三大棉区中,植棉面积是三大棉区之首,约为总量的 40%。数据显示,相比机耕与机播的面积,棉花机械采收的面积一片空白,位于此棉区的各省采棉机保

有量也比 2010 年有所下降。山东省作为全国第二的植棉大省，植棉面积为 752.6khm²，约占全省经济作物种植面积的 30%，棉花成为山东省种植面积最大、区域化和规模化程度较高的经济作物[3]。但是，其棉花生产的关键环节——棉花机械化收获基本为零。全区棉花基本上仍完全依靠人工采摘，机械采收程度可见一斑。随着近些年来的不断努力，2012 年 10 月 17 日，在山东省滨州市沾化县，约翰迪尔的采棉机械跨出了历史的一步，完成了山东省棉花的首次机械采收，并形成了一定的规模及社会效应。正如农业部农业机械化管理司司长宗锦耀所说，"这些成绩的取得来之不易，虽然是刚刚起步，但这是开创性的。对于推进农业机械化，加快农业发展方式转变起到了积极的作用[4]。"

长江流域棉区所占的比重最少，仅为总面积的 25%，棉花机械采收水平也极为低下。位于长江中游的湖北省是该区唯一的机收棉区。2011 年湖北省棉花总播种面积 488.7khm²，其中机播 10.77khm²，机收 0.2khm²，仅为其机播面积的 1.86%，占棉花总播种面积的比重更是微乎其微。与黄河流域棉区一样，大面积种植的棉花到了采收季节，需要人工拾花。在有限的劳动力条件下，若采收不及时，棉花就会大大减产，棉农苦不堪言。

西北内陆棉区的棉花机械化采收程度远高于黄河、长江流域两大棉区，此区也是全国棉花机收的主要实施区域。2011 年仅新疆生产建设兵团（全书简称"兵团"）棉花的机收面积就达到了 257.5khm²，领跑于各大植棉地区。兵团 2011 年拥有棉花收获机械 1 000 台，比 2010 年同比增长 42.86%，为全国棉花收获机械数量的 90.91%，即全国所有的棉花收获机械基本上集中在兵团。全兵团实际采棉机操作人员已达 2 000 人，有两个团场的棉花已经全部实现了机械化收获[2]。新疆地区具有发展棉花生产得天独厚的自然条件，加之近几年科研力度的大力投入与规范化经营，使新疆棉花的基地建设与市场经济的发展蒸蒸日上。

2　国内棉花收获机械化的研究与发展

自 1953 年起，我国开始对棉花收获机械进行实验研究。1960—1975 年，中国农业机械化科学研究院相继组织专业人员进行棉花生产机械的系列设计，兴建机采棉加工车间，由于受当时经济、技术水平和采棉机作业性能的制约，没有取得预期的成效。1989 年，棉花收获机械化的工作重新提上日程，当时国家明确将新疆地区作为优质棉花生产基地。1996 年以来，新疆兵团立项实施机械采棉推广项目，引进美国的水平摘锭式采棉机，并通过对国外引进的先进采棉机的消化、吸收、攻关，在 2003 年完成了大型自走式 4MZ-5 型采棉机的研制和试验改进工作，并进行小批量生产[5]。

目前采棉机在我国棉花生产中应用比较成熟的有美国约翰迪尔公司生产和凯斯公司生产的水平摘锭式采棉机，其制造工艺水平高，质量可靠，机采籽棉含杂率低，采净率高，二者工作过程基本相同[6]。工作过程为采棉机在田间沿着棉行前进时，扶导器将棉株引入采棉工作室，摘锭随着旋转的采棉滚筒规律的进入工作室，接触到开裂的棉铃，再利用摘锭上的钉齿将棉絮从棉铃中勾出来，缠绕在摘锭上。然后摘锭进入脱棉区反转时，脱棉器将棉絮脱下，落入集棉室，通过气流管道进入棉箱。凯斯和迪尔公司的采棉机采棉部件如图 2、图 3 所示。两公司采棉部件的不同点是凯斯公司的滚筒左右相对、前后错开配置，摘锭进入工作室的路线有利于增加其自身和棉铃接触的概率，采净率高，落地棉少；而迪尔公司的采棉滚筒单侧前后配置，有效地缩小了采棉工作室的宽度，有较小的横向尺寸，对采摘的行距也可做出适度的调整[6~8]。

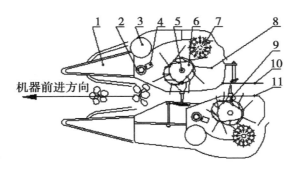

图2　凯斯水平摘锭式采棉部件

1. 棉株扶导器；2. 湿润器供水管；3. 气流输棉管；4. 湿润器垫板；5. 采棉滚筒；
6. 导向槽；7. 脱棉器；8. 摘锭；9. 曲柄滚轮；10. 棉株压紧板；11. 栅板

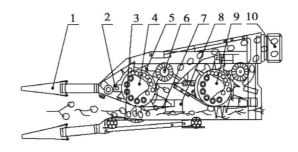

图3　约翰迪尔水平摘锭式采棉部件

1. 棉株扶导器；2. 摘锭清洗器；3. 棉株压紧板；4. 前置滚筒；5. 水平摘锭；6. 脱棉盘；7. 栅板；8. 排杂口；9. 后置滚筒；10. 集棉管道

3　棉花机械采收的农机与农艺结合

实施棉花机械采收，是实现棉花生产向全程机械化和精准农业迈进的重要举措。要推广棉花的机械化采收，扩大棉花机采的程度与范围，农机与农艺必须紧密结合，建立起与采棉机相适应的农艺配套技术。

建立与采棉机相适应的农艺配套技术，主要从3个方面考虑，即作业效率、生产效益和棉花机械采收后的品级。

3.1　工作效率

① 选地布局。

进口采棉机体积较庞大，在选地布局方面，要选择土地大块且比较平整、排灌方便、肥力适中、便于大型采棉机作业的轮作区，对棉花进行集中连片种植[9~10]。为增加采棉机连续作业的时间，减少在地头转弯的次数，提高工作效率，棉田的长度要大于400m；但长度又不能过长，最好不超过1 000m，否则产量高的棉田会使采棉机在地头两端频繁地卸棉，平添了籽棉田间运输的麻烦[11~12]。

　　在采棉机进地作业之前，为了便于采棉机在棉田的地头两端转弯和卸棉，应预留出一定的转弯和卸棉空间。或是先人工采摘15m的地头，抑或是在棉田两端留出8~10m的非植棉区（在条件允许且不影响棉花生产的前提下，可种植其他早熟的农作物）[11]。

　　② 种植模式。

　　棉花的种植模式对机械收获及其采收效率至关重要，行距与株距要优化配置。1996年在新疆棉区引进美国采棉机时，根据其结构配置，两组采棉滚筒中心线之间的最小距离是76cm，即要求采摘的最小行距是76cm。为了适应农机，新疆最初提出了"68+8"的三角带状种植模式，宽、窄行种植，宽行68cm，窄行8cm，且带状播种方式既能满足采棉机的采摘要求，又不影响棉花产量。翌年，根据穴播机两行排种器之间的最小距离是10 cm，农艺再一次配合农机，将种植模式改进为"66+10"，仍为三角带状（图4）。至2000年，这种种植模式全面在新疆推广，既有利于通风、透光，又有利于化学试剂的喷洒和棉花的中后期生产，一直沿用至今。

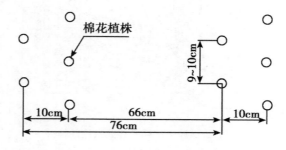

图4　棉花"66+10"种植模式图

3.2　生产效益

　　近些年来，棉花生产效率越来越高，与此同时，棉花生产成本不断增加、效益下降的问题日益凸显。有关资料显示，人工采收棉花费用从2008年的1.8元/kg上升到2012年的3.7元/kg，并且依然有持续上涨的趋势。而机采棉方面，加上降级、减产等其他方面费用后，折合为籽棉2.1元/kg，并且价格不会有太大的波动，对控制棉花成本上升的作用十分明显[13~14]。由此可见，机械采收相比人工采收每千克节约1.6元的成本，加之棉花种植的公顷数之多，总体上节约的资金非常可观。

3.3　棉花品级

　　① 品种。

　　棉花品种是影响棉花品级的首要因素，俗话说：科学种田，良种先行。科学选种是棉花生产的关键工序,棉种选得好,棉花自然生长的纤维长度与马克隆值就比较理想[15]。目前,我国尚未有完全适合机械化采收要求的棉花品种。机采棉要求棉花株型紧凑,吐絮集中,棉铃开裂性好,每一果枝最好只结一个棉铃,两果枝所结棉铃吐絮的时间间隔越短越好,抗病、抗倒伏,叶片小而上举,且喷洒脱叶剂后易于脱叶[10]。根据采棉机采棉滚筒上摘锭的位置,要控制棉花的第一结铃高度在 18cm 以上,否则过低的棉铃无法采收。棉花的最佳株高在 80~120cm,既适合机械采摘,又保证每株棉花的棉铃数目[16]。品种符合以上特点,在可适用于机械采收的同时,可以减少采收过程中采摘部件对棉花纤维的破坏。

② 脱叶催熟剂的喷洒。

棉花的脱叶率是影响棉花机械化采收作业采净率的重要因素。若脱叶不干净,将造成棉花污染,杂质增多,从而影响到机采籽棉的杂质含量和后续加工的纤维品质。故在化学脱叶时,要严格掌握好喷药时间和药剂用量的问题[10]。

当棉花的自然吐絮率达到 30%~40% 时,喷洒脱叶剂最为适宜[17]。喷洒脱叶剂后,日平均气温连续 5~7 天维持在 20℃ 左右最为理想。如果时间控制不好,条件和气温不满足,药效会明显下降,造成 8%~20% 的损失。喷施脱叶剂雾滴要小,喷量要大,喷洒均匀。在脱叶剂中加入乙烯催熟剂,使棉花吐絮集中,产量正常的棉田药剂用量要适量偏少[9],因打了脱叶剂以后的棉花会比自然成熟的棉花损失大约 6% 的单粒重,影响马克隆值。避免棉花在脱叶前叶子干枯,掉在其他吐絮的棉铃上,增加籽棉的含杂率。

4 棉花机械化采收的制约因素

4.1 品种多乱杂

我国棉花品种繁多,每一种都有其各自的特点,导致一户棉农种植多个品种的现象非常普遍,平均每户种植棉花品种 1.4 个,个别棉农仅在 1.95 亩的棉田中就种植了 3 个棉花品种[10]。不同的棉花品种其生长期和内在的纤维品质存在很大差异,对采收以及轧花加工的要求不尽相同,从而增加了机械化采收的难度。

4.2 种植规模小

在我国的三大棉区中,除新疆兵团大面积种植棉花外,其他地区都是小地块种植[18]。黄河流域和长江流域棉区的户均植棉面积分别为 0.61hm² 和 1.09hm²。新疆由于人少地多,户均面积达 3.33hm²,而美国家庭农场的棉花种植规模约 133.33hm²[1],与其相比,我国的种植规模不可同日而语。由于种植规模小,严重影响棉花机械化采收的作业质量和效率。

4.3 经济水平低

一方面,我国采棉机目前依然依赖于进口,国内棉花收获机生产企业寥寥无几。进口采棉机体积大,价格昂贵,不适用于除兵团以外一家一户的种植特点和普通棉农的经济水平，棉农对于作业效率高、可以解放劳动力的采棉机可望而不可即；另一方面，一些棉农考虑到小面积种植棉花所带来的经济效益不高，改种其他高效益的植物，植棉积极性越来越低。

4.4 制度标准不完善

机采棉相对于手摘棉来说，存在着一定的纤维损失，短绒率比较高，纺纱的制成率从而降低，故很多纺纱厂只将机采棉作为配棉。纺纱厂认为机采棉之前不必做太多清理，进入纺纱厂后还要做很多清理，清理的工序越多，对棉花的损伤越大。若机采棉在进入纺纱厂前不做太多的清理，含杂率会过高，达不到国家标准，严重影响棉花的价格，不得不做必要的清理。由于国家标准只有一套，企业又不能设立自己的标准，造成了机采棉与纺纱厂的矛盾，二者没有很好地对接。

5 发展展望

棉花收获在我国仍大量采用人工作业，其用工约占总用工量的 $1/5 \sim 1/3$，且多在农忙季节，棉花机械化采收势在必行。我国各级政府要加以引导和扶持，努力完善各种惠农政策，提高农民植棉积极性，组织专家教授对棉花机械化作业技术中存在的问题进行攻关，大力研发适用于我国棉花生长状况的采棉机，制定最佳的农艺配套技术，将棉花规模化经营扩大，增强国产棉花在国际棉花市场的竞争力，降低棉花生产成本，提高综合生产力，带动全国棉农进入棉花机采行列。

参考文献

[1] 王延琴，杨伟华，徐红霞，等. 中国棉花生产中存在的主要问题及建议 [J]. 中国农学通报，2009，25（14）：86-90.

[2] 周亚立，刘向新，闫向辉. 棉花收获机械化 [M]. 乌鲁木齐：新疆科学技术出版社，2012：52.

[3] 切入棉花机收 约翰迪尔沾化试水 [J]. 农机质量与监督，2012（11）：6.

[4] 武空. 迪尔迈出山东机采棉历史一步 [J]. 农业机械，2012（31）：84-85.

[5] 陈永毅. 农业机械设计手册 [M]. 北京：中国农业科学技术出版社，2007：1 029-1 031.

[6] 樊建荣. 采棉机的研究现状和发展趋势 [J]. 机械研究与应用，2011，24（1）：1-4.

[7] 李宝筏. 农业机械化 [M]. 北京：中国农业出版社，2011：260-262.

[8] 翟超，周亚立，赵岩，等. 水平摘锭式采棉机的研究现状及发展趋势 [J]. 农业机械，2011（25）：91-92.

[9] 王世霞，程玉新. 机采棉农艺配套技术 [J]. 现代农业科技，2008（2）：179.

[10] 王宗洪，秦开文，索一林，等. 机采棉农艺配套技术及展望 [J]. 农村科技，2001（6）：4-5.

[11] 陈发，王学农. 机采棉技术在新疆的应用浅析 [J]. 新疆农业大学学报，2002，25（Z1）：91-95.

[12] 夏东利，李小兵. 做好机采棉生产配套技术 提高机采棉采净率 [J]. 新疆农机化，2006（6）：33，35.

[13] 康静. 新疆兵团机采棉加工工艺评价研究 [D]. 北京：中国农业大学，2012.

[14] 穆建新，张建云. 机采棉的现状及发展对策 [J]. 当代农机，2012（6）：59-60.

[15] 宋志伟，张书俊．现代棉花生产实用技术［M］．北京：中国农业科学技术出版社，2011：20 – 21.

[16] 马丽，李小兵．浅谈机械采棉与农艺配套技术措施［J］．新疆农机化，2011（2）：8，16.

[17] 高杨．机采棉的栽培模式［J］．农村科技．2006（9）：11 – 12.

[18] 陈芳．我国棉花机械化收获现状及发展趋势［C］．第十四届全国联合收获机技术发展及市场动态研讨会．中国农业机械学会，2008.

玉米机械收获摘穗环节田间调查[*]

孙　超[**]　杨宝玲[***]　高振江[****]　郑志安[****]　倪志强[****]

（中国农业大学工学院，北京　100083）

摘　要：为探究摘穗过程对玉米机械收获的影响，对摘穗环节进行了田间调查研究。结果表明，首先，不同类型摘穗装置的收获质量存在差异，收获后的玉米果穗损失情况与摘穗完成情况有关；其次，摘穗环节中玉米果穗与茎秆断裂主要发生在玉米穗柄处，也发生在玉米果穗根部，断裂情况影响玉米机械收获效率，不同断裂部位断裂面直径不同；最后，摘穗过程中玉米果穗存在空间角度关系，下垂的玉米不适于玉米机械收获。

关键词：玉米机械收获；摘穗环节；田间调查

Field Investigation of Ear-snapping Process in Corn Mechanical Harvesting

Sun Chao, Yang Baoling[*], Gao Zhenjiang, Zheng Zhian, Ni Zhiqiang

（College of Engineering, China Agriculture University, Beijing, 100083）

Abstract： In order to certify the effect of ear-snapping process on corn mechanical harvest, field investigation of ear-snapping process was conducted. The results showed that two types of ear-snapping devices have different harvest quality and harvest loss was impacted by ear-snapping process. Besides, the fracture location between corn ear and

---

* 基金项目：农业部公益性行业科研专项课题"农机农艺结合模式及农机动力配置优化研究"（20090303806）

** 孙　超，男，1988 年生，山东人，中国农业大学硕士研究生；研究方向为机械工程；邮箱：tukao@163.com

*** 杨宝玲（通讯作者），女，1957 年生，河北人，中国农业大学教授；研究方向为农业机械化工程；邮箱：icb@cau.edu.cn

**** 高振江，男，1958 年生，蒙古族，内蒙古人，中国农业大学教授；研究方向为农业装备工程；邮箱：zjgao@cau.edu.cn

**** 郑志安，男，1965 年生，吉林人，中国农业大学副教授；研究方向为农业工程；邮箱：zhengza@cau.edu.cn

**** 倪志强，男，1987 年生，湖北人，中国农业大学硕士研究生；研究方向为机械工程；邮箱：nzqiang520@163.com

stalk during ear-snapping were ear stem and ear base, harvest efficiency was influenced by fracture pattern and diameter of fracture location differed from fracture location. Finally, corn ear had an angle relationship during ear-snapping process, drooped ear did not adapt corn mechanical harvesting.

Key words：Mechanical harvest of corn；ear-snapping process；field investigation

0 引言

摘穗工作是玉米机械收获过程的重要环节，其主要目的是实现玉米果穗与茎秆的分离。摘穗环节中玉米收获损失约占总损失的60%[1]，造成收获损失一方面因素是机械设计及工作参数不合理，另一方面受玉米种植行距、植株状态（如倒伏和果穗下垂）、玉米相关的力学特性的影响[2]。因此，对摘穗环节进行田间调查，能够明确摘穗环节中农机农艺结合现状，为提高收获质量和效率提供参考。

本文通过田间调查研究的方法，首先进行摘穗环节收获损失统计，比较辊式摘穗装置和板式摘穗装置摘穗过程中收获损失情况，对摘穗过程中出现的典型果穗损伤进行分类。其次，统计分析摘穗过程中玉米果穗与茎秆之间的断裂部位、断裂面直径、穗柄残余长度等情况，明确玉米果穗与茎秆的断裂特性。最后，调查分析摘穗环节中玉米果穗的空间角度，分析果穗下垂现象对玉米机械收获过程的影响。

1 调查方法

1.1 调查地点基本情况

本次调查于2012年10月进行。田间调查地点位于山东省兖州市玉米主产区，玉米品种为郑单958，田间基本情况测定见表1[3]。

表1 调查地玉米田间测定结果

项目	1	2	3	4	5	6	7	8	9	10	平均值	标准差
行距（mm）	650	530	580	560	600	590	530	580	570	530	572.0	37.7
株距（mm）	360	350	180	380	360	340	430	350	360	340	345.0	63.6
自然高度（mm）	2 950	2 980	2 180	2 900	2 800	2 300	2 950	3 000	2 850	2 700	2 761.0	290.4
最低结穗高度（mm）	1 150	980	1 100	1 340	1 340	1 300	1 100	1 200	1 210	1 240	1 196.0	116.3
茎秆直径（mm）	28	19	17	18	16	13	14	19	19	17	18.0	4.1
果穗大端直径（mm）	58	55	65	55	62	60	60	60	65	62	60.2	3.5
果穗长度（mm）	270	250	240	250	225	205	225	245	236	240	238.6	17.6
穗柄直径（mm）	13	12	15	13	12	12	13	12	14	13	12.9	1.0
穗柄长度（mm）	75	95	110	90	60	70	90	95	85	80	85.0	14.3

1.2 调查内容

1.2.1 收获损失

为了掌握摘穗过程中的收获损失情况，首先分别统计 4YQW-2A 背负式穗茎兼收型玉米联合收获机（A 型）、4YW-2 型玉米联合收获机（B 型）在摘穗过程中的收获损失。A 型机器采用卧辊式摘穗装置，B 型机器采用摘穗板—拉茎辊式摘穗装置，两种机型均不配备剥皮装置。其次，分析摘穗工作中果穗损伤的主要类型，探究摘穗完成情况对收获损失的影响。

1.2.2 摘穗过程断裂特性

调查摘穗环节中果穗与植株断裂部位和相应的籽粒损失和苞叶夹带的情况，以判断摘穗过程对收获损失和效率的影响。其次，统计分析摘穗过程中玉米果穗与茎秆之间的断裂部位、断裂面直径、穗柄残余长度等情况，明确玉米果穗与茎秆的断裂特性。

1.2.3 玉米果穗直立情况

调查分析影响摘穗环节中玉米果穗的空间角度的因素，明确摘穗时玉米果穗的实际状态。以此为根据，并分析"下垂"的玉米果穗在摘穗环节和剥皮环节不适于玉米机械收获的原因。

2 调查结果及分析

2.1 摘穗环节收获损失统计

2.1.1 两种摘穗装置收获损失来源对比

为了对比不同摘穗装置作业质量的高低，分别对卧辊式的 A 型机器和摘穗板—拉茎辊式的 B 型机器（均不带剥皮装置）田间收获损失率进行统计[4]，可以发现辊式摘穗装置较板式摘穗装置具有较高的果穗断裂率、籽粒破碎率和果穗啃伤率，证明板式摘穗装置对玉米果穗的损伤相对较小，玉米收获质量更高（图 1，图 2）。

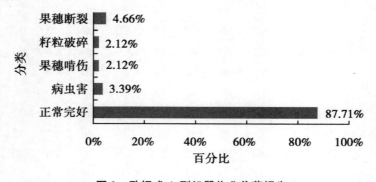

图 1 卧辊式 A 型机器作业收获损失

2.1.2 果穗损伤情况分类

经过摘穗、剥皮环节的玉米的籽粒损失率进行统计，随机抽取玉米果穗样品。如图 3

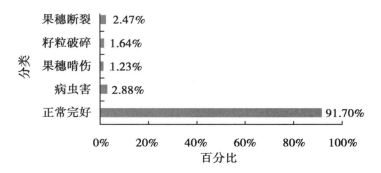

图2 摘穗板—拉茎辊式 B 型机器收获损失

所示，发现在进行完剥皮作业后，玉米果穗在根部断裂的样品1、2苞叶基本去除且籽粒损失率小。带有较短穗柄的果穗3、5带有较少苞叶，籽粒损失小。而玉米果穗4仍然带有较长的穗柄，苞叶去除并不完全且籽粒损失率较大。由此可见，断裂部位的差异与摘穗环节籽粒损失存在一定关系（表2）。

图3 机械收获后的玉米果穗

表2 机械收获后玉米果穗典型损伤分类

分类	果穗	籽粒损失率（%）	特点
不带穗柄的果穗	1	1.59	不带穗柄的果穗在剥皮之前基本不带苞叶，故在剥皮环节中，剥皮辊对果穗的损伤较大，果穗表面出现较多被磨损的玉米籽粒
	2	3.61	

（续表）

分类	果穗	籽粒损失率（%）	特点
带较短穗柄的果穗	3	2.23	带较短穗柄的玉米果穗剥皮之前带苞叶较少，故在剥皮过程中能够减少剥皮辊对籽粒的磨损，最终苞叶去除较为完全
	5	2.18	
带较长穗柄的果穗	4	10.32	带较长穗柄的玉米果穗在剥皮之前玉米果穗啃伤已经较为严重，可以判断出玉米果穗与摘穗辊之间发生了异常的接触，而苞叶并没有完全去除

2.2 摘穗工作中果穗与茎秆断裂情况调查分析

果穗与茎秆断裂部位

对摘穗完成尚未进行剥皮的玉米果穗进行调查，发现玉米果穗与茎秆断裂部位存在差异。如图4所示，左侧玉米果穗在根部与茎秆发生断裂，而右侧玉米果穗在穗柄处与茎秆发生分离。穗柄断裂情况与苞叶残留存在关系：在根部断裂的果穗玉米苞叶残留少，而在穗柄断裂的果穗仍有残余，故玉米苞叶残留较多。由此可见，断裂部位的不同与果穗苞叶附着存在明显的关系，断裂部位越接近果穗根部，即残留穗柄的长度越短，玉米果穗附着的苞叶越少。所以在摘穗过程中果穗若能尽可能不带穗柄，则摘穗环节能够显著减少后续剥皮环节的工作。

图4 不同断裂部位苞叶残余情况的对比

通过对摘穗断裂情况进行统计分析，可以得知机械收获时摘穗过程果穗与茎秆的断裂位置、断裂面尺寸处于一定范围内。果穗与茎秆的断裂主要发生在穗柄处，占样本总数的64.0%，其次发生在穗柄与果穗根部联结处，占样本总数的36.0%。图5是摘穗断裂面直径统计图，穗柄断裂时，断裂面平均直径为（15.50±1.69）mm，玉米果穗根部断裂时，断裂面平均直径为（16.66±1.53）mm（图5、图6）。

2.3 摘穗过程中果穗直立情况调查分析

2.3.1 果穗空间角度关系

图7是摘穗过程中玉米果穗的二维角度关系图。设在茎秆不发生断裂的条件下，玉米

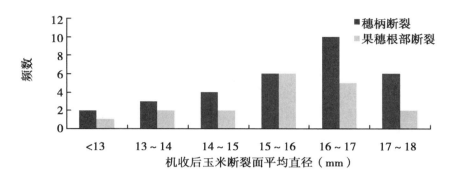

图 5 机械收获后玉米果穗断裂面统计情况

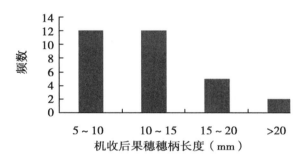

图 6 玉米穗柄断裂长度统计结果

植株与地面的最大倾角为 α, 研究表明, 随玉米品种不同, α 在 50° ~ 60°[5]。而玉米果穗通过玉米穗柄与植株相连, 果穗中心线与穗柄中心线存在一定角度 β, 经测定其角度约为 10°。如图 7 所示, 摘穗过程中玉米果穗中心线与竖直方向之间的角度为 γ, 则有:

$$\gamma = 90° - \alpha - \beta$$

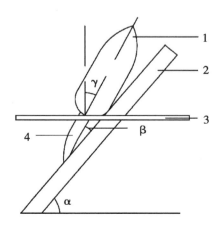

图 7 摘穗过程中玉米果穗二维平面角度关系图
1. 玉米果穗；2. 玉米茎秆；3. 玉米穗柄；4. 摘穗板

2.3.2　下垂果穗不适于机械收获过程的原因分析

在田间调查时发现，玉米如果在适收期的后期进行收获，玉米果穗经常出现"下垂"的现象。果穗下垂程度常以果穗轴线方向与茎秆方向的上夹角表示，夹角大于90°则果穗下垂[6]。果穗下垂是玉米收获时需要避免的现象，通常收获时要求玉米果穗下垂率需小于15%。若出现果穗下垂现象，则在摘穗时果穗与摘穗辊的接触可能出现异常，造成果穗携带较长的穗柄、果穗受到啃伤较为严重。对下垂的玉米果穗的含水率进行测定[7]，发现在苞叶部分的含水率与正常果穗存在明显差异：正常果穗苞叶含水率为56.62%±8.21%，而下垂果穗苞叶含水率为24.83%±9.46%，证明下垂的果穗苞叶含水率较低。而苞叶的含水率直接表现在苞叶与果穗之间结合的松紧度，下垂的果穗苞叶与果穗之间较为松散，而剥皮时若苞叶未能包裹在果穗上，苞叶较难完全去除。

由此可见，对下垂的玉米果穗，其不适于机械收获过程的原因有两方面：① 下垂的玉米果穗在与摘穗装置的接触存在异常，由于果穗与茎秆的夹角大于90°，所以摘穗装置会与玉米果穗接触面积更大，容易造成玉米果穗啃伤；② 下垂的玉米果穗苞叶含水率低，苞叶并不能紧密包裹果穗，而是呈松散的状态，则在剥皮过程中，剥皮辊对果穗的啃咬较为严重，且剥皮辊与苞叶之间的接触并不充分，使苞叶不能完全去除。

3　调查结论

对玉米机械收获摘穗环节的田间情况进行调查分析后，可以得到以下主要结论。

① 摘穗过程对收获损失的影响显著：首先，摘穗板—拉茎辊式摘穗装置的果穗损伤和籽粒破碎均低于卧辊式摘穗装置，收获质量较高；其次，不同断裂部位的玉米果穗的籽粒损失率不同，残留较长穗柄的果穗籽粒损失率较大。

② 摘穗过程对收获效率的影响显著：中玉米果穗与茎秆发生分离的部位有果穗根部和穗柄处，随着断裂部位的不同，断裂面面积不同、果穗上带有穗柄的长度也不同，苞叶夹带情况存在差异，影响后续剥皮效率。

③ 通过摘穗过程果穗直立角度分析，得到摘穗过程中玉米果穗与竖直方向的角度，明确相关部位的力学特性测试条件。对于特殊的"下垂"果穗，受到摘穗装置和剥皮装置的较大啃伤，且其苞叶含水率低，后续剥皮不能良好进行。

④ 综合田间调研结果，可以得到适应玉米机械收获的玉米品种需要满足的要素：首先，玉米果穗根部与穗柄之间的结合力应尽可能小，使果穗在根部发生断裂，以去除果穗上苞叶，有利于后续剥皮作业进行。其次，玉米果穗在摘穗时应保持自然倾斜，避免出现下垂，减少摘穗装置对果穗的啃咬。

对摘穗过程田间实际情况进行统计调查，明确了摘穗过程与收获损失和效率的关系，分析得到玉米果穗与茎秆分离的基本情况，最后综合得出了适应玉米机械收获所需的玉米品种要素，为摘穗环节农机农艺结合提供了参考。

参考文献

[1] Smith H P, Wilkes L H. 农业机械与设备 [M]. 朱继培，吴叙兰，译. 北京：中国农业机械出版社，

1982.

[2] 张明涛.玉米摘穗装置的理论分析与仿真研究［D］.西安：西北农林科技大学，2008.

[3] GB/T 5262—2008，农业机械试验条件测定方法的一般规定［S］.北京：中国标准出版社，2008.

[4] GB/T 21961—2008，玉米收获机械试验方法［S］.北京：中国标准出版社，2008.

[5] 吴鸿欣，陈志，韩增德.玉米植株抗弯特性对分禾器结构的影响分析［J］.农业机械学报，2011，(S1) 42：6－9.

[6] 国农机研究院.农业机械设计手册：下册［M］.北京：中国农业科学技术出版社，2007：1 014－1 028.

[7] ASAES358.2DEC1988 (R2008)，农作物含水率的测定［S］.

我国甘蔗产业化现状浅析[*]

韦　巧[**]　杨宝玲[***]　高振江[****]

摘　要： 本文从甘蔗自然属性、种植地域分布、品种、种植模式等农艺角度，从甘蔗机械收获方式和甘蔗收获机械等农机角度，对我国甘蔗产业现状进行全面分析，指出甘蔗产业在我国糖业发展的重要地位，甘蔗收获机械化是甘蔗机械化生产中最薄弱环节。针对我国目前甘蔗收获现状，对制约甘蔗机械收获的因素进行细致分析，并从农艺因素、农机因素、加工因素、环境因素和社会因素五个方面进行归类提炼，对甘蔗收获机械化做出展望。

关键词： 甘蔗；产业现状；收获机械；影响因素

Analysis of Current Situation of sugar cane industry

Wei Qiao, Yang Baoling, Gao Zhenjiang

(*College of Engineering, China Agricultural University, Beijing* 100083, *China*)

Abstract： A comprehensive analysis of the developmental status of sugarcane industry in China about natural properties, varieties, cropping patterns, geographical distribution of sugarcane cultivation and harvesting machinery, methods of sugarcane was made from agronomy and farm machines viewpoint. The results showed that the status of sugarcane industry was important in the development of sugar industry in China and sugarcane harvest mechanization was the weakest link in the production mechanization. According to detailed analysis of present situation of sugarcane harvest and factors

---

　* 基金项目：农业部公益性行业科研专项课题"农机农艺结合模式及农机动力配置优化研究"（20090303806）

　** 作者简介：韦巧（1987—），女（壮族），广西壮族自治区（全书称广西）河池人，研究生，本科，E-mail：wq071@163.com，联系电话：010-62736654

　*** 通讯作者：杨宝玲（1957—），女，河北石家庄人，教授，本科，E-mail：icb@cau.edu.cn，联系电话：010-63737500

　**** 作者简介：高振江（1958—），男（蒙古族），内蒙古赤峰人，教授，博士生导师，博士，E-mail：zjgao@cau.edu.cn，联系电话：010-62736978

restricting mechanical harvest，some suggestions for sugarcane harvest mechanization were present in terms of agronomy，agricultural machinery，processing，environment and social factors.

Key words：sugarcane；Industry Status；harvest machine；affecting factor

0 引言

我国是世界甘蔗生产大国，据统计年鉴数据 2012 年甘蔗播种面积为 1 795khm²，仅次于巴西和印度，排名世界第三位。甘蔗是制糖的主要原料之一，其播种面积常年占我国糖料播种面积的 87% 以上，产糖量占食糖总量超过 90%[1]。甘蔗产业已经成为我国甘蔗主产地区人民致富、经济发展和财政税收的重要产业，其健康发展与否直接影响到广大蔗农的生计和社会稳定。全国甘蔗播种面积如表 1 所示。

表 1 全国甘蔗播种面积

年份	全国甘蔗播种面积 （khm²）	全国糖料播种面积 （khm²）	占百分比（%）
2008	1 743	1 990	87. 59
2009	1 697	1 884	90. 07
2010	1 686	1 905	88. 50
2011	1 721	1 948	88. 34
2012	1 795	2 030	88. 42

数据来源：中国统计年鉴（2013）

甘蔗生产分新植蔗和宿根蔗，新植蔗包括耕整地、开沟起垄、种植、田间管理、收获、装载运输等环节，宿根蔗需对收获完的蔗地进行破垄平茬、蔗叶粉碎还田及后期的管理和收获运[2]。目前，甘蔗产业常规的生产方式是机械化耕整地、人工种植、人畜中耕培土、人工收获为主，随着农业人工成本激增，为解决日益突出的劳动力矛盾，提高制糖业竞争力，甘蔗生产机械化是必由之路。

为此，本文对我国甘蔗产业现状、机械化收获的现存问题和影响因素进行分析，为加快推进我国甘蔗机械化进程提供参考。

1 我国甘蔗产业现状

1.1 甘蔗植株主要特征

甘蔗是一种一年生或多年生宿根植物，甘蔗植株由茎、叶、根、花和果实组成。甘蔗茎粗壮多汁，叶子边缘呈小锯齿状，花穗为复总状花序。甘蔗茎秆实心，呈节状，每节有一个芽，留种的蔗茎芽可发育成植株。成熟的茎秆可高达 2 ~ 6m，直径 0. 02 ~ 0. 075m。

甘蔗为喜温、喜光的 C4 植物，年需积温 5 500 ~ 8 500℃，日照时数 1 195h 以上，无霜期 330 天以上，年降水量 800 ~ 1 200mm，年均空气湿度在 60% 左右，黏壤土、壤土、沙壤土较适宜甘蔗生长[3]。

甘蔗按用途分果蔗和糖蔗两种。果蔗具有较为易撕、糖分适中、茎脆、口感好、茎粗和节长等特点，也可用于鲜榨蔗汁，一般多用于鲜食。糖蔗含糖量为 14% ~ 16%，含糖量远高于果蔗，是食用糖的主要原料。

生产上，栽培甘蔗通常采用甘蔗茎节做种苗进行无性繁殖，种苗的萌发包括种牙和种根的萌发，由种苗萌发长成的当季甘蔗称为新植蔗，前植蔗砍收后由留在土壤中的蔗苑萌发成长的甘蔗称为宿根蔗。甘蔗为多年生植物，在我国，一般是种植一次收获 2 ~ 3 茬。

气温和品种是甘蔗生长期的主要影响条件。甘蔗从播种到收获需 14 ~ 18 个月，宿根蔗较新植蔗生长期短，为 12 个月左右，如甘蔗生长期不足，为影响甘蔗的含糖量。秋植蔗和春植蔗分别以 8、9 月和 2、3 月为适宜种植期，一般榨季从 11 月份到来年的 4 月份，所以，秋植蔗成长期足够，而春植蔗稍有欠缺。春植蔗是我国栽培面积最大和最主要采用的栽培制度。

1.2 甘蔗种植地域分布

全球甘蔗种植主要在南纬 30°至北纬 33°，且种植面积集中在南北纬 25°之间。我国的甘蔗主产区分布在北纬 24°以南的热带、亚热带地区。我国种植甘蔗的省（区）有广西、云南、广东、海南等 17 个省（自治区）（表 2）。近 5 年，全国甘蔗播种面积在 1 700khm^2 左右，从各省（区）甘蔗播种面积看，贵州省 2012 年增幅比较大，增加 83.19%，四川省和浙江省有逐年减少趋势，其他省（区）每年种植面积变化不大。

表 2　甘蔗播种面积区域分布

区域	甘蔗播种面积（khm^2）				
	2012	2011	2010	2009	2008
广 西	1 128	1 091.6	1 069.28	1 060.12	1 090.07
云 南	331.5	306.74	295.12	296.18	309.7
广 东	165.4	160.26	154.86	151.9	149.67
海 南	62.4	60.52	60.05	74.64	78.59
四 川	14.8	18.68	19.49	19.86	23.03
湖 南	14.5	14.5	15.32	15.34	14.35
江 西	13.8	14	13.56	13.6	14
贵 州	21.8	11.98	13.7	16.43	17.63
浙 江	11	11.33	12.04	13.12	13.94
福 建	9.3	9.19	9.85	10.25	10.7
湖 北	7.8	7.8	8.05	10.35	6.62

（续表）

区域	甘蔗播种面积（khm^2）				
	2012	2011	2010	2009	2008
安 徽	5.2	5.42	5.73	5.76	6.79
河 南	4	3.96	3.92	4.57	3.49
重 庆	3.4	3.38	3.13	3.07	2.98
江 苏	1.6	1.63	1.7	2	1.59
上 海	0.2	0.17	0.41	0.24	0.15
陕 西	0.1	0.05	0.07	0.05	0.17

数据来源：中国统计年鉴（2009—2013）

甘蔗种植集中在广西、云南、广东和海南 4 个省（自治区），种植面积占全国比例超过 90%，其中，广西甘蔗种植面积和产量常年高居全国第一，所占比例超过 60%，其次为云南，所占比例为 18%。我国甘蔗播种面积地区种植差异情况如图 1 所示。

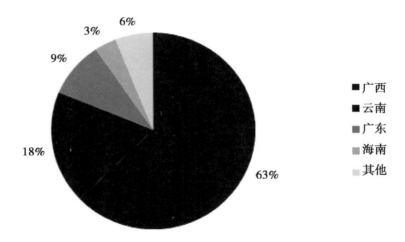

图1　2012 年我国甘蔗地区种植情况差异

根据自然气候条件及区域发展要求，我国蔗区一般分为西南蔗区、华南蔗区、华中蔗区。其中，西南蔗区包括四川西部高原南部、云南的大部分地区和贵州西部及西南隅，在23°～29°，海拔大部分在 400～1 600m，大部分亚热带季风气候；华南蔗区包括广西、广东、海南的北纬 24°以南地区，福建东南沿海地区；华中蔗区，在 24°～33.5°，包括浙江、湖南、湖北等部分地区[4]。

我国甘蔗多种植在干旱、瘠薄的土地，且坡度比较大，生产基础设施相对落后。广西蔗区有效灌溉面积 4 万 hm^2，不足甘蔗种植面积的 8%；云南水源及灌溉条件较好的蔗区 3.3 万 hm^2 左右，仅占总面积的 14.4%[5]。

相较于国外几个甘蔗主要种植国家：美国、巴西、古巴、澳大利亚、泰国等，我国甘蔗户均种植面积远小于他们，且土地规模小[6]（表 3）。加上我国蔗区受地形和自然条件等影响，甘蔗单产水平偏低，也极大地制约了甘蔗机械化的发展。

表3 甘蔗户均种植面积情况

国家	美国	巴西	古巴	澳大利亚	泰国	中国
户均种植面积（亩/户）	870	600	190	500	370	4

1.3 我国甘蔗主栽品种

长期以来，我国各地的甘蔗研究院所开展甘蔗新品种的选育和研究，迄今已育成了100多个甘蔗品种，推动了我国甘蔗种植业的发展[3]。我国甘蔗的选育主要把出苗率、萌芽率以及抗倒伏和抗病能力、宿根性等指标作为参考，目前，我国主要栽植的品种有粤糖79-177、粤糖93-159、粤糖86-368、云蔗81-173、云蔗89-151、桂糖16号、桂糖17号、桂糖19号、桂糖21号、福农91-4621、新台糖10号、新台糖16号、新台糖20号、新台糖22号、新台糖25号和新台糖26号等[7,8]。萌芽率高，萌芽快，分蘖力特强，生势旺盛，有效茎数多，抗风、抗病能力强，易种好管，宿根生长好的甘蔗品种更受到种植者的欢迎。我国主栽的甘蔗品种特征如表4所示。

表4 我国主栽甘蔗品种特征

类别	特征特性	来源
粤糖93-159	特早熟、高糖分高纯度	中国轻工总会甘蔗糖业研究所湛江甘蔗试验站育成
粤糖79-177	早中熟、中茎、植株生长直立	原轻工业部甘蔗糖业科学研究所育成
粤糖86-368	中晚熟高糖高产、中大茎实心、植株高大直立、蔗茎光滑无水裂	轻工总会甘蔗糖业研究所湛江甘蔗试验站育成
云蔗81-173	中熟高产、中大茎种、蔗茎粗壮均匀、茎皮淡紫色、植株直立紧凑	云南省农业科学院甘蔗研究所育成
云蔗89-151	早中熟高糖、中至大茎、蔗茎均匀、株型微散	云南省农业科学院甘蔗研究所育成
桂糖16号	早熟高糖高产、中至大茎、植株高大直立、蔗茎均匀、空心小	广西甘蔗研究所育成
桂糖17号	中熟高产、中至大茎、植株高大直立、实心或微空心	广西甘蔗研究所育成
桂糖19号	早熟高糖、中茎、植株直立紧凑、抗倒抗旱、耐寒力强	广西甘蔗研究所育成
桂糖21号	早熟高糖高产、中至大茎、植株高大、株形紧凑、宿根性强、抗旱抗倒性好	广西甘蔗研究所育成
福农91-4621	中大茎至大茎、实心、植株直立、宿根性好	福建农林大学甘蔗综合研究所

（续表）

类别	特征特性	来源
新台糖 10 号	中早熟高产高糖、中大茎、植株直立紧凑、宿根性强、抗虫、抗倒伏	中国台湾省糖业实验所育成
新台糖 16 号	早熟高产高糖、中至大茎、抗倒伏、不抽穗	中国台湾省糖业研究所育成
新台糖 20 号	早熟高糖、中至中小茎、节间圆筒形、近节处微缩并稍弯曲	中国台湾省糖业研究所育成
新台糖 22 号	中熟高糖、中至中大茎、基部初大、梢头部小、宿根性好	中国台湾省糖业研究所育成
新台糖 25 号	特早熟、中茎、易控制杂草、宿根性强	中国台湾省糖业研究所育成
新台糖 26 号	早熟高糖高产、抗病力强	中国台湾省糖业研究所育成

通常，甘蔗健康种苗培育有两种方式：一种方法是组培脱毒法，通过幼嫩叶鞘愈伤组织培养或茎尖组织培养获得脱毒健康种苗，该方法技术环节较多，时间较长，成本较高；另一种方法是在 52℃ 的温水中对甘蔗种茎浸泡 30min，该技术对去除宿根矮化病和花叶病有明显效果，使得甘蔗获得 20% ~ 40% 的增产，糖分提高 0.5% 左右[9]。云南省农业科学院甘蔗研究所开展了甘蔗温水脱毒车间的建设使用先例，为当地蔗区提供了健康种苗。

1.4 甘蔗种植模式分析

甘蔗生产过程中种植环节劳动强度大，作业的质量对产量造成直接影响，也是后期甘蔗机械收获的关键所在[10]。目前，我国甘蔗种植模式主要还处于机械（或蓄力）开沟、人工摆种作业阶段，劳动强度大、生产效率低，与国外机械化种植效率较高的国家比差距甚远，如澳大利亚和巴西。一些自主研发和进口的种植机械也在推广，但由于种植机械的可靠性有待提高，一直没有得到很好的推广使用。

国外主要使用的甘蔗种植机有整秆式、实时切种式和预切种式三种形式[11]。整秆式种植机械能够一次性自动完成开沟、蔗种喂入与铺放、覆土和镇压等工序，机械化程度高；实时切种式甘蔗种植机由人工喂种，可以完成开沟起垄、施肥、切种、浇水、覆土和铺膜等工序；预切式甘蔗种植机，可以自动完成开沟、施肥、落种和覆土等工序。目前国内研究的种植机主要为实时切种式种植机，需要人工喂入，对操作人员的要求相对较高，漏播和播种不均匀现象时有发生，通过完善机械化种植系统的配套性尚有很大的发展空间。

我国甘蔗生产中采用左右双行条植的种植模式，沟深 30 ~ 35cm（垄顶至垄底），沟底宽 20 ~ 25cm，种茎以"品"字形或双行窄幅排放，两种茎之间距离 8 ~ 10cm，种茎与土壤紧贴，芽向两侧，人工种植行距一般 70 ~ 80cm，机械种植行距则在 110 ~ 150cm，采用机械收获一般要求行距在 110cm 以上[12~15]。

2 甘蔗收获机械化现状

甘蔗收获是整个甘蔗生产中投入劳力最多、用功量最多、劳动强度最大的环节，约占整个甘蔗生产过程（整地、种、管、收）总用工量的 60% 以上[16]。国内从 20 世纪 60 年代开始至今，研发和生产了部分甘蔗收获机型，但迄今为止却仍只处在试验、示范阶段，没有大量推广使用[17]。现阶段我国甘蔗收获仍然主要是人工收获、机械装载和运输方式，机械收获水平比较低，2010/2011 榨季，全国机械化收获率约为 0.07%[18]，远远落后于其他农作物。目前，我国主要的甘蔗收获方式如表 5 所示。

表 5 我国甘蔗主要收获方法[11]

项目		主要收获工序			特点
	去梢	切割	剥叶	分离	
人工收获		人力手工完成			收获的甘蔗含杂率低，劳动强度大，生产率低，适合在零星小块地作业
半机械化收获	人工	简单甘蔗收割机或人工		甘蔗剥叶机或人工	较人工收获一定程度上降低劳动成本，提高了生产效率，适合较大地块作业
机械化收获	分段收获	整秆式甘蔗割铺机 + 整秆式甘蔗拣拾剥叶集推机			改善了劳动条件，提高了生产效率，收获的甘蔗储存时间较长，适合大面积作业
		整秆式甘蔗联合收获机			大大降低劳动强度，提高了生产效率，收获的甘蔗储存时间较长
	联合收获	切段式甘蔗联合收获机			除了完成上述四项主要收获作业外，将切段的甘蔗直接装车。工作条件好，生产效率高，对倒伏甘蔗适应性强，收获的甘蔗需 16h 内运往糖厂加工，对糖厂要求高

2.1 甘蔗机械收获主要方式

按照收获后茎秆的特性，甘蔗收获方式可分为两种，整秆式甘蔗收获和切段式甘蔗收获。用整秆式甘蔗收获机收获的甘蔗，茎秆保持完整，或者只切除了蔗梢；用切断式甘蔗收获机收获的甘蔗，茎秆一般被切成 25~40cm 的蔗段。

2.1.1 切段式收获方式

切段式收获方式用切段式联合收获机完成，包括切削、扶倒、切割、输送、清洗、切段（蔗段一般 25~40cm）、除杂、蔗段装车等工序。生产效率及机械化程度高，对甘蔗倒伏交叉的适应性好，但含杂率高，收获要在 24h 内压榨，收获的甘蔗对后期糖厂的配套设施要求较高[19]。

2.1.2 整秆式收获方式

整秆式收获方式又分为整秆式联合收获和分段收获 2 种方式。

（1）整秆式联合收获

整秆式联合收获方式就是用联合收割机对甘蔗进行整秆收割。整秆式联合式收获机械主要包括整秆式联合收割机、装集机、运输设备等。其优点是较适应目前的甘蔗生产和制糖需要，甘蔗可储存较长时间，其主要缺点是对倒伏严重、错综交叉和弯曲的甘蔗收获效果差，装运效率低，地头转弯困难，适应连片较大面积的蔗地使用。

（2）分段收获

分段收获方式，收割和剥叶分别使用不同的机械单独进行作业。包括机械收割、机械剥叶和机械装载等工序。目前，该收获方式作业机械辅助工多，效率非常低。主要使用的机械有割铺机、剥叶机、装载机和运输设备。

2.2 甘蔗主要收获机械分析

我国研制并使用的甘蔗收获机型主要为两种型式：切段式甘蔗联合收获机和整秆式甘蔗收获机。其中，整秆式甘蔗收获机又分为整秆式甘蔗联合收获机机和分段式收获机。

2.2.1 切段式甘蔗联合收获机

切段式甘蔗联合收获机主要由：切梢器、螺旋扶蔗器、喂入轮、根部切割器、输送轮、切段刀、升运器、第一吹风机和第二吹风机等部件组成。其结构示意图如图2所示。

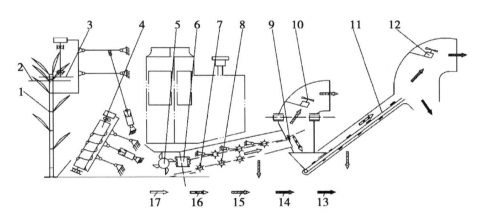

图2 典型切段式甘蔗联合收获机结构示意图

1. 甘蔗；2. 指状集蔗圆盘；3. 切削圆盘割刀；4. 螺旋扶蔗器；5. 喂入轮；
6. 底部双圆盘割刀；7. 输送轮；8. 提升滚轮；9. 切段刀；10. 第一抽风机；11. 升
运器；12. 第二抽风机；13. 切成段的甘蔗；14. 重夹杂物；15. 轻夹杂物；16. 切成
段的甘蔗及夹杂物；17. 砍下甘蔗（整秆）

其工作过程为，切梢装置先把甘蔗梢部切段，通过扶蔗器将收获行的甘蔗统一归整到收割机的割台幅宽之内，如配有拨蔗器，将临行甘蔗分离开来，喂入轮将甘蔗压倒并辅助割刀将甘蔗根部切断，输送轮和提升滚筒将切断的整根甘蔗送到切断刀处，将甘蔗切成一定长度，切段的甘蔗被输送到升运器过程中，第一风机同时完成一次蔗叶分离工作，升运器将分离后的甘蔗运往与之配套收获的卡车车厢中，抛送口有第二风机进行二次分离。完成甘蔗收获过程。

特点：切段式甘蔗联合收割机收获效率高，省工省力，是产糖发达的巴西、澳大利亚、美国等甘蔗收获机械技术发展国家的主推机械。由于甘蔗切段后，必须在24h内开榨，而目前我国糖厂的生产模式不能保证及时开榨，加上割台可调性差，造成割茬不齐、破头率高，含杂率高，配套的运输设备欠缺，成为国内制约其发展的重要因素。

2.2.2 整秆式甘蔗联合收获机

整秆式甘蔗联合收获机主要由：切梢机构、扶蔗装置、切割器、剥叶装置、集蔗装置等部分组成。

其工作过程为，集梢秆将蔗梢导入切割圆盘刀切割，螺旋扶蔗器将收获行的甘蔗规整，推蔗秆把进入喂入口的甘蔗推斜后，即被底圆盘切割器切断，托在刀盘上向前倾斜的甘蔗，在喂入轮和提升轮的作用下输送到剥叶装置进行蔗叶分离，分离后的茎秆由输送轮送入集蔗箱，装满后把箱内的甘蔗卸到地上。

特点：相较于切段式联合收割机，其收获效率有所下降，收获的甘蔗需要配套的装载机和运输设备。但其收获的甘蔗保持完整，可保存时间较长，并能很好地拟合人工收获方式。目前，国内机架刚性设计得不够，收获故障率高，无法连续高强度作业；对于倒伏的甘蔗，收获效果差。典型机型4GZ-1结构示意图如图3所示。

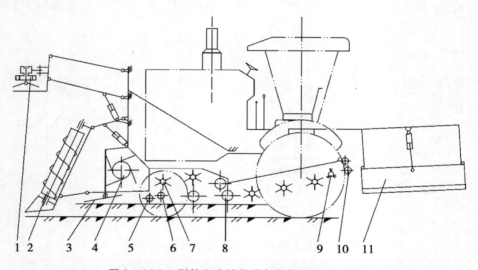

图3　4GZ-1型整秆式甘蔗联合收获机结构示意图

1. 切梢机构；2. 螺旋扶蔗器；3. 底圆盘切割器；4. 喂入轮；5. 提升辊；6. 支承轮；7. 剥叶滚筒；8. 前限速辊；9. 分离辊；10. 后限速辊；11. 集蔗箱

2.2.3 分段式收获机特点

分段式收获机模拟人工收获方式，先是采用割铺机实现人工砍蔗环节，将甘蔗割倒和铺放，再是通过剥叶机将蔗叶分离实现剥叶环节，再由人工将甘蔗堆集，装载车进行装车，通过道路运输车运往糖厂。该收获方式所使用机器体积较小，灵活方便，适合于小地块甘蔗收获。其使用机械代替了部分人力，但是收获的每个环节均需配套机器和人工，生产效率低，劳动力投入较高。目前，该收获方式在我国并没有得到很好的推广和使用。

目前，我国甘蔗收获机械典型机型如表6所示。

表6 我国甘蔗收获机械典型机型[16,17]

型号	名称	配套动力（kW）	工作效率（t/h）	损失率（%）	含杂率（%）	适应行距（m）	生产单位（国）
CASE-7000	切段式甘蔗联合收获机	242.6	50	5.5	3.8	≥1.4	美国
CASE-4000	切段式甘蔗联合收获机	125	30	—	—	1.1~1.5	美国
GH-330	切段式甘蔗联合收获机	149	15	—	≤8	≥1.2	美国
Robot400	切段式甘蔗联合收获机	196	25	5	5.0	≥1.4	澳大利亚
4GZ-140	切段式甘蔗联合收获机	103	20~25	7	10	1.2~1.4	中国广西农业机械研究院
6Z-9	甘蔗割铺机	8.8	2	3	—	—	中国广西农业机械研究院
4GZ-100	甘蔗收割机	36~66	12	3.2	1.5~4.1	0.8~1.0	中国广东湛江市农机研究所
4ZB-6A	小型甘蔗剥叶机	8.8	2.0	5	1.5	—	中国广西大学
4GZ-15	甘蔗割铺机	11~15	7~15	3	—	1.0~1.2	中国广西农业机械研究院
4Z-65	甘蔗割铺机	29~48	18~30	5	—	0.9~1.4	中国农业机械化科学研究院
5S-15	甘蔗割铺机	8.8	15	—	—	—	中国广西南宁市农机化技术推广站
4GZ-260	切段式甘蔗联合收获机	194	30~40	3.3	7	≥1.3	中国广西农业机械研究院
HSSZ-1800	整秆式甘蔗联合收获机	—	10~15	4	≤5	≥1.2	中国广西云马汉升机械制造股份有限公司
4GZ-350	整秆式甘蔗联合收获机	261	30~40	5.9	≤10	1~1.6	中国广西云马泰缘机械制造股份有限公司

以上甘蔗收割机，都是对行收获，联合收割机对收获行距有相应要求。其中，CASE-7000切段式联合收割机是凯斯公司生产，投入使用时间较长的机型，也是甘蔗机收发展较好的国家主要选用的机型[22]。CASE-4000切段式联合收割机是为了适应中国蔗区的地形及条件需要设计研发的，迪尔公司和国内相关企业研究单位也相继开展甘蔗收割机的研制工作，其中，国内研究甘蔗收割机也已经有几十年的历程[23]。由于国内甘蔗种植模式及管理等与国外差距较大，机器的使用和收获模式的选用推广仍需不断试验示范。

3 甘蔗收获机械化影响因素分析

通过对甘蔗生产过程中各环节进行综合分析，找出制约甘蔗机械化收获的关键性因素，并对各因素进行归类总结，得出以农艺、机械、蔗糖加工、环境和社会5个方面的影响因素，如图4所示。

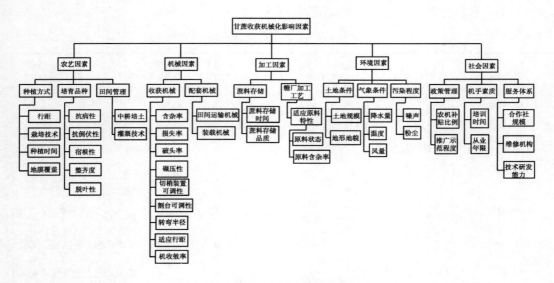

图4   甘蔗收获机械化影响因素结构图

3.1   影响甘蔗收获机械化农艺方面因素

甘蔗种植行距的大小直接影响甘蔗收获机的收获质量和适应性，目前，我国主要采用人工种植方式，种植的行距很难满足机械收获要求行距 110cm 以上的要求，传统的种植行距极大程度上制约了机械收获；栽培时间的不统一和栽培技术的参差不齐，长势和熟期不一，难以实现连片收获；目前种植的甘蔗品种杂乱，甘蔗的品种特性有待提高，针对不同地形地貌（缓坡地、丘陵地和坡耕地）培育出适应性品种；田间管理，中耕培土环节极大地影响甘蔗的产量及长势；灌溉技术的选用不仅影响到是否节约能源，还与后期的机械收获有密切关系，对于甘蔗不同实情采取合理水分控制，不仅促进甘蔗产量且有利于机械化收获。如甘蔗成熟期，如果水分多大，导致甘蔗生长旺盛青叶多，必将造成含杂率增加，土壤湿度过大，机械收获过程中更易被压实，从而破坏土壤的理化特性，影响来年宿根蔗的生长。

3.2   甘蔗收获机械的性能

目前，分段式收获机械适应性强，但需要辅助人工多，剥叶效率低，农民接受程度不高；切段式甘蔗收获机械含杂率高，且切段的甘蔗需在 24h 内完成开榨，割台和切梢装置可调性差，对长势不齐的甘蔗难以实现有效切梢，收获的甘蔗含杂率高，配套的田间装载和运输机械较少；整秆式甘蔗收获机械各部件可靠性不足，对倒伏和长势弯曲甘蔗收获适应性不强。

3.3   蔗料加工

目前，国内大部分制糖企业前处理设备只适应整条甘蔗的输送和喂入，对于切段式收获机械收获的蔗段适应性差。蔗糖生产工艺线单一，对于高效率完成榨糖功能不能满足，难以对同一时段大量供应的切段式蔗段进行榨糖处理。糖厂对原料甘蔗的含杂率要求低（一般不超过 1%）[24]，根据对我国目前主要使用的甘蔗收获机械相关参数分析，目前甘蔗收获机械难以达到要求。

3.4 环境及社会因素

我国甘蔗主产区多属丘陵坡地，经营规模小而分散，地块窄小、无机耕路，且蔗田石块多，极大地阻碍了机械化收获[25]；降水量和温度影响甘蔗的长势，风量影响倒伏程度；甘蔗机械收获过程中的噪声和粉尘污染也影响其使用和发展。

甘蔗联合收获机械还处于少量生产状态，机械成本高，农机购置补贴政策的支持，促进农民的购买意愿。目前，能熟练掌握甘蔗收获机械的机手较少，大型的社会服务组织较少，推广示范程度不够。在一定程度上制约了收获机械化发展。

4 发展展望

甘蔗产业在我国糖料生产中占有重要地位，甘蔗生产过程复杂，耗人力多，必将降低甘蔗生产的效益，大大削减农民种植的积极性。提升甘蔗收获过程机械化，成为稳固蔗糖产业的重要手段之一。甘蔗收获机械化的实现需要进一步加强农机、农艺、糖厂和政府之间的协调配合。农业上培育适合机械化收获的优良品种，规范种植方式，加强田间管理；农机上重点引进成熟的机械，加大技术研发的投入，提升收获机械各性能指标；糖厂要适应甘蔗收获季节性的特点，在设备和生产工艺上需与机械收获甘蔗原料相适应；政府部门需扩大扶持政策，建立先进示范区，推行规模化种植。各方在发挥自身优势，积极协作下，必将攻坚克难，开展甘蔗机械化收获新篇章。

参考文献

[1] 区颖刚，彭钊，杨丹彤，等. 我国甘蔗生产机械化的现状和发展趋势 [A]. 中国农业工程学会. 纪念中国农业工程学会成立 30 周年暨中国农业工程学会 2009 年学术年会（CSAE 2009）论文集 [C]. 中国农业工程学会：2009：5.

[2] 张华，罗俊，廖平伟，等. 我国甘蔗机械化成本分析及机收效益评价模型的建立 [J]. 热带作物学报，2010，31（10）：1669 – 1673.

[3] 刘海清. 我国甘蔗产业现状与发展趋势 [J]. 中国热带农业，2009（1）：8 – 9.

[4] 张跃彬. 中国甘蔗产业发展技术 [M]. 北京：中国农业出版社，2011（4）.

[5] 谭宏伟. 甘蔗施肥管理 [M]. 北京：中国农业出版社，2008.

[6] 陈宏. 广西甘蔗生产机械化发展战略研究 [D]. 西南交通大学，2012.

[7] 黄福珠. 甘蔗新品种种性研究 [D]. 广西大学，2006.

[8] 徐建云. 新台糖 22 号等 8 个甘蔗品种的种性研究 [J]. 广西农业生物科学，2004，04：285 – 290.

[9] 李如丹，张跃彬，刘少春，等. 国内外甘蔗生产技术现状和展望 [J]. 中国糖料，2009（3）：54 – 56.

[10] 澳大利亚甘蔗种植技术及品种应用概况 [J]. 广西蔗糖，1999（1）：59 – 62.

[11] 刘庆庭，莫建霖，李廷化，等. 我国甘蔗种植机技术现状及存在的关键技术问题 [J]. 甘蔗糖业，2011（5）：52 – 58.

［12］ 轻工业部甘蔗糖业研究所和广东省农业科学院．中国甘蔗栽培学［M］．北京：农业出版社，1985.

［13］ 李明功．甘蔗生产机械化种植高产技术简介［J］．农机推广与安全，2003（1）：35.

［14］ 王维赞，方锋学，朱秋珍，等．甘蔗机械收获农艺配套关键技术探讨［J］．中国农机化，2010（5）：63－67.

［15］ 农业机械设计手册［M］．北京：中国农业科学技术出版社，2007.

［16］ 梁兆新．甘蔗收获机械应用可行性效益分析［J］．广西农业机械化，2009（6）：11－14.

［17］ 刘文秀．广西甘蔗生产机械化应用现状分析及发展趋势［J］．广西农业机械化，2008（6）：25－26.

［18］ 区颖刚，张亚莉，杨丹彤，等．甘蔗生产机械化系统的试验和分析［J］．农业工程学报，2000，16（5）：74－77.

［19］ 吕勇，杨坚，乔艳辉，等．甘蔗收割机械的发展概述［J］．南方农机，2006（5）：26－27.

［20］ 彭彦昆，徐杨，汤修映，等．加快甘蔗收获机械关键技术提升与推广示范［J］．广西农业机械化，2010（2）：23－26.

［21］ 区颖刚．我国甘蔗生产机械化发展战略研究．2011年甘蔗产业发展论坛暨中国作物学会甘蔗专业委员会第14次学术讨论会论文集［C］．2011.

［22］ 廖平伟，张华，罗俊等．我国甘蔗机械化收获现状的研究［J］．农机化研究，2011，3：26－29.

［23］ 莫建霖，刘庆庭．我国甘蔗收获机械化技术探讨［J］．农机化研究，2013，3：12－18.

［24］ 全国农业技术推广服务中心．高产高糖甘蔗种植技术手册［M］．北京：中国农业科学技术出版，2004.

［25］ 田新庆，陈国晶，孙鹏，等．甘蔗收割机发展现状与前景展望［J］．农业装备技术，2006，32（5）：12－14.

基于无线传输方式的农业装备共性参数测控系统研究[*]

张成涛¹²　谭　彧¹　吴　刚¹　王书茂¹

（1. 中国农业大学工学院，北京　100083；

2. 广西工学院汽车系，柳州　545006）

摘　要： 针对农业装备性能检测过程中的布线烦琐、传输受限、不易扩展等缺点，基于嵌入式技术和虚拟仪器技术开发了多种无线传输方式的农业装备共性参数测控系统，解决了农业装备检测设备田间测试工作可靠性差、传统测试仪器功能单一及缺乏智能化数据处理等问题。实现了在智能型农业装备共性参数采集与无线传输平台研制和计算机无线接收与处理软件平台等方面拥有自主知识产权的核心技术，并同时有效地提升了农业装备的质量和自动化水平。

关键词： 农业装备；共性参数；无线传输；虚拟仪器

Based on Various Wireless Transmission Mode of Agricultural Equipment Similarity Parameter Measurement and Control System

Zhang Chengtao¹², Tan Yu¹, Wu Gang¹, Wang Shumao¹

（1. College of Engineering, China Agriculture University, Beijing 100083, China

2. Automotive Department, Guangxi Institute of Technology, Liuzhou 545006, China）

Because of the disadvantages of performance testing system of agricultural equipment, such as wiring trivial, limited transmission and the difficulties of expansion. Based on the embedded technology and virtual instrument, the development of various wireless transmission mode of agricultural equipment similarity parameter measurement and control system, solves the working reliability of agricultural equipment's performance testing in the field, the single function of traditional testing instruments, the lack intelligent data processing and so on. Through the study of this subject, independent property of core technology is obtained at intelligent agricultural equipment similarity parameter acquisition, wireless transmission platform development, and computer software platform for receiving and handling the wireless data transmission. And the quality of agricul-

---

* 基金项目：2009 年公益性行业（农业）科研专项经费项目"农业机械适用性评价技术集成研究"（项目编号：200903038）

tural equipment and automation level is effective to improve.

Key words：agricultural equipment；similarity parameters；wireless transmission；virtual instrument

0　引言

在多年承担研制农业装备检测仪器过程中发现，尽管各种农业装备的检测任务不同，研制的检测系统有一定差异，但却具有共性[1~2]，即不同传感器传输到采集系统的信号可分为模拟电压信号、脉冲计数/频信号以及数字开关量信号等。不同农业装备的不同传感器信号，只要通过相应的参数配置就可以进行各种信号的检测，从而避免了检测多种农业装备需要研究开发多种检测系统的弊端，提高了系统的利用率[3]。

农业装备的性能检测，尤其是田间作业农业机械，检测环境恶劣，移动检测中振动和噪声大，与室内或固定检测条件无法比拟，许多非专业农业装备检测仪器难以正常工作，为提高检测设备的工作可靠性就需要研制专门用于农业装备性能检测的设备；然而，传统的农业装备检测仪器存在布线烦琐、传输受限和实时监控困难等缺点。因此，开发便携式无线传输测控系统是解决这些工程实际问题的最佳方式。

1　常见无线传输方式

目前普遍采用的无线数据传输技术主要包括：GPRS/GSM、Wi-Fi（802.11b）、Bluetooth（802.15.1）和 ZigBee（802.15.4）等。从应用角度而言，这几种技术都存在着一定的局限性，具体技术对比分析如表1所示。

表1　常用无线传输方式特点对比[4~5]

市场名称	GPRS/GSM	Wi-Fi	Bluetooth	ZigBee
应用领域	广域网、声音和数据	Web、邮件和视频	替代外设线缆	监测、控制
系统资源	>16MB	>1MB	>250KB	4~60KB
电池寿命（d）	1~7	0.5~5	1~7	100~1 000
网络节点	1	32	8	65535
带宽 KB（s）	64~128	11 000 以上	720	20~250
传输范围（m）	1 000 以上	1~100	1~10	1~100
优点	覆盖面大、数据质量高	速度快、灵活度大	成本低、使用便利	高可靠性、低功耗、低成本
缺点	延时大、功耗较大	功耗大、距离近	距离近、功耗较大	距离较近

1.1　ZigBee

该方式主要用于近距离测控需要，可满足100m范围内测控需要，部分高功率模块最大距离可达1 000m。主要应用在上位机距离农业装备检测现场距离不远、数据量较大、实时性要求较高的场合，可满足农业装备性能现场检测及远距离传输需要。如位于田间地头的上位机接收田块中工作的农业装备检测参数，即可用该方式实现数据的无线传输。

1.2 GPRS

该方式主要用于远距离、数据量较大的传输需要[6~7]。其应用场合为：在手机信号覆盖区域进行农业装备性能参数检测，而且由于上、下位机距离较远或有障碍物影响，通过 ZigBee 方式无法实现传输，可采用 GPRS 实现。该方式适用于大区域范围的农业装备性能检测和相关数据统计，如全国范围内农业装备作业量、位置等信息的统计和分析等。

GPRS 传输方式要求接收上位机有固定的 IP 地址和端口号，一般要求上位机有相对固定的位置并接入互联网；并且由于该方式需按数据流量计费，使用成本相对较 ZigBee 方式高。

1.3 GSM

该方式主要用于远距离、数据量较小的场合传输需要，其速度只有 GPRS 的 1/10，传输范围与 GPRS 相同[6~7]。其优点是可以直接发送数据到手机上，上位机的工作地点可随时移动，不需固定的 IP 地址和端口号，也不需要接入互联网。适应于检测参数数据量小、实时性要求不高、使用 ZigBee 和 GPRS 方式受到限制的场合，如农业装备工作地点、工作状态的检测等。但由于其计费方式依短信按条收费，使用费用相对其他方式更高。

分析可知，该测控系统在实际使用过程中其传输方式应首选 ZigBee 方式，然后是 GPRS 方式，最后才考虑使用 GSM 短信方式。由于农业装备工作区域广阔、部分参数检测数据量大，仅仅通过某一种无线传输方式不能满足农业装备共性参数测控系统的传输要求，因此，本课题采用三种无线传输方式满足系统传输需要，即 ZigBee、GPRS 和 GSM。通过三种方式的集成，克服了单独使用某一方式的局限性，提高了无线传输在农业装备共性参数测控系统中应用的可靠性。

2 系统设计

该系统设计包括便携式农业装备共性参数测控仪设计和无线传输系统设计，其系统框图如图 1 所示。

便携式测控仪是基于农业装备测控的一般性和适用性原则设计，拥有 28 个测控通道，涵盖农业装备的多种共性参数检测，配用专业传感器，可以检测：拉/压力、位移、速度、加速度、扭矩、转矩、温度、湿度、噪声等模拟信号；转速、振动频率、行驶速度、转矩等频率信号；角位移、线位移、油耗、流量等计数信号；位置、开关、状态等数字信号；还可实现模拟控制和数字开关量的控制。

无线传输系统由两个数据收发模块以及上位机数据分析处理软件系统构成。数据收发模块 1 根据测控仪所选择的发送模式，启动相应模块工作，并负责收发所要传输数据给数据收发模块 2；模块 2 负责接收或发送模块 1 传输过来的数据，并把它转发给上位机。根据模块 1 所采用不同的传输模式，模块 2 采用相应方式实现数据的接收；上位机数据分析处理软件——"计算机数据无线接收与处理软件平台"，是基于虚拟仪器技术开发，实现

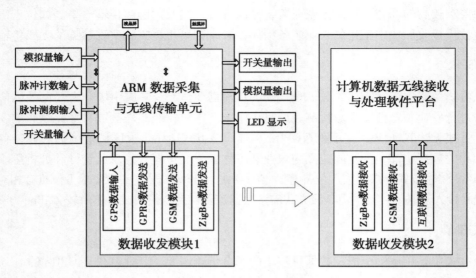

图 1   测控系统框图

采集无线传输数据的实时接收、显示、分析和存储。

2.1   系统硬件设计

本系统采用三星公司生产的 S3C2410A 处理器平台，内部集成了 ARM 公司 ARM920T 处理器核的 32 位微控制器，带有 MMU 内存管理单元功能，主要应用在手持设备以及高性价比、低功耗、高性能小型微控制器等方面[8~9]。S3C2410A 同时提供了丰富的片内外设，其中在便携式测控仪中应用的功能有以下几个。

① 8 通道 10 位 ADC：其中 6 路用于模拟输入采集通道、2 路用于触摸屏输入接口。

② 5 个 16 位定时器、24 通道外部中断源：其中利用 1 个定时器以及 4 个中断源共同构成了外部脉冲信号的计数器。

③ 117 个通用 I/O 口：选择其中 16 个端口，可实现 8 路开关状态信号输入和 8 路开关量输出。

④ 1 个内部 LCD 控制器：通过编程选择支持不同的 LCD 显示屏，从而实现各通道采集数据的实时显示。

为了满足系统测控需要，又扩展了以下硬件设备如下。

① 2 片可编程计数器/定时器 8253，可实现对 6 路脉冲信号的同时采集。

② 通过串口连接的 GPS 模块，可实现检测地时间和位置信息的采集。

③ 1/2 个 GPRS/GSM 模块，可实现通过 GPRS/GSM 方式无线传输数据。

④ 2 个 ZigBee 模块，可实现短距离数据的发送和接收。

2.2   系统软件设计

系统软件设计可分为便携式测控仪软件设计和上位机软件设计。

2.2.1 测控仪软件

测控仪软件主要包括：AD 采集子程序、脉冲计数子程序、脉冲测频子程序、数字量输入/输出子程序、GPS 定位子程序以及人机交互界面子程序。

人机交互界面子程序包括系统主界面、参数设置界面以及数据测试界面。参数设置界面主要完成模拟量的采集频率、采集点个数、采集通道的设定，脉冲计数/计频的通道选择，开关量的通道选择及和无线传输方式的选择等参数设置。

具体测控仪软件设计流程图如图 2 所示。

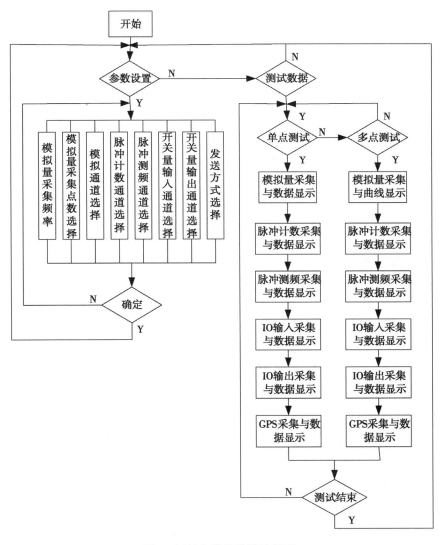

图 2 测控仪软件设计流程图

2.2.2 上位机软件

上位机软件——"计算机数据无线接收与处理软件平台"是采用虚拟仪器技术，选择

LabWindows/CVI 作为软件开发平台[10]，编写的计算机数据无线接收与处理程序。上位机软件可以选择 ZigBee、GPRS、GSM 三种中的一种或几种方式作为数据接收方式，实现数据的无线传输。

　　"计算机数据无线接收与处理软件平台"软件开发流程图如图 3 所示，其主界面如图4 所示。

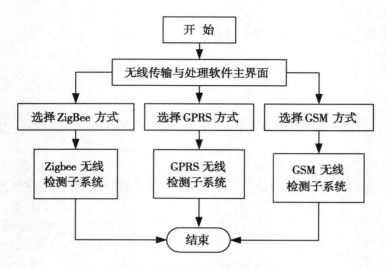

图 3　上位机软件开发流程图

图 4　计算机数据无线接收与处理软件平台主界面

　　该上位机软件主要包括 3 个软件子系统，即 ZigBee 无线检测子系统、GPRS 无线检测子系统和 GSM 无线检测子系统。

　　（1）ZigBee 方式无线检测子系统程序开发

在子系统软件开发之前，首先要确保以下事项。

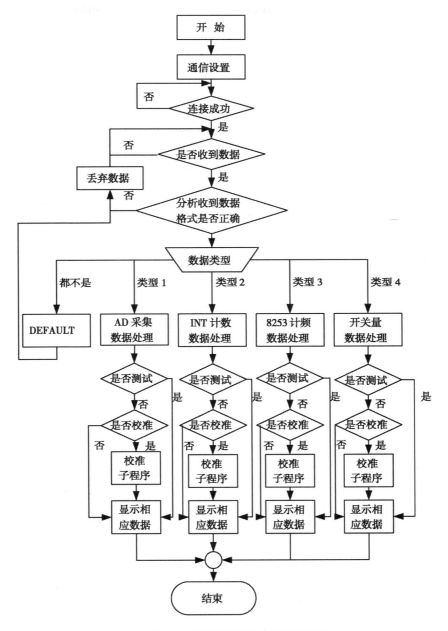

图 5　ZigBee 无线检测子系统程序流程图

① 数据采用按帧发送，每帧数据包括帧头、数据长度、数据类型、采集通道、帧尾等标志位信息，以便于上位机软件接收后进行数据解析与恢复。

② 为增大数据传输效率，每字节数据使用 ASCⅡ 码发送，每帧数据大小与 ZigBee 的内存缓冲区大小有关。每帧数据越大，其接收延时越大，最大不能超过 ZigBee 的内存缓冲区。

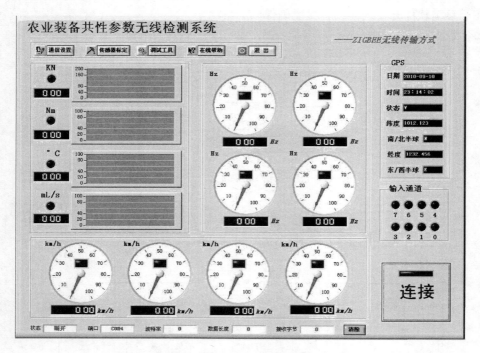

图 6   上位机 ZigBee 无线检测子系统检测界面

③ 在数据发送之前，为避免采集的数据值与帧标志位冲突，应在下位机采集子程序中增加标志位数据过滤子程序。

上位机 ZigBee 方式无线检测子系统程序包括通信设置、传感器校准、通信测试以及采集数据处理与显示等功能。具体程序流程图如图 5 所示，其系统检测界面如图 6 所示。

（2）GPRS 方式无线检测子系统程序开发

该子系统软件功能与 ZigBee 相同，所定义通信协议与其相类似。二者最大差异为：第一，上、下位机通信采用的是基于现有的 GSM 网络，并在 GSM 网络中增加一些节点，如 GGSN（网关 GPRS 支持节点）和 SGSN（服务 GPRS 支持节点）来实现的[7]。该传输方式中间节点较多，所以，通信建立较慢、延时较长。第二，当通过 GSM 网络传输数据时，可能会存在手机信号不好的情况，对此系统在下位机中增加了信号中断数据缓存功能模块。当无信号或信号暂时中断时，该设备仍然能正常工作，所采集的数据会随时保存到便携式测控仪的 Nand Flash 存储器中，当信号恢复、通信建立后，继续完成数据的无线传输。

下位机的数据发送模式需要采用 PDU 模式发送，该模式可对发送数据重新编码，能够提高数据传输效率[8]，并可用来传输自定义数据。然而由于 GPRS 通信延时较大、数据需要重编码和解码，在通信过程中可能出现误码，因此，需要在上位机软件通过算法实现滤波，以提高传输可靠性。

（3）GSM 方式无线检测子系统程序开发

该子系统除不能完成连续的 AD 采集外，其他功能和通信协议与以上两种方式类似。

该方式需要借助两个 GSM 模式，实现数据的发送和接收。需要注意的是，此时下位机的数据发送需采用 Text 模式，并且上位机软件在通信建立前需要进行 GSM 接收模块初始化。

3　试验及分析

表 2 是在中国计量科学研究院按其检定规程对 AD 采集通道 1 和频率计数通道 1 进行的计量结果，试验时间 2010 年 1 月 6 日、环境温度 20℃、相对湿度 47%、零点修正 0.000V、满度修正 0.000V。

表 2　距离 10m 系统对 AD_ 1 和 FI_ 1 通道采集的数据

标准值		测控仪		GPRS		GSM		ZIGbee	
AD_ 1	FI_ 1	AD_ 1	FI_ 1	AD_ 1	FI_ 1	AD_ 1	FI_ 1	AD_ 1	FI_ 1
0.000	5	0000	00005	0.000	00005	0.000	00005	0.000	00005
0.500	10	0478	00009	0.470	00009	0.470	00009	0.470	00009
1.000	100	0967	00099	0.970	00099	0.970	00099	0.970	00099
1.500	200	1466	00198	1.469	00198	1.469	00198	1.469	00198
2.000	500	1964	00499	1.969	00499	1.969	00499	1.969	00499
3.000	1000	3002	00998	3.007	00998	3.007	00998	3.007	00998
4.000	5000	3978	04999	3.976	04999	3.976	04999	3.976	04999
5.000	8000	5004	07999	5.005	07999	5.005	07999	5.005	07999
6.000	10000	5972	09999	5.984	09999	5.984	09999	5.984	09999
7.000	20000	6989	19999	6.993	19999	6.993	19999	6.993	19999
8.000	30000	8015	29999	8.021	29999	8.021	29999	8.021	29999
9.000	35000	9012	34998	9.030	34998	9.030	34998	9.030	34998
9.500		9481				9.500		9.500	

性能评定：AD_ 1 通道的线性误差（L）为 0.38%、准确度等级为 0.5、分辨力（Δmin）为 0.01V；FI_ 1 通道为线性误差（L）为 0.006%、分辨力（Δmin）为 1Hz。从表 2 中可以看出，该测控仪工作稳定，AD 和计频通道测量精度准确，能够满足农业装备检测需要；同时三种无线传输方式接收到相同的测试结果，其无线传输数据可靠，虽然与测控仪本身显示的数据存在一定误差，完全是由于上、下位机的计算精度和滤波算法造成，其结果影响甚小，完全可以忽略。

表 3 是在上、下位机距离不同的情况下，完成的 AD 通道 1 参数采集结果。其中采用 ZigBee 和 GSM 方式时上位机的测试环境为室外、采用 GPRS 方式时上位机的测试环境为室内，下位机是在工作的农业装备中完成的数据采集和发送，主要目的是为模拟田间工作的农业装备性能测试的工作环境。

表3 不同距离范围下 AD_ 1 通道参数采集结果

传输距离	测控仪	ZigBee	GPRS	GSM
	AD_ 1（mV）	AD_ 1（V）	AD_ 1（V）	AD_ 1（V）
50m	5004	5.005	5.005	5.005
100m	4995	4.996	4.996	4.996
5km	4987	—	4.988	4.988
跨省*	4995	—	4.996	4.996
跨省**	5004	—	—	5.005

注：（1）测试的标准电压值为5.0V，表中所有数据为采集10次后取平均结果。

（2）*该范围下上位机具有固定 IP 及端口，可采用 GPRS 接收数据。

（3）**该范围下上位机无固定 IP 及端口，无法采用 GPRS 接收数据，只能采用 GSM 方式接收数据。

（4）延时测试的方法为上、下位机在同一地点进行发送和接收数据的延时试验。

分析表2数据可以看出：

① 在传输距离从表1的10m范围到表2的跨省范围，GSM 和 GPRS 方式都可以实现数据的无差错传输，但 GPRS 方式上位机受到测试地点网络条件的限制；ZigBee 方式在百米的范围内可实现数据的无差错传输。

② 该设备在室内测试（表2）与室外测试（表3）试验结果平均误差为7mV，小于10mV，在仪器的误差范围内，因此，该设备工作可靠性较高，具有一定的实用价值。

4 结论

① 基于多种无线传输方式农业装备共性参数无线测控系统以先进的 ARM9 为核心，以 ZigBee、GPRS 和 GSM 为无线数据传输方式，构建了农业装备共性参数采集与无线传输平台，实现了数据实时采集、存储与分析。

② 该设备具有专业的农业装备共性参数检测能力，提高了在农业装备性能检测领域的通用性和利用率，降低了农业装备的检测成本。

③ 由于该设备主要用于农业装备性能测试，其工作环境为田间野外，几乎不存在较大障碍物和电磁干扰，当采用 ZigBee 传输方式时，其传输效果良好，具有一定的实用性。

④ 该设备解决了传统农业装备性能检测布线烦琐、传输受限、不易扩充、难于维护、抗干扰差、功能单一等缺点，提高了农业装备的智能化程度，可实时在监控中心监测农业装备的运行情况和当前的地理位置，通过数据分析，可为农业装备的设计改进提供可靠的试验数据，提升了农业装备的质量和自动化水平。

参考文献

[1] 祝青园，王书茂，康峰，等 . 虚拟仪器技术在农业装备测控中的应用 [J]. 仪器仪表学报，2008，29（6）：1 333 - 1 337.

［2］ 王书茂，康峰，祝青园，等．农业装备性能通用检测平台体系研究［C］．2007 年中国农业工程学会学术年会论文摘要集，2007.

［3］ 楼华梁．我国农业装备技术的发展现状与展望［J］．农机化研究，2006，（5）：50-51.

［4］ Mihaela Cardei，Ding-Zhu Du. Improving Wireless Sensor Network Lifetime through Power Aware Organization［J］Wireless Networks，2005，11（3）．

［5］ Yang Jintao，Wang Heping，Yao Wei. A New-type Water Level Measured Device Based on MSP430 Series Chip Micro Controller［A］Proceedings of 6th International Symposium on Test and Measurement（Volume 4）［C］，2005.（in chinese）.

［6］ Oziel Hernandez，Varun Jain，Suhas Chakravarty，Prashant Bhargava. 基于 IEEE 802. 15. 4/ZigBee 的定位监测系统［J］．电子设计应用，2010（1）：62-65.

［7］ ［美］里吉斯．通用分组无线业务（GPRS）技术与应用［M］．朱洪波，等译．北京：人民邮电大学出版社，2004.

［8］ 王黎明，等．ARM9 嵌入式系统开发与实践［M］．北京：北京航空航天大学出版社，2008.

［9］ ARM Co. ARM920T Technical Reference Manual. 2001.

［10］ 王建新，杨世凤，隋美丽．LabWindows/CVI 测试技术及工程应用［M］．北京：化学工业出版社，2006.

基于虚拟仪器技术的秸秆还田机性能检测系统研究[*]

伍建成^{**}　郑永军　王书茂^{***}　王培儒

（中国农业大学工学院，北京　100083）

摘　要：根据秸秆还田机的性能特点，本文对秸秆还田机关键参数的检测方法进行了研究，设计了基于虚拟仪器技术的便携式秸秆还田机性能检测系统。实现了机组前进速度、动力输入轴扭矩、转速、水平牵引力、左右轮速等参数的实时检测。软件编写基于 LabWindows/CVI 软件，模块化编程，具有很好的扩展性和可维护性。

关键词：秸秆还田机；扭矩；LabWindows/CVI

Research on Performance Measurement System for Straw Return Machine Based On Virtual Instrument Technology

Wu Jiancheng Wang Shumao

（College of Engineering，China Agricultural University，Beijing 100083，China）

Abstract：According to the performance characteristics of straw returning machine，the paper analyzed the methods about detecting the key parameters and designed the portable machine testing system based on virtual instrument technology which can realize the real–time detection about cultivator advance speed，power input shaft torque，rotating speed，horizontal draught，Left and right wheel speed. Software Programming is base on LabWindows/CVI which can modular programming and has good scalability and maintainability.

Key words：straw returning machine，torque，LabWindows/CVI

0　引言

秸秆粉碎还田是农作物秸秆综合利用的主要途径之一。目前国内秸秆还田机数量和种

　＊　公益性行业（农业）科研专项（20090303807）

　＊＊　作者简介：伍建成，在读硕士，主要研究虚拟仪器与计算机技术

　＊＊＊　通讯作者：王书茂，教授，博士生导师，主要从事虚拟仪器技术与机电一体化研究，E-mail：wangshumao@ cau. edu. cn

类繁多，但一直以来都是靠引进国外技术，采用仿制模式，使得秸秆还田机具缺乏必要的理论研究和实验测试，因此进行秸秆还田机的性能检测对提高我国秸秆还田机的整体性能有很大帮助，性能检测能够为秸秆还田机各部分工作消耗提供科学的依据，使得秸秆还田机械各部分的设计更加合理和科学，能够为拖拉机和秸秆还田机的合理配置提供可靠数据。

本文基于以上需求，提出了基于虚拟仪器技术的秸秆还田机性能检测系统，讨论了机组前进速度、水平牵引力、动力输入轴扭矩、转速等多种参数的检测方法，设计了信号采集器完成了对传感器信号的采集和处理，编写了测控软件，能够实时将传感器检测到的信号显示在虚拟面板上，得到任意参数之间的关系曲线图，为秸秆还田机组的功率分配提供可靠依据。

1 检测系统的组成

本文介绍的秸秆还田机性能检测系统如图 1 主要由传感器、信号采集器（信号调理、数据采集）和计算机软件系统 3 部分组成。检测系统通过传感器采集参数的动态信号，利用信号调理电路对传感器采集的信号进行滤波、整形和放大处理。数据采集卡将采集的数据信号经 USB 总线传输到计算机，计算机利用 CVI 所提供的各种函数库，实现信号的数字化处理和相应的函数变换，得到秸秆还田机各性能参数之间的关系，最后把测试结果以波形图、数字显示等方式输出，并可以对数据进行保存和 Word 报表的方式打印输出。

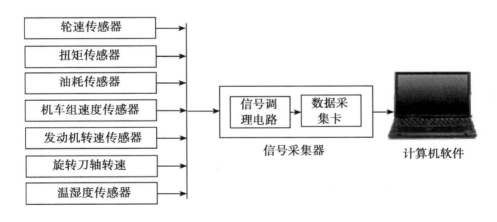

图 1　系统结构组成图

2 检测方法分析

根据秸秆还田机的工作特点及国家规定的性能检测要求，该检测系统所需检测参数和传感器选配如表 1 所示[8]。

表1 检测参数及传感器类型

检测参数	传感器类型	测试范围
机组前进速度	DJ RVSLLL	0～100KM/小时
水平牵引力	应变式	0～30KN
左右轮速	E6B2－CWZ3E	0～100KM/小时
动力输入扭矩	应变式	0～400KN·m
动力输入轴转速	霍尔式	0～3 600rad/分
发动机转速	GE－1400	0～5 000rad/分
油耗	油耗传感器	0～60L
环境温度	Pt－100	−30℃～50℃
环境湿度	HM1 500	5%～99%RH

2.1 动力输入轴扭矩检测

扭矩测量采用应变扭矩检测方法，利用应变片检测轴套受到扭力作用而发生的微小变形，并将其转变为形变与所受扭矩成比例的电信号，并采用无线传输方式传至计算机。其结构如图2所示。

设计中考虑到如果直接作为一个整体加工，将会受到加工工艺的限制，没办法将轴套的键槽加工出来，因此轴套1是由两部分焊接而成的。轴套1左端为中间镂空结构的立方金属体，该镂空结构具有内花键，其高度为被测拖拉机动力输出轴的花键齿顶圆直径 ϕDEE ＋（20～30mm）；宽度为被测拖拉机动力输出轴的花键齿顶圆直径 ϕDEE ＋（30～40mm）；长度为被测拖拉机动力输出轴的花键有效部分＋（3～5mm）。内花键的齿数、齿形及尺寸选取国家标准系列（GB/T 1592.3－2008）。

轴套1左端设有两个限位孔5，限位孔到焊接面的距离为被测拖拉机动力输出轴圆槽到轴端的距离＋（3～5mm）。将被测拖拉机动力输出轴插入轴套1后，用螺栓M12穿过被测拖拉机动力输出轴的半径为R＋（1～2mm）圆槽进行固定，R值在计算过程中参照国家标准系列（GB/T 5782－2000）。

轴套1右端为带圆槽的花键阶梯轴，拖拉机动力输出轴的花键形式按拖拉机的功率分为三种，拖拉机输出功率小于48kW时选用直径为35的6齿矩形花键；拖拉机输出功率小于92kW时选用直径为35的21齿渐开线型花键；拖拉机输出功率小于185kW时选用直径为45的20齿渐开线花键。通过对国内秸秆还田机和配套拖拉机的调查发现，目前国内大部分采用的是中小功率的拖拉机配带秸秆还田机，因此设计花键时选用直径为35的6齿矩形花键作为标准，其花键轴部分的外形与被测拖拉机动力输出轴的花键有效部分相同，即长度为被测拖拉机动力输出轴的花键有效部分。外花键的齿数，齿形及尺寸，圆槽的定位及尺寸等均选取国家标准系列（GB/T 1592.3－2008）。

轴套1左端与被测拖拉机动力输出轴轴头采用花键配合连接，利用螺栓限位。轴套1

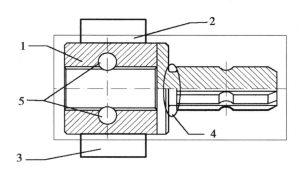

图2 扭矩测量结构图
1. 轴套；2. 无线发射模块及调理电路；3. 电源
部分和霍尔开关；4. 贴片部位；5. 轴套限位

右端与万向节采用花键连接，同样利用螺栓限位，其实际相当于增加了一个联轴器。利用贴片方式检测动力输入轴的扭矩，然后将检测到的数据接入无线接点并发送到网关，无线网关负责把接收到的无线数据通过计算机接口传输至计算机进行存储，分析处理[2]以算出动力输入轴功率。

轴套1中间用于粘贴电阻应变片的部位为圆轴，其直径为被测拖拉机动力输出轴的花键齿根圆直径3～4mm，长度为5～7mm。为了焊接方便，且保证有效的扭矩传递，设计了轴套1右端的方形轴座，其截面尺寸与轴套1左端相同。在轴套上设计有螺纹孔，利用带螺纹铜柱即可将调理电路和发射模块固定在轴套上。

轴套1左端与被测拖拉机动力输出轴轴头采用花键配合连接，利用螺栓限位。轴套1右端与万向节采用花键连接，同样利用螺栓限位，其实际相当于增加了一个联轴器。

2.2 牵引力测量

本文的悬挂测力装置采用悬臂销测力法原理，采用3个精制的悬臂销替代原拖拉机上3根悬挂杆上悬挂的悬挂销作为测力元件，由于其安装位置不同，上悬臂销与下悬臂销受力方式不同，下悬臂销受力原理如同悬臂梁，测力原理如图3所示。

利用三个贴有应变片的精制悬臂销作为测力原件，取代原拖拉机上3根悬挂杆上铰接的悬臂测力销进行测力，根据受力分析可以得到：

$$Q = \frac{EW_z}{\Delta L_1} = (\varepsilon_2 - \varepsilon_1)$$

其中 ΔL_1 为定值，Q 为各横截面的剪力，ε_1、ε_2 分别为两贴片处的应变，E 为悬臂销材料的弹性模量，W_z 为抗弯截面系数，可以推出 Q 与（$\varepsilon_2 - \varepsilon_1$）变化成比例关系，与作用点无关。而悬臂销所受作用力 F 与其引起的各横截面的剪力 Q 是相等的。

作用于上下悬臂销的水平牵引力是方向相反的，为了得到总的水平分力，减少三分电路的误差，可将3个电桥并联，见图4。并联的电桥输出与作用于3个销的水平分力的代数和成正比。利用测出的车组前进速度，即可算出牵引力功率[3]。

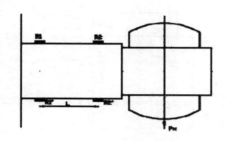

图3 右悬臂销测力原理图

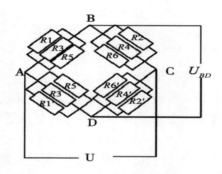

图4 三销求和电路

2.3 其他主要的参数检测

滑转率检测：滑转率等于理论作业速度与实际作业速度的差再除以理论作业速度，理论作业速度用拖拉机驱动轮转速计算，实际作业速度用雷达车速传感器。拖拉机驱动轮速检测，由于工作过程中速度比较低，选用旋转编码器来检测其转过的角度。

发动机转速检测：选用日本小野公司的 GE-1400 非接触式发动机转速转速传感器，将外卡式传感器夹持在发动机的高压喷油管上，通过感应油管的压力变化来测量发动机转速[4]。

油耗传感器：选用淄博微宇电子有限公司研制的油耗传感器，油耗传感器流量检测装置是由流量变换机构及信号转换装置组成。流量转换机构将一定容积的燃油流量变为曲轴的旋转运动，在曲轴的另一端有固定的光栅板，光栅板两边是光敏对管，当有油流过曲轴就会带动光栅板转动，通过光敏管的光电作用，转轴的转动就变成了光电脉冲。用数据采集卡计数通道进行脉冲计数，经换算便可得到油耗。

轮速传感器：本文选用的是欧姆龙公司研制的 E6B2-CWZ3EZ 转速传感器，使用时有三个信号输出，分别为顺向脉冲信号、逆向脉冲信号和原点零位脉冲信号输出，利用顺向脉冲信号和逆向脉冲信号进行鉴相处理，这样可以判别车轮转动的方向，另外为便于旋转编码器的安装，特别设计利用强力磁座将其吸附在车轮上，与车轴同心，当轮子转动时带动旋转编码器转动产生脉冲信号，通过记录单位时间脉冲数换算得到拖拉机的驱动轮速。

机组前进速度测量传感器：选用美国 DJ RVSLLL Radar Velocity Sensor（雷达车速传感器），测速雷达主要利用多卜勒效应（Doppler Effect），当拖拉机移动时，传感器就会产生脉冲信号，利用数据采集卡测频通道即可得到机组前进速度。

3 信号采集器的设计

本系统选用了美国国家仪器公司（NI）生产的 16 位高分辨率数据采集卡 USB – 6211 作为模拟输入测试通道，USB – 6211 采用 16 位高分辨率 AD 转换，采样频率高达 250KS/s，可同时进行 16 路模拟输入采集；另外选用了北京中泰研创生产的 USB – 7405N 用于脉冲计数/测频，USB – 7405N 基于 USB 总线设计，包括 16 路开关量输入，9 路计数/测频，它提供的动态链接库文件 Usb7KC. dll，所封装的函数可以由 CVI 直接调用。本采集器除了能满足基本的测试需求，还有扩张通道，方便增加检测参数。

图 5 信号采集器

4 软件设计

4.1 软件结构设计

本软件系统是基于虚拟仪器开发平台 LabWindows/CVI 开发的，它将功能强大、使用灵活的 C 语言平台与用于数据采集、分析和显示的测控专业工具有机地结合起来[5]集成开发平台、交互式编程方法、功能面板和丰富的库函数大大增强了 C 语言的功能。本软件系统采用模块设计思路，每个模块之间的通讯通过模块接口完成，这样大大提高了代码的可重用性。软件系统的模块划分如图 6 所示[6]。

① 系统模块：主要包括系统设置、系统运行。系统设置包括设置采样频率、修改测量模块的测量系数、范围。系统运行主要完成开始测试，结束等操作。

② 数据模块：主要包括数据采集、数据显示和数据处理。数据采集是对原始信号的采集；数据显示是将数据采集卡的数据用波形图、数显表等方式显示在人机界面上；数据存储主要是利用数据文件技术对测量及计算后的各个参数的数值进行保存，生成打印报表等，并能够历史数据查询及回放功能。

③ 辅助模块：包括传感器标定、调试工具和动画显示。调试工具是对输入的信号进行测试，检验信号的准确程度。

4.2 界面设计

经过合理配色和功能模块分区，软件主界面如图 7 所示。右上角为帮助退出区域及功

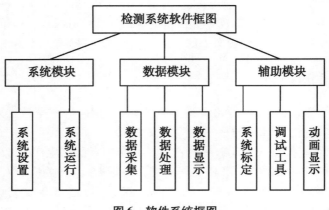

图6 软件系统框图

图7 秸秆还田机性能检测系统界面

能选择区域包括系统设置、调试工具、传感器标定、动画显示等。中间曲线图及数显表是数据显示区域，用于将实时采集的数据显示在人机界面上，右边靠上一点是数据操作区域能够完成数据的保存、回放、报表等处理。下面为试验操作区域实现测试的开始和结束。在界面的中间利用 Active 技术加载了秸秆还田机田间工作的动画。

5 结论

本文分析了秸秆还田机关键参数的检测方法，完成了机组速度、滑转率、发动机转速、油耗等参数的有线检测，实现了动力输入轴扭矩、转速、牵引力的无线检测，解决了有线检测难以完成的测试任务。并基于 LabWindows/CVI 编写了秸秆还田机性能检测系统软件。具有人机界面友好，操作简单，易于维护等优点。实现了数据的采集、显示、保存、回放及 word 报表等功能，并提供了板卡硬件计时功能，克服了软件计时不准的问题。

参考文献

[1] 朱继平，彭卓敏，袁栋，等. 秸秆粉碎旋耕联合作业技术及机具的研究 [J]. 农机化研究，2006

（6）．

［2］苏亚，杜晨红，孙以才，等．基于数据无线传输技术的扭传感器系统［J］．仪表技术与传感器，2007（5）．

［3］丁至成，王书茂．工程测试技术［M］．北京：中国农业出版社．2004，6．

［4］陈度，祝青园，郑永军，等．联合收割机性能检测系统研究木［J］．中国农业机械学会2008年学术年会论文集．2008，6．

［5］陈颖丽，刘繁明，王建敏．Labwindows/CⅥ中基于AcfiveX技术的Excel访问［J］．测控技术，2008，27（6）．

［6］周泓，汪乐宇．虚拟仪器系统软件结构的设计．计算机自动测量与控制，2000，8（1）：21-24．

［7］陈小兵，陈巧敏．我国机械化秸秆还田技术现状及发展趋势［J］．农业机械，2000（4）：14-151．

［8］栾玉振，侯季理．田耘1JZH-2型秸秆根茬还田通用机结构与性能参数的选择［J］．农业机械学报，1995．

移动式拖拉机安全性能检测系统研究[*]

杨伟平　王　新　王书茂

（中国农业大学工学院，北京　100083）

摘　要：研究了一种基于虚拟仪器技术，利用 USB 总线和 Zigbee 无线网络数据传输方式的移动式拖拉机安全性能检测系统，用于检测拖拉机的制动力、轴重、速度、排气烟度、噪声仪、信号处理系统等组成，可完成对拖拉机安全性能的快速、方便检测，实现了拖拉机安全性能检测的可移动性和便携性。

关键词：拖拉机；安全性能检测；Zigbee；虚拟仪器

0　引言

拖拉机是农业生产和农村交通运输的重要工具，其安全性能是重要的性能指标，直接影响农业生产作业和农村交通运输的有序进行。汽车安全性能检测，固定式监测技术和设备比较成熟，但需要集中检测，给农民带来许多不便，致使年检工作难以普遍落实。国家颁布的《农业机械安全监督管理条例》中规定，"县级以上地方人民政府农业机械化主管部门应当定期对危害人身财产安全的农业机械进行免费实地安全检测"，实地安全监测就需要移动、便携和高效的检测设备。

为此，本文设计了一套基于虚拟仪器技术的移动式拖拉机安全性能检测系统，实现了拖拉机制动力、轴重、速度、排气烟度、噪声及前照灯灯光强度等安全性能参数的快速、准确检测。

1　总体设计方案

根据拖拉机安全性检测指标，设计了多参数移动式检测平台，研制了数据采集器，开发了安全性能检测软件，其总体方案如图 1 所示。多参数移动式检测平台的测控，通过 Zigbee 无线网络与计算机通信；其他参数的数据采集，通过数据采集器用 USB 总线方式与计算机通信；拖拉机安全性能检测软件实时处理各种检测参数，负责检测结果的实时显示、数据库存储与检测报告的打印工作。

---

* 基金项目：2009 年公益性行业（农业）科研专项经费项目"农业机械适用性评价技术集成研究"（项目编号：200903038）

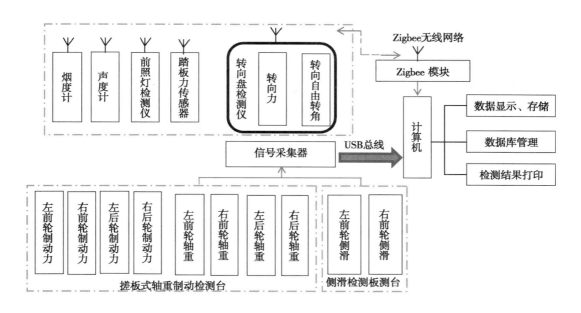

图1　拖拉机安全检测系统组成原理图

2　检测系统设计

（1）检测参数的标准

检测参数的确定结合 GB 1615 1.1—2008《农业机械运行安全技术条件第 1 部分：拖拉机》、GB 18447.1—2008《拖拉机安全要求第 1 部分：轮式拖拉机》及 GB 7258—2004《机动车运行安全技术条件》对拖拉机的运行安全技术要求的规定，本图 1 拖拉机安全检测系统组成原理图系统将拖拉机安全检测的检测参数主要分为行驶安全性能检测和环境安全性能检测两大类，以此确定的拖拉机安全性能检测参数主要有以下几点。① 转向系统：转向盘的自由转动量、转向盘的转向操纵力、转向轮的侧滑量；② 制动系统：行车制动的制动力、左右轮制动力差、前后轴重和整机质量和制动踏板力；③ 照明装置：前照灯近光光束的垂直偏移量、水平偏移量和远光光束的反光强度；④ 环境安全：拖拉机自由加速烟度和驾驶员操作位置处噪声值。根据检测参数的要求选配的检测传感器的选择和设计见表 1 。

表1　传感器选择

功能	型号	功能	型号
转向盘转向力检测	KYOWA 的 SFA-E-SA 型转向盘	踏板力检测	MLA-1KNA 型踏板力传感器 TES-1359 型声级计
转向盘转向角度检测	转向力－角度传感器	噪声检测	NHD-8101 型手动式前照灯测量仪
侧滑检测	KDCH-10B 型单滑板试验台	前照灯检测	
轴重制动检测	轴重制动检测试验台	烟度检测	WIL6645 型的便携式不透光烟度计

（2）测试台

便携式轴重制动检测台的设计，检测车辆制动性能最为常用的有滚筒式和平板式制动测试台两种。滚筒式制动测试台主要由制动力承受装置、驱动装置和制动力指示装置组成。其结构较为复杂，大都是由电动机驱动滚筒及减速机构组成，造价较高、质量大、体积大，不利于移动检测线的布置。

平板式制动测试台是集制动、轴重、悬架效率、测滑多种测试功能于一体的车辆检测系统（图2）。该测试台基于动态原理进行检测，充分考虑了后轴载荷转移到前轴对制动性能的影响。但现有的平板式制动检测台大多为固定式，其固定安装于地面下应用，体积和重量较大，同样不适宜移动。

针对上述问题，本文结合拖拉机制动系统的特点，设计了采用电驱动带杠杆增力装置的搓板式制动轴重检测台。

检测台采用轴重和制动一体化技术，轴重台下方安装压力传感器，拖拉机驶过轴重台的同时便可完成轴重信号采集。制动力的检测主要是检测车轮制动鼓与制动蹄之间的制动力，制动台的表面为菱状搓板状，以增加台面与车轮间的附着力。在台面下方安装有拉压力传感器，测试时，将被测车轮行驶到制动检测板上，脱挡并进行制动，制动检测板在电动缸推动下向后移动，从而驱动被测车轮转动，使制动台发生滑移，此时采集的压力传感器信号，便是车辆的制动力。与此同时，特别设计的前轮锁止装置将拖拉机前轮锁止，防止前轮打滑对检测结果造成影响（图3）。

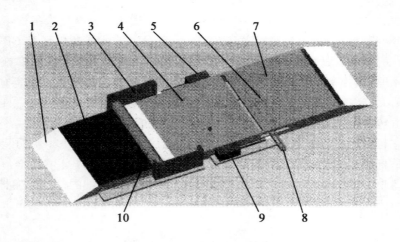

图2　轴制动检测试验台结构图

1. 引导板；2. 轴重检测台；3. 前轮销止滑块；4. 过渡支撑台；
5. 前轮锁止电推杆；6. 制动力传感器；7. 制动力检测板；8. 杠杆增
力机构；9. 制动力检测电推杆；10. 前轮锁止圆柱

检测台采用搓板式的承载面，使其被测对象范围更广，基本不受轮胎直径大小的影响；过渡支撑板采用抽拉式设计，可适应不同轴距的拖拉机；且系统采用模块化设计思

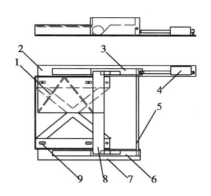

图 3　轴重检测与前轮锁止机构结构

1. 轴重检测台；2. 左导槽锁；3. 前轮锁止左滑块；
4. 前轮锁止电推杆；5. 滑块横拉杆；6. 前轮锁块；7. 锁止
机构引导槽；8. 前轮锁柱；9. 称重传感器

路，系统可拆卸为制动检测台、中间过渡支撑台、轴重检测台 3 部分，其高度仅有 10cm，安装方便，移动灵活，非常适合于在移动检测系统上使用。

3　数据采集系统设计

检测系统采用 USB 总线和 Zigbee 无线网络结合的数据采集和传输方式，既保证了数据采集频率和采集精度，又减少了系统有线连接，充分利用了系统资源，提高了系统的便携性，最大程度上简化了系统的安装和检测。

根据测试要求，制动、轴重、侧滑的信号采集需要较高的信号采集频率和数据传输速率，才能完整地呈现其性能和得到可靠的检测数据。为此，本文研制了"拖拉机安全检测参数采集器"。该采集器采用具有 18 个信号输入通道，且每个通道都具备模拟输入、模拟输出、计数、测频、开关量输入两种信号类型可供选择，其模拟输入部分具备 1、10、100、1000 四挡程控增益功能，此外，为了完成对轴重制动检测台的控制，专门设计了 2 路继电器输出通道，使采集器具备控制检测台的能力。系统采用外挂式 USB 总线（最大 480Mbit/s）进行数据传输，可实现信号采集系统的快速搭建。采集器如图 4 所示。

① 电源设计为了实现数据采集系统的可移动性，系统选择可充式电锂电池为供电电源，锂电池采用标称电压为 3.7V，电容量为 2.6Ah 的 8 节锂电池进行四串联两并联的方式组合，制作成 14.8V、5.2Ah 的组电池组，能够提供系统工作超过 2h 。

② 通信系统设计烟度计、灯光仪、声级计、踏板力传感器等检测仪器，需要经常拆装，而且有的传感器安装位置特殊，难以布线，如踏板力传感器就需要安装在制动踏板位置。故设计采用可充电的锂电池对仪器和传感器进行供电，利用 Zigbee 无线采集模块进行信号采集和数据传输，并在上位机笔记本计算机放置一个 Zigbee 模块作为主节点组成树形 Zigbee 网络系统，对下位机各仪器/传感器节点进行控制和数据接收。

系统采用基于 JN5139 元线微处理器的 Zigbee 模块，该模块具有四路 12bit A/D、两路 12bit D/ A、两个应用定时/计数器，2.4G 的传输频段，传输具体最大可达 1km 以上，完全可以满足系统的测试精度要求，而且其尺寸只有 18mm ×30mm，非常小巧，完全可将其内嵌于检测仪器/传感器中，非常符合移动式检测线的便携性的要求。

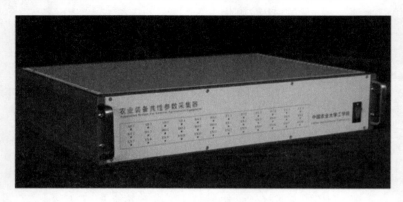

图 4　农业装备共性参数采集器

4　软件系统功能模块

软件系统采用美国 NI 公司推出的基于 C 语言的 LabWindows/CVI 专业测控软件平台进行编写。依据模块化软件编程思想，拖拉机安全性能检测系统软件一共分成 5 个大模块，每个模块下有分成若干子模块，分别是信息登录模块、系统设置模块、项目检测模块、通道调试工具（图 5）。

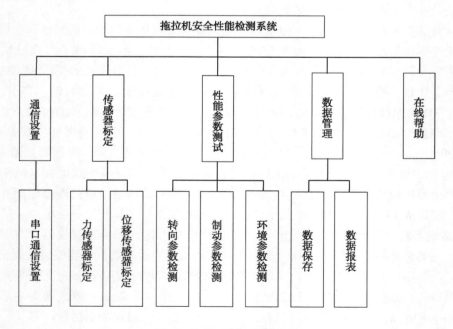

图 5　软件系统总体结构图

性能参数测试模块（图6）根据检测项目又分为制动性能模块对制动力、轴重、踏板力等参数检测，环境安全监测模块对拖拉机尾气的烟度、环境噪声、驾驶员耳旁噪声、前照灯等环境参数检测；转向盘性能检测模块主要对侧滑、转向力和转向自由转角进行检测；数据处理模块将监测数据进行数据保存、检测结果打印、查询历史数据和检测结果动态回放等操作，对检测结果进行有效的管理。

检测数据的传输采取 Zigbee 网络和 USB 总线两种方式。软件设计中采用多线程技术，可同时监控 Zigbee 通信端口和接收 Zigbee 网络信号，数据技术管理采用 SQL Toolkit，应用 Active X 技术完成与 Microsoft Office 交互，实现监测报表打印和数据存储。

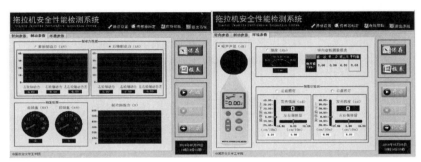

a.制动参数检测　　　　　　　　　　　　b.环境参数检测

图6　性能参数测试模块

5　检测试验规程

第一步：拖拉机行驶通过侧滑板，实测前轮的侧滑数据；拖拉机驶过轴重台，实测前后轴的轴重数据；拖拉机停在制动台上脱挡制动，液压缸推动制动板，实测后轮的制动力，同时检测踏板制动力。对于两轮驱动拖拉机，只需一次检测便可完成制动性能的检测，对于四驱拖拉机，需要正反向两次测量才能获得四轮的制动力。

第二步：拖拉机原地脱挡自由加速，烟度计采集车辆尾气检测其排放烟度，声级计测量拖拉机周围环境噪声和驾驶员耳旁噪声，与此同时，打开前照灯检测其托光强度和光轴偏移量。

第三步：车辆原地打轮转向，转向盘检测仪得到方向盘转向力和转向自由转角。

第四步：所有检测项目完成后，计算机软件对应拖拉机的安全检测国家标准，打印检报表。

6　结论

基于虚拟仪器技术，利用 USB 数据采集模块和 Zigbee 无线网络数据传输，开发了一套移动式拖拉机安全性能检测系统，实现了拖拉机的制动力、轴重、速度、排气烟度、噪声及前照灯灯光强度等安全性能参数的快速检测，为农机监理部门提供了科学便利的检测手段。

参考文献

[1] 金昊，高焕文. 虚拟仪器技术及其在农业自动化中的应用 [J]. 农业机械学报，1999，30（3）.

[2] GB 16151.1—2008，农业机械运行安全技术条件 第1部分：拖拉机 [S]. 北京：中国标准出版社，2009.

[3] GB 18447.1—2008，拖拉机安全要求 第1部分：轮式拖拉机 [S]. 北京：中国标准出版社，2009.

[4] 周一鸣. 汽车拖拉机学 [M]. 北京：中国农业出版社，1998.

[5] 林健辉，高燕. 基于 VXI 总线的交流传动内燃机车试验台测试系统研制 [J]. 中国测试技术，2004，1（1）：3 – 5.

[6] NIKOLAY V. KIRIANAKI，SERGEY Y. YURISH，等. 智能传感器数据采集与信号处理 [M]. 高国富，罗均，等译. 北京：化学工业出版社，2006.

[7] 董美对，何勇，等. 移动式拖拉机性能检测线的研制 [J]. 农业机械学报，2000，16（2）：83 – 85.

[8] 何勇，李增芳，等. 基于虚拟仪器的拖拉机性能检测仪 [J]. 农业机械学报，2004，35（1）：90 – 92.

[9] 裘正军，何勇，等. 小型拖拉机综合性能检测线的研制 [J]. 农业机械学报，2001，32（4）：115 – 117.

[10] 吴锋，孙俊，等. CAN 总线在拖拉机检测线中的应用设计 [J]. 农业工程学报，2005，21（6）：74 – 76.

基于 Labwindows/CVI 的
虚拟示波器的设计*

陈月德　郑永军　王书茂

（中国农业大学工学院，北京　100083）

摘　要：基于虚拟仪器技术，利用 Labwindows/CVI 软件开发平台设计了一种虚拟示波器。选取 USB 数据采集模块，实现数据的批量采集与频率测量。并根据示波器的功能划分，采用模块化编程方法，开发了示波器的各个功能模块。最终开发出一套具有系统设置、数据采集、波形显示与调整、数字滤波、数据存储等功能的示波器。实际测试结果表明，虚拟示波器具有很高的检测精度，可以满足工程测试的要求。

关键词：虚拟仪器；虚拟示波器；数据采集卡；Labwindows/CVI

0　引言

　　虚拟仪器是现代计算机技术与仪器测控技术深层次结合的产物，即利用计算机软件将计算机与仪器硬件有机地融合为一体，将计算机强大的处理能力与仪器的控制测量能力相结合，通过软件将传统仪器的面板控件和功能软件化，从而实现传统仪器的测试测量功能[1]。

　　示波器是一种应用十分广泛的电子测量仪器，被广泛应用于电子测量、仪器测试等领域。利用示波器可以观察被测信号随时间变化的波形曲线及特性参数。传统示波器具有实时性好、高带宽等特点，但是仪器的功能和界面只能由厂家定义，不能满足用户的个性化需求[2]。本文采用虚拟仪器技术设计的双通道虚拟示波器，功能和界面可由用户定义，可随需要进行功能扩展，人机界面友好，且性价比相对较高。

1　虚拟示波器硬件设计

　　（1）总体方案设计

　　典型的虚拟仪器系统主要包括通用硬件平台和应用软件两部分[3]。其中硬件平台主要包括信号调理电路、数据采集模块以及计算机，主要完成被测信号的调理与获取。图 1

---

　　* 基金项目：2009 年公益性行业（农业）科研专项经费项目"农业机械适用性评价技术集成研究"（项目编号：200903038）

为虚拟示波器硬件系统总体方案框图，图中由传感器、信号发生器等装置产生的模拟信号经信号调理电路进入数据采集卡，采集卡中的 A/D 转换器负责将模拟信号转换为计算机可以识别的数字信号，转换后的数字信号通过 USB 总线接口传入计算机，通过专业的测控软件进行数据的显示、记录以及信号的分析与处理。

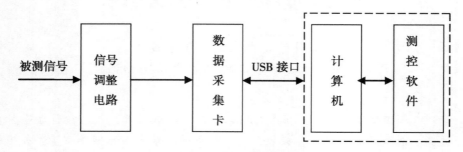

图 1　硬件系统总体方案框图

（2）数据采集卡选择

由于 USB 总线具有热插拔、即插即用、传输速率高等特点，因此，系统选用了中泰公司生产的 USB7360AD 型数据采集卡。该采集卡提供了单端 48 路模拟输入通道和三路测频通道。最高采样频率可达 500kHz，分辨率为 12bit，启动方式为程控触发。并且提供了存储容量为 32K 的先进先出缓存器，A/D 输入范围可根据系统需要自行选择，本系统根据需要选择 0～10V 量程。

2　虚拟示波器软件设计

虚拟示波器的软件设计以 NI 公司的虚拟仪器软件 LabWindows/CVI 为开发平台。该开发平台以 ANSIC 为核心，将功能强大、使用灵活的 C 语言平台与用于数据采集、分析和显示的测控专业工具有机结合起来，为熟悉 C 语言的开发人员建立检测、自动测量、数据采集与过程监控等系统提供了一个理想的编程环境[4]。

（1）虚拟示波器软件总体结构

虚拟示波器在软件功能设计上参考了传统示波器的部分功能，并基于计算机强大的信息处理能力赋予了虚拟示波器新的功能。该示波器采用模块化编程方法，具有模拟仿真与实时采集两种工作模式，模拟仿真可以在不接入外部信号的条件下，由计算机内部自行产生信号，模拟该示波器的全部功能。实时采集模式可以采集外部输入的信号，实现对信号波形的显示、调整、存储等功能。

本文设计的虚拟示波器按照功能可以划分为控制模块、波形及参数显示模块、波形调整模块、数据存储与回放模块、数字滤波等功能模块，其软件结构如图 2 所示。

（2）虚拟示波器软件界面设计

软件界面设计主要包括控件的创建、布局以及控件属性的修改。控件的创建可根据需要选择合适的控件。LabWindows/CVI 开发平台提供了多种图形化控件，系统根据设计需要选择了 Numeric 控件、Text 控件、Picture Button 控件、StripChart 控件以及 Binary Switch

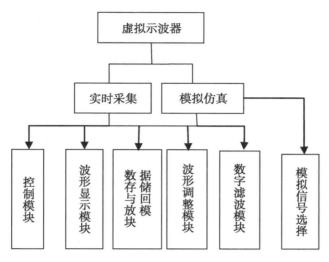

图 2   软件系统结构框图

等控件。软件界面布局采用了平衡性、顺序性、简洁性和方便性原则进行设计[5]。控件属性的修改依据软件的功能需求与界面布局进行设置，如更改控件的颜色、设置回调函数、设置控件显示的数据精度等。示波器软件界面如图 3、图 4 所示。

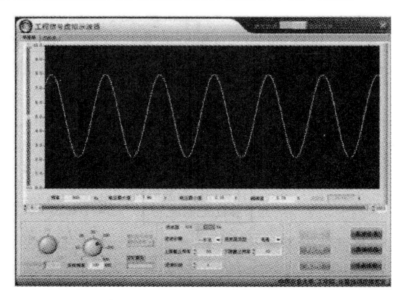

图 3   单通道示波器界面

（3）虚拟示波器程序设计

① 数据采集与程序处理模块设计。示波器数据采集过程采用了 LabWindows/CVI 中的异步定时器进行顺序等效时间采样[6]，通过调用采集卡所配置的动态链接库中封装的采集函数，进行数据采集。由于异步定时器可以运行于独立的线程中，从而有效地避免了由于程序主线程或响应用户界面操作而产生的延迟，避免了在某段时间内数据的丢失，提高

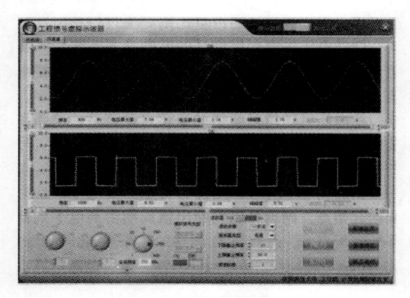

图4　双通道示波器界面

了数据采集的实时性和准确性[7]。数据采集与处理部分的程序包含在异步定时器回调函数中，通过等效时间采样，实现信号波形与信号参数的实时显示，以单通道为例，程序代码如下所示。

//异步定时器回调函数；

int CVICALLBACK SinChanneISample（int reserved，int timerId，int event，void × call-backData，int eventDatal，int eventData2）

```
{
⋮
```

//清除缓存

ZT7360_ ClearFifo（cardNO）；

//批量读取采集卡中的数据；

istate = ZT7360_ AIFifo（cardNO，packetBytesSize，WantReadCount，pResultArr）；

//通过 for 循环将读取的数据进行转换

for（i = 0；i < 1024；i + +）

data［i］ = pResultArr［i］ ×1.0/1000；

⋮

//读取信号频率

ZT7360_ FreRead（cardNO， freDataArr）；

//计算信号最大值最小值

MaxMinID（ data1， ScreenSampleCount， &datamax， &datamaxindex， &datamin， &dataminindex）；

//计算峰峰值

wavepeakvalue ＝ datamax-datamin；

   ⋮

   }

单通道数据采集程序流程如图 5 所示。在输入信号参数计算过程中，信号的最大值、最小值、峰峰值可由 LabWindows/CVI 中数组处理函数直接或间接计算求得，信号频率亦可以通过调用采集卡测频函数而求得，而方波信号的占空比则需通过门槛电压法求得。门槛电压法即利用信号的上升沿或下降沿来确定信号周期的一种方法[8]。算法如图 6 所示。门槛电压值 V 可以设定为电压最大值与最小值之和的一半，这样门槛电压可随信号幅值的变化自动调节，增强了门槛电压的自适应性。以 T_i 周期为例，若此时 a_{i-1} 号点的数值小于 V 则说明 a_{i-1} 点为低电平；如果 a_{i-1} 点下一数据点 b_i 值大于 V，则说明 b_i 点为高电平，且为 T_i 周期起始点。同理可以判断出该周期由高电平到低电平的转折点 c_i，d_i 点与 T_i 周期的结束点 e_i。因此占空比为 $[(c_i-b_i)/(e_i-b_i)] \times 100\%$。为了提高计算占空比的准确性，将方波周期 e_1-b_1 小于 20 个点时不进行计算。此外，为了提高虚拟示波器的智能性，设计了方波自动识别算法，即当输入信号为方波时能自动识别，计算并显示占空比。

② 数据记录模块程序设计。虚拟示波器扩展了传统示波器数据存储功能，使用者可以根据需要将感兴趣的数据保存到硬盘中，理论上只要硬盘的空间足够大就可以无限制地存储数据，因此示波器的存储深度得到了提高。

在示波器系统中，采用 ActiveX 技术调用 Excel，将数据保存在 Excel 中，便于数据后续查询与处理。LabWindows/CVI 与 Excel 通信实质上就是在 LabWindows/CVI 环境下建立一个数据交换的 ActiveX 服务控件，从而得到驱动器功能函数。而直接采用 ActiveX 自动化库中的底层函教调用 ActiveX 服务器接口比较复杂，因此，本系统中采用加载 LabWindows/CVI 中 Excel 接口驱动函数库的方式调用 Excel[9]。该过程需要找到 LabWindows/CVI 安装目录下的 excelrepofi. fp 驱动文件，进行添加，添加后的 Excel 函数库将会显示到 Lab-Windows/CVI 软件界面左下角的仪器库目录下，利用该目录下的 Excel Report 函数库即可实现在程序中对 Excel 的调用与操作。新建 Excel 程序代码包含在自定义函数 NewExcel（ ）中，新建 Excel 程序如下。

NewExcell（ ）

   {

   ⋮

// 建立 Excel 申请

ExcelRpt_ ApplicationNew（VFALSE，&ExcelApplicationHandle）；

//建立 Excel 工作簿

ExcelRpt_ WorkbookNew（ExcelApplicationHandle，&ExcelWorkbookHandle）；

//获得 Excel 工作表指数

ExcelRpL GetWorksheetFromlndex(ExceIWorkbookHandle, 1, &ExceIWorksheetHandle)；

//激活当前选中的工作表

ExcelRpLActivate Worksheet（ExceIWorksheetHandle）；

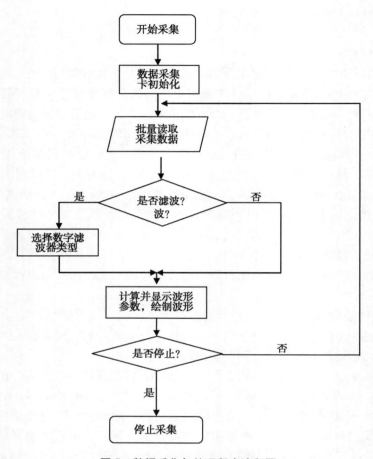

图5 数据采集与处理程序流程图

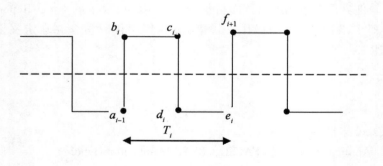

图6 门槛电压法

软件系统采用全局变量的思想，根据系统中表示 Excel 存在状态的全局变量值来判断是否存在 Excel，是否需要新建 Excel，从而避免了 Excel 重复创建导致的同一时刻内存中有多个 Excel 进程在同时运行而占用计算机系统较大内存空间的影响。

数据保存过程采用"单点"保存方法，即操作人员点击一下"保存数据"按钮，数据组将按一定的格式存储到 Excel 中。如果当前 Excel 记录数据超出系统预先设定的范围，系统将提示用户是否保存 Excel，并自动新建 Excel 实现数据的无限量存储。Excel 数据存储代码如下所示。

//将记录数据的次数存入 Excel

ExcelRptSetCellValue（ExcelWorksheetHandle, cell, ExRConst _ dataString, DataGroupNumber）；

//将数据批量存入 Excel

ExcelRpt_ WriteData（ExceIWorksheetHandle, cell, ExRCol1sL dataDouble, 1024, 1, data）；

3 系统测试

为验证虚拟示波器的性能，对系统进行了测试。以虚拟示波器单通道为例，利用 RIGOL DG1022 型信号发生器作为输入信号源。首先输入幅值为 5V 的正弦信号，在不同频率下测得结果见表 1 。此外，设定正弦信号的频率为 1kHz，改变信号的峰峰值，峰峰值的测量结果见表 2 。

表 1 频率测量表

输入频率（Hz）	1	100	1 000	10 000	15 000
实测频率（Hz）	1	100	1 000	10 001	15 002
相对误差（%）	0	0	0	0.01	0.013

表 2 峰峰值测量表

输入峰峰值（V）	2	4	6	8	10
实测峰峰值（V）	2.03	3.89	5.81	8.01	9.98
相对误差（%）	1.5	2.75	0	0.125	0.2

测量结果表明，频率的最大相对误差为 0.013%，峰峰值测量的最大相对误差为 3.2% 。频率误差来源主要是采集卡上提供的标准频率信号（即闸门信号）与被测信号（即填充信号）的脉冲宽度不是整数倍关系，导致被测信号在计数过程中产生的系统误差。峰峰值的误差来源，主要是采集卡的零点误差，即当输入信号为 0V 时，采集卡依然会读到几十毫伏的电压值。零点误差可以通过软件内误差补偿的方法进行修正。

测试结果证明，该虚拟示波器的准确性较好，可以较好地满足广大使用者的要求。

4 结论

本文基于 LabWindowsl CVI 软件开发平台进行了虚拟示波器的设计。参照传统示波器的基本功能，实现了输入信号波形的实时显示、参数测量、波形调整，扩展了示波器数据存储模块，添加了数字滤波功能，设计了方波占空比的软件算法。经测试具有一定的精度，可以满足一般工程检测系统的要求，具有一定的实际应用价值。

参考文献

［1］王建新，杨世凤，隋美丽. Labwindowsl CVI 测试技术及工程应用［M］. 北京：化学工业出版社，2006.

［2］冯静亚，于强，吕朝晖，等. 虚拟示波器的软件设计［J］. 计算机工程与设计，2007，28（1）：211－213.

［3］都延星，毛海涛，陈继明，等. 基于 LabWindowsl CVI 平台的虚拟存储示波器的设计［J］. 测试技术学报，2002，16（2）：1152－1558.

［4］刘军华. 虚拟仪器编程语言 LabWindowsl CVI 教程［M］. 北京：电子工业出版社，2001.

［5］祝青园，王书茂，张磊，等. 虚拟仪器测控系统图形用户界面设计［J］. 中国农业大学学报，2006，11（4）：1031－1060.

［6］杨秀敏，金英连，田卫华，等. 基于 LabWindowsl CVI 的虚拟示波器研制［J］. 微机处理，2007，28（4）：91－93.

［7］任晓军，周煌，莫文骏. 基于 LabWindows/CVI 的多线程测控软件设计技术［J］. 电子工程师，2006，32（1）：5－8.

［8］杜斌. 虚拟示波器中信号时频参数的测量［J］. 测控技术，2001，20（1）：25－27.

［9］关萍萍，霍正军，姜红梅. 基于 LabWindows/CVI 测控系统通用报表的设计与实现［J］. 计算机与工程设计，2010，31（1）：203－203.

机械工程性能参数检测软件
孵化平台的实现[*]

罗瑞龙　王书茂　王　新　尚俊萍

（中国农业大学，北京　100083）

摘　要： 结合虚拟仪器集成环境和数据库管理系统，开发了一套测控软件孵化平台，实现了专业测试软件的快速开发。软件开发过程完全无需代码或图形化编程，只需根据检测参数进行测控界面的配置，极大地简化软件开发流程，提高了专业软件的开发效率。结合高精度的多通道数据采集器，可以孵化多套测试系统，保证了测试精度，实现软硬件资源重复利用。

关键词： 虚拟仪器；机械工程软件；孵化数据库

0　引言

机械工程是现代工业社会的基础，其性能检测、工作参数监测和过程控制是自动化生产的关键。机械工程性能参数种类繁杂，测试环境复杂多变，一般配备专用的测试仪器和测控软件，需要投入大量的仪器研发费用和较长的软件开发周期。随着机械工业的发展，新产品倍增，自动化水平的提高，就需要重新研制大量的专业测控仪器，开发新的测控软件。尤其老产品的技术更新，或测控参数的变化，原有测控系统很难更改，或用户反复与原测控软件的研制人员沟通后由其修改，给实际用户带来很大困难。

本文开发了一个测控软件孵化平台，配合高精度的多通道数据采集器，可以孵化多套专业的测控系统。测控软件开发过程完全无需代码或图形化编程，只需根据检测参数进行测控界面的配置，极大地简化了软件开发流程，提高了专业软件的开发效率。软件孵化平台的最大优点是，它基于虚拟仪器技术设计，将繁重的软件编程转变为用户的轻松配置，即根据项目的实际需要，配置成多个机械工程的专业测控软件，尤其是人机交互界面的自动生成和美化配置，使得配置的测控系统更专业化。

1　测试系统的硬件结构

机械工程性能参数测试系统由便携式笔记本计算机、多通道数据采集器、传感器组成

　　* 基金项目：2009 年公益性行业（农业）科研专项经费项目"农业机械适用性评价技术集成研究"（项目编号：200903038）

（图 1）。利用计算机进行数据的存储、处理和分析，打印报表等；利用多通道数据采集器进行多路模拟信号、频率信号、数字信号的调理和数据采集。

多通道数据采集器集成了多个数据采集模块，拥有 36 个测控通道。特有的复用通道设计，使单一 I／O 通道能够连接两种以上信号类型的传感器，用户可根据实际情况进行调整。该采集器的技术指标包括：4～16 个单端模拟输入通道，16 位分辨率，采样率 250kbit／s，±1V、±5V、±10V 三种自动匹配量程；4～11 个 32 位测频输入通道；2～9 个 32 位计数道；2～16 个光电隔离状态量通道，高电平 5～12V；2 个 0～10V 模拟输出通道和 4 个继电器触点开关型输出通道，累积最多达到 58 个测控通道，能够满足大多数机械工程的现场检测和简单控制需要。数据采集的流程是：选择正确的传感器类型，并与采集器对应的 I／O 接口稳定连接，由信号调理板对各路信号进行调理，并分配到各数据采集模块。数据通过 USB 总线传递给计算机，完成数据计算、存储、处理、显示、分析及报表打印。

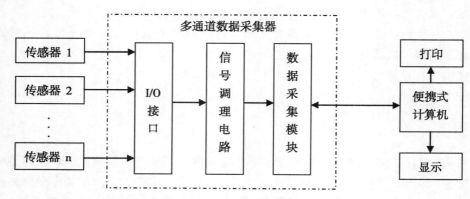

图 1   机械工程性能参数测试系统结构简图

2 软件孵化平台

"机械工程性能参数检测软件孵化平台"，其内核为 LabWindows／CVI 虚拟仪器开发环境，是适用于多种类型机械工程性能参数检测软件的二次开发平台。"孵化平台"采用了元代码开发流程，根据实际检测任务，通过配置软件系统信息，配置测试参数通道，编辑和美化界面等步骤，可在短时间内创建个性化的机械工程检测专用软件。一个"孵化平台"可以孵化出多个专业检测软件，相互独立，通过"孵化平台"对这些专业软件进行选择和管理。

（1）软件平台的结构和功能

检测软件孵化平台的软件结构大体可分为三个层次 I／O 设备驱动层，Access 数据库管理接口和人机交互层。I／O 设备驱动层负责对多通道数据采集器上各数据采集模块实现具体的数据采集和输出控制，同时建立与 Excel 进行动态数据交换（Dynamic Data Exchange，简称 DDE）的实时通信机制。相比较数据采集的流程，用户更关心测试过程中所获得的数据，所以，对 I／O 设备驱动做了封装处理。数据库管理接口负责对软件孵化过程中各类信息进行有效管理。人机交互层负责用户与计算机之间传递和交换信息，包括软件信息配置、测试通道信息配置和界面编辑美化（图2）。

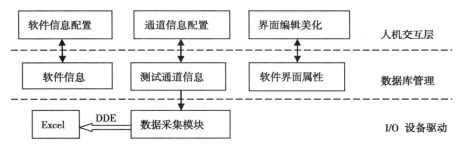

图2　检测软件孵化平台的结构

软件信息，又称工程项目信息，是"孵化平台"管理检测软件的唯一标签，包括项目名称（即测控软件名称）、使用单位名称、数据采样参数和登录密码等。测试通道信息是测试项目的通道属性信息，包括测试参数名称、采集器测试通道和显示控件类型。

基于"孵化平台"用户可参与软件开发的整个流程。根据测试项目要求，选择检测参数和显示控件类型；孵化平台根据用户的通道配置信息，自动生成初始的软件界面；用户可依据个人的测试经验和审美对界面进行编辑，如通过鼠标和键盘复合操作，拖拽和移动显示控件，改变其大小和坐标信息；改变显示控件的前景色、背景色、分度、精度、字体、字号等外观属性信息；添加装饰框、画布、文字等修饰组件；添加工作现场图片、模拟动画等。

（2）测试软件的孵化流程

如图3所示，一套专业测试软件的孵化仅需3个步骤：① 为软件命名，录入使用单位名称，设置登录密码。为了方便管理，一般以具体的机械工程检测项目作为软件名称。② 测试通道配置。根据测试项目确定测试参数、硬件测试通道和显示方式。测试参数分为检测参数和计算参数两大类型。其中，检测参数是指可通过传感器直接将非电量转变为电量的一类参数；计算参数则是由两个或三个检测参数通过公式计算得到。③ 虚拟仪器面板的自动生成和编辑美化。调整各显示仪表的大小、位置、颜色、图层、字体、字号等属性信息，还可自由添加图片、动画、文字和修饰框。软件界面创建完成后，一套专用测试软件即开发完成，可以立即进行实际的测试任务。

（3）测试软件的数据库实现

Microsoft Access 是一个功能强大的数据库管理系统和管理信息系统开发工具，特别是单机访问时的数据处理效率很高。基于此孵化平台选用 Access 管理已生成检测软件的各类数据。Access 数据库是一种灵活的关系型数据管理系统，也就是把相互联系的数据存放在一个个单独的表内，定义表间的关系，管理和组织数据库内的数据。该"孵化平台"生成了八个表，分别是软件名称表、使用单位表、i 测试参数表、计算参数表、文本修饰信息表、图片修饰信息表、动画修饰信息表和修饰框信息表。鉴于软件开发过程中可能出现多次修改，额外创建了参数信息缓存表，防止出现不必要的操作失误。

选取软件名称表内的序号作为主关键字字段，在各表间建立一对一或一对多的关系。

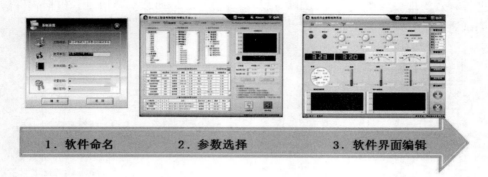

1. 软件命名　　　　2. 参数选择　　　　3. 软件界面编辑

图 3　机械工程性能参数检测软件的孵化流程

在软件名称表和测试参数表、使用单位表之间建立主要数据连接，与其他各表分别建立辅助数据连接。以"车辆安全检测"为例（图 4），其序号为"01"，该项目的使用单位是"＊＊鉴定站测试参数是""左轮转速"和"右轮转速"。测试参数表是一个多列表，包括测试通道、显示方式、控件高、控件宽等多项信息。同时，为使该检测软件更加美观和个性化，添加了动画"工程车辆"和"方形"修饰框。该软件不涉及其余三个数据表。

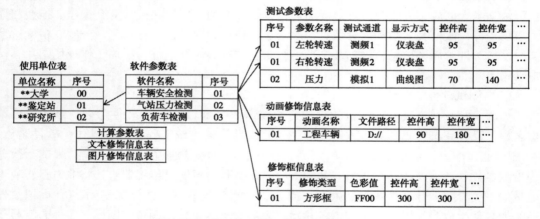

图 4　孵化平台数据库的表间关系

软件孵化过程中实时更新的数据库采用内存变量存储方式，包括用户的手动输入值、用户的通道配置结果和用户的软件界面操作等，都预先在数据库中建立了相应的字段。在用户进行人机交互操作时，每新添加一个测试参数，系统都会以该软件名称对应的序号新建一条测试参数记录。该条记录内的测试通道信息需与实际的采集器硬件通道对应，而显示控件的属性信息则以虚拟仪器控件的形式表现出来。用户完成软件界面编辑后，各个控件的属性信息再次更新相应字段数据。当用户下一次打开软件时，软件会自动加载数据库，把数据库对应的值恢复到软件界面，开始进行新的测试任务。

3　软件应用与验证

为了验证测试软件孵化平台的功能性、可靠性和实用性，对软件进行了验证。以

"F15 负荷车计算机测控系统"为例，介绍专业测试系统的开发流程，即"三步法"。

第一步：项目需求分析，确定检测参数。根据 F15 负荷车的检测任务，需要检测包括牵引力、行驶速度、驱动轮转速、滑转率、发动机转速、实际油耗六个性能参数，其中，滑转率为间接测量参数，可以通过实际检测参数计算得到。

第二步：选择传感器，确定信号类型。选用 20t 的拉力传感器检测牵引力，输出为模拟量；选用非接触式车速传感器检测车辆的行驶速度、输出为频率量；选择旋转编码器检测驱动轮的滚动速度，输出量脉冲计数量；选择有关压力脉冲传感器检测发动机的转速，输出量为频率量；选择油耗传感器计量发动机的进油和回油，输出信号为脉冲计数量。

第三步：配置检测通道和测控面板，孵化专业测控软件。命名检测项目的名称为"F15 负荷车计算机测控系统输入用户单位"国家工程机械检测中心根据检测参数的信号类型和数量，配置采集器的测控通道，并输入传感器的灵敏度参数或进行实际的标定测试；选择显示仪表和控制按钮，自动生成测控面板，最后进行人机交互界面的个性化编辑和美化包装、添加动画等。完成的专业化检测界面如图 5 所示。

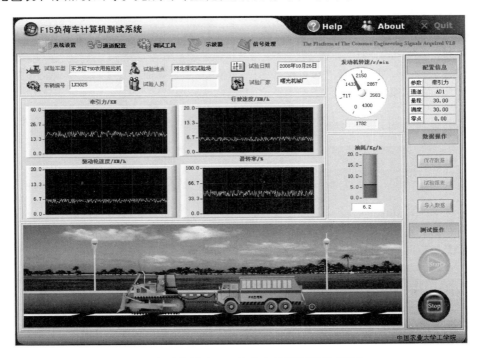

图 5　应用实例（F15 负荷车计算机测控系统）

4　结论

基于虚拟仪器技术机械工程性能参数检测软件孵化平台，实现了专业测试软件的快速开发。用户既是测试人员，也是开发人员，不需要学习复杂的软件开发语言，不需要了解数据采集的原理，即可开发出属于自己的专业测试软件，大大简化了软件开发流程，缩短了测试周期，提高了测试效率。结合高精度的多通道数据采集器，可以构建出多套专业测控系统，充分利用了现有软硬件资源，保证了测试数据的准确性。

参考文献

［1］吴锋，孙俊，冯安，等．CAN 总线在拖拉机检测 j 线中的应用设计［J］．农业工程学报，2005，21 (6)：74 - 76.

［2］鲍一丹，王立大，蔡建平．虚拟仪器技术在拖拉机性能测试中的应用［J］．浙江大学学报：农业与生命科学版，2003，29（3）：335 - 338.

［3］刘冬梅，刘立意，柴玉华，等．谷物干燥机自动控制系统的设计［J］．农机化研究，2004，11，(6)：122 - 123.

［4］S. V. Yurkov. Informnation measuring systems for accelerated testing of new agricultural equipment ［J］. Measurement Techniques，1974，17（7）：1095 - 1097.

［5］周玉宏，谢云芳，索雪松．基于虚拟仪器技术的温室监控系统［J］．农机化研究．2010（2）：104 - 106.

［6］刘君华，白鹏，贾惠芹．Lab Windows/ CVI 虚拟仪器编程语言教程［M］．北京：电子工业出版社，2001.

［7］王建新，杨世凤，隋美丽．LabWindows/CVI 测试技术及工程应用［M］．北京：化学工业出版社，2006.

［8］祝青园，王书茂，张磊，等．虚拟仪器测控系统图形用户界面设计［J］．中国农业大学学报，2006，11（4）：103 - 106.

Development of Feeding Rate Detection Sensor based on Wireless Technology [*]

Wang Ling[a], Wang Xin[b] and Wang Shumao[c]

(College of Engineering, China Agricultural University, Beijing 100083, China)

Abstract: Feeding rate measurement is one of the most critical technologies in precision agricultural system. In present study, a wireless sensor was constructed to detect the feeding rate for corn combine harvester. Torsional strain gauges were fixed in the modified sprocket at header auger to measure the flow rate of collected corn in a form of torque. The force change was then transformed into voltage signal, which could be transmitted by Zigbee wireless module integrated in the sensor. To evaluate the reliability of the sensor, field study was conducted to develop a model between feeding rate and wheel torque. Obtained results showed that the developed sensor could detect the change of feeding rate, and further work should be conducted to calibrate the accuracy of the sensor.

Key words: feeding rate test; torque; wireless sensor; Zigbee

0   Introduction

Feeding rate is an important parameter in operating performance of combine harvester, it is influenced by various factors such as operating speed, swath, stubble height, stem humidity, grain moisture content rate and so on. Research shows [1~2] feeding rate has a great impact on grain threshing and cleaning. With the feeding rate data, the speed can be controlled, which can improve percentage of threshing and reduce loss ratio. But online testing of feeding rate [3] is very difficult, and there is no direct way to measure it.

To solve problems of cumbersome wiring and difficult real-time monitoring in feeding rate detection, a feeding rate testing method which is based on wireless launching and receiving module is described in this paper. Through logical disposal of sensors in chain wheel of auger sprocket, torque measurement of header auger sprocket wheel is received. By constructing mathematics model between feeding rate and auger sprocket wheel torque, online detection of feeding rate is real-

---

   *   [a]wangling. 0928@ 163. com, [b]wangxin117@ cau. edu. cn, [c]wangshumao@ cau. edu. cn

ized. Finally, the feasibility and veracity of this feeding rate testing system is verified by the field testing.

1 Feeding rate detection system design

The main work of auger sprocket in combine harvester is to send cut crops to intermediate conveyer device. It consists of helical blade in a spiral shaft and stretched fingers[4]. As auger sprocket is at the forefront of combine harvester conveyer device, therefore, conveying power can reflect the changes of feeding rate in time.

1.1 Feeding rate detection model establish

Auger sprocket belongs to rotating equipment, and its rotatable part is mainly driven by sprocket wheel, and its power consumption is decided by speed and torque of auger sprocket. For this reason, power consumption is divided into two parts: one part is consumed by its own rotation, the other effective power is used to push crops onto the inclined conveyor to operate process of combine harvester

$$W_{tran} = T \times n/c \tag{1}$$

Where, W_{tran} stands for power consumption of rotating parts, kW; T represents torque of rotating parts, N·m; n is revolving speed of rotating parts, r/min; and c is constant, and equals to 9550.

Analyzing from a fuzzy concept, when auger sprocket is pushed by driving sprocket wheel in the work, taking no account of the complex stress on helical and additional blades, just considering the resistance caused by receiving gains, forces on sprocket wheel and resistance on auger sprocket can be thought equal approximately. Therefore, torque T on the sprocket wheel is concluded as Eq. 2.

$$T = F \times R \tag{2}$$

In Eq. 2, R is radius of sprocket wheel, F is force on sprocket wheel. Because of the force F is in relation to hindrance caused by feeding rate, it can be deemed there are certain linear relationship between torque and feeding rate.

$$T = k_0 \times R \times q \tag{3}$$

In Eq. 3, q represents feeding rate, and k_0 stands for scale factor; if we can detect the torque of auger sprocket by test or calculation, we can detect the size of feeding rate of combine harvester through the mathematical model.

1.2 Torque measurement method of sprocket wheel

As spoke structure is adopted in the actuating device of auger sprocket, the load acts on the top of wheel and the bottom of wheel hub. Pure shear force is produced on the spokes between gear and wheel hub. By measuring the stress, sprocket wheel torque is obtained then[5]. On condition that there is enough resistance to lateral forces in sprocket wheel, spokes proceed from sprocket wheel is used as elastic element (Fig. 1). Use resistance strain gauge as sensitive components, overlap bridge to set up test circuits and measure instantaneous torque of driven sprocket wheel in auger sprocket[6].

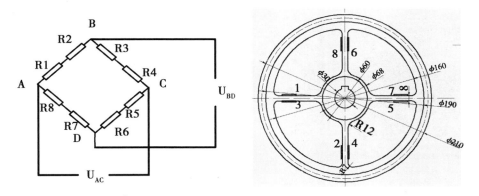

Fig. 1 Full-bridge circuit of sprocket wheel sensor (A)
and strain gauge paste schematic diagram (B)

When external force acts on sprocket wheel, under tangential pulling and pushing pressure each spoke produces strain accordingly, It causes strain gauge in the upper and lower surfaces of the spokes to generate positive and negative strain which due to tension and compression deformation strain. According to electrical bridge circuit computing principle, Eq. 4 is obtained.

$$U_{BD} = \{(R1 + R2) / (R1 + R2 + R3 + R4) - (R7 + R8) / (R5 + R6 + R7 + R8)\} \times U_{AC} \tag{4}$$

In Eq. 4, U_{AC} is constant voltage. Four bridge arms are connected with eight pieces of strain gauge which has same resistance pasted on the components in the electric bridge circuit. When spoke is deformated, voltage variation U_{BD} is produced:

$$\Delta U_{BD} = U_{AC} \times (\Delta R1/R1 + \Delta R2/R2 - \Delta R3/R3 - \Delta R4/R4 + \Delta R5/R5 + \Delta R6/R6 - \Delta R7/R7 - \Delta R8/R8) /8 \tag{5}$$

In this design, the sensitivity coefficient of strain gauge is same, so the formula below can be shown as following:

$$\varepsilon = 8 \times \Delta U_{BD} \times (\varepsilon1 + \varepsilon2 - \varepsilon3 - \varepsilon4 + \varepsilon5 + \varepsilon6 - \varepsilon7 - \varepsilon8) / (U_{AC} \times K) \tag{6}$$

In Eq. 6, ε is strain values, K represents strain gauge sensitive coefficient.

2 Zigbee-based wireless transmission scheme

In this paper, it uses JN5139 Zigbee technology to develop wireless data communication module of feeding rate detection[7]. It can realize wireless detection of 2-channel analog signals and frequency signals. A lithium battery is used for power supply, and Whip type antenna which is smaller than Chip antenna but with enhances quality of data communication effectively is selected. The entire module structure has the advantages of compact, small size and easy installation, so it reduces the installation of wireless module in the sprocket wheel.

Fig. 2 Substance figure of wireless transmitter module
（A）and wireless collector of feeding rate sensor（B）

The development of wireless communication module is based on Zigbee protocol stack of JEN-NIC company, and supports 802. 15. 4. Its data communication is the exchange of information and response between layers of protocol stack, and most of the layers provide two service interfaces of data and management to the upper. When device needs to send data or MAC command, it determines whether the current channel is idle by detecting energy of physical channel. If current channel is idle, it occupies the channel and immediately sends out a frame, or just waiting. After waiting for a random time, it starts to detect channels again. If the channel is free, the data is sent, else if the signal is busy, it repeats waiting and testing until the channel is free. When the receiving device receives data frame, it will send affirmative frame. According to receiving confirmable frame, transmitting node will judge if the launch is a success or not ［Fig. 3（A）］.

3   Field trails

Before field trails, an indoor calibration of sprocket wheel sensor is conducted. By means of simulating the force and torque acted on driven wheel in the operating process of combine harvester, range of output voltage and linearity is measured in the case of zero load and full range load, thus relationship between torque and output voltage is obtained and indoor calibration of feeding rate sensor is completed.

Tab. 1   Calibrating data of sprocket wheel sensor

Torque (N × m)	0	6. 8796	18. 1888	31. 5315	41. 2776	52. 7346	64. 2096	75. 6756	87. 1416
Voltage (mV)	524	642	842	1033	1240	1440	1628	1823	2024

In the field trails, under known feeding rate, test data including voltage of feeding rate sensor, torque of driving shaft and rotating speed is obtained. Mathematical model between feeding rate and voltage of feeding rate sensor is obtained by using linear regression theory. By doing this, it can further verify the feasibility and accuracy of the feeding rate test system based on torque detection in auger sprocket.

Through data testing, a regression curve [shows in Fig. 3 (B)] is obtained between voltage and feeding rate in the working process of combine harvester, it is shown as Eq. 7.

$$V = 23.7 \times q + 208.6 \tag{7}$$

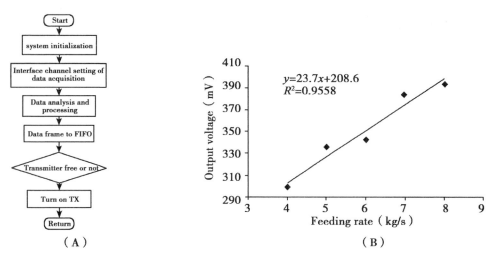

(A)

(B)

Fig. 3 Sending data chart by Zigbee (A) and Regression curve of output voltage and Feeding rate (B)

Where, V stands for the output voltage of circuit, mV. q is feeding rate, kg/s, $R^2 = 0.9558$.

4 Conclusion

To detect the feeding rate of a commercial used corn combine harvester, a sensor with wireless module was constructed and tested. The developed sensor mainly includes several parts with following functions:

① Torsional strain gauge to measure the torque change of modified sprocket wheel;

② Signal process unit to transform force into voltage;

③ Zigbee wireless module to transmit obtained signal to user defined software.

The performance of developed sensor was evaluated during field study. A regression model was introduced to describe the relationship between feeding rate and torque force based on obtained results. Further study could be conducted to validate the sensitivity and linearity of the sensor.

Acknowledgment

This study is supported by a grant from Special Fund for Agro-scientific Research in the Public Interest（No. 20090303807）.

References

［1］ Baruah，D. C.，Panesar B. S.. Biosystems Engineering，2005，90（1）：9～25.

［2］ Baruah，D. C.，Panesar B. S.. Biosystems Engineering，2005，90（2）：161～171.

［3］ Bruce A. C.，Daniel J. B. United States Patent：6834484，2004.

［4］ Chen Jin，Li Yaoming，Ji Binbin. Journal of agricultural machinery，2006，37（12）：76～78.

［5］ Zhu Qingyuan. China Agricultural University，2009.

［6］ Lu Wentao. China Agricultural University，2008.

Configurable Software Development Environment Design for Measurement and Control System Based on Virtual Instruments[*]

Wang Ling[a], Fu Han[b] and Wang Shumao[c]

(College of Engineering, China Agricultural University, Beijing 100083, China)

Abstract: Software development for a measurement and control system is a time consuming performance. To accelerate development process, a graphic software development environment was designed and established based on the principle of Virtual Instruments. In the developed environment, three layers including interface editing, channel configuration and database were designed for software incubation with codeless operation. The users could newly establish or re-edit a project according to designed software development flow and database would automatically generate for interface and channel management. An application for couple-tank water level control system was constructed in the developed environment to validate the system reliability and usability. Obtained results showed that software could be established in the development environment for measurement and control system with simplified operation.

Key words: Graphic software; Modular components; Virtual instrument; Database design

0 Introduction

Virtual Instruments, is the use of customizable software, modular hardware and computer to develop user-defined measurement and control system for engineering[1]. During the development stage, computer hardware was used to replace traditional hardware instrumentation, and software was then developed for specific measurement and control task. To shorten the period of software development, a large number of Software Development Environment (SDE) is prepared for commercial use, such as graphical development environment[2].

* [a]wangling. 0928@ 163. com,[b]fuhanhan@ gmail. com,[c]wangshumao@ cau. edu. cn

In present study, a codeless software development environment for measurement and control system in LabWindows CVI ® is designed. During software development process, the acquisition and control channels[3] are firstly created and configured according to system requirement. The user interface is then customized according to GUI design standard and personnel practice in developed environment. Afterwards, database management files are generated to implement user-defined tasks, such as data acquisition, data analysis and data storage. To evaluate system usability and reliability, measurement and control software is established for a coupled-tank water level control system under this software development environment.

1 Software Development Environment Design

Software development is one of the most important tasks for Virtual Instrument based measurement and control system design[4]. The function of the software mainly includes following elements: data acquisition and processing, hardware driving and communication. To accelerate productivity, software development was designed to a simplified procedure, mainly including system and channel information configuration, graphic interface editing, database management. The users do not need any programming work during the entire process. The modular hardware was subsequently chosen and configured to meet system requirement.

1.1 Interface Editing Environment Design

One of the most critical characteristic of Virtual Instruments is user-defined interface (soft panel)[5]. In a virtual instrument software development environment, the profile and panel is usually created and customized based on the commercial designed interface library. In present study, a graphical and function library for instrumentation was developed. In this graphic environment, the user interface can be edited and decorated with codeless operation. This simplified process can not only improve interface consistence and appearance, but economize development outputs.

To meet system requirement and customer usability, the interface layout is usually customized according to some fundamental principles, such as coherence, focus, grammar and safety[5]. In developed environment, a database file is predefined to manage information of interface layout, including position, size and space of established graphic units. The given information could be stored at defined files for further use.

After generating the soft panel, the controls and graphics should be selected from the library according to system requirement. To edit the properties (such as font properties, visual color and size) of different type of controls and graphics, a universal management panel was designed. Furthermore, text, picture and animation could also be added into the user interface to improve visualization effect.

1.2 Channel Configuration

In general, a measurement and control system is composed of a group of signal transmission channels. However, the management and function of most of these channels are different. To eliminate this difference, channel configuration layer was designed in the development environment, which could manage and indicate the channel configuration information.

The style of information indication is critical for human-computer interaction. In the designed environment, several groups of graphic controls [shown in Fig. 1 (A)] were applied for information indication, such as text control, switch control, led control, etc. After specifying the style for desired channel, the callback function was applied to the controls for further data interaction.

Sensing and controlling devices with different signal type, measurement range, sampling rate (output signal frequency) are usually involved in one measurement and control system for demanded tasks. Two types of procedures were designed for measurement and control channel configuration. For the first type, the configuration included channel selection and parameter setting. For some engineering parameters, calibration was firstly introduced to obtain proper information. Eq. 1 was used to transfer the original signal to desired parameters. The channel configuration panel was shown in Fig. 1 (B).

$$U = (U_{max} - U_{min}) / (V_{max} - V_{min}) \times (d - V_{min}) + V_{min} \tag{1}$$

Eq. 1 is Sensor calibration formula, U_{max} is full degree of engineering, U_{min} represents zero of engineering, d is output of sensor, V_{max} stands for full degree of physical quantity (the maximum value of sensor output), V_{min} is zero of physical quantity (the minimum of sensor output), U is corresponding value of d to the amount of engineering.

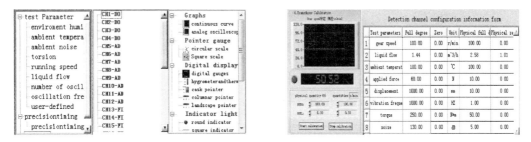

Fig. 1   Channel indication style setting panel (A) and Channel configuration panel (B)

1.3   Database

To manage the system information, channel configuration and interface information, database files was designed for better efficiency and straightforward operation. To reduce the complexity of individual datasheet, each function of designed database files was divided into several portions (as shown in Fig. 2).

2   Example of Measurement and Control System Development

To evaluate the usability and reliability of software development environment and hardware

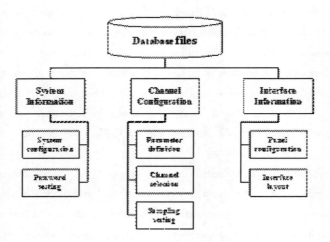

Fig. 2　File structure of system database

platform，a coupled-tank control system was constructed in the designed environment.

2.1　Task Analysis

To build a measurement and control system for specific projects，all signals should be classified and grouped. The signals involved in this coupled-tank system are listed in Table 1. All the signals could be classified to two types of parameters as analog signal and digital signal. For instance，pressure sensor provided analog signal to indicate liquid level of both master tank and slave tank. And digital signals were sent to switches for valve on-off action. According to this classification，channels corresponding to each parameter should be created and connected to the data acquisition and control instrumentation. A computer is used as the main control unit and USB bus for the instrument communication.

Tab. 1　Measurement and control parameters of coupled-tank system

Parameters	Signal type	Channel quantity
Master tank level	Analog input （AI）	1
Slave tank level	Analog input （AI）	1
Flow rate	Analog input （AI）	1
Water pump switch	Digital output （DI）	2
Water pump speed	Analog output （AO）	2
Wash-out valve	Digital output （DO）	5

2.2　Configurable Software Development

After task analysis and hardware configuration for the system，users could start the software development in the designed environment according to the process as shown in Fig 3 (A). Firstly, the user needs to log into the environment and create a new project. Second, channel configuration should be conducted to set up the sampling rate, units and measurement range. After these operations, user interface would be created automatically according to the configuration. The user could then customize the soft panel with designed graphic library.

2.3 Experiment Design

In the developed environment, a demonstration experiment was designed to achieve level height regulation based on PID strategy[6]. Two pressure sensors were installed at the bottom of the master and slave tank respectively. The detected height information was transmitted to the controller and the difference was act on the regulator. Thus, speed of the responding pump was adjusted to control the flow rate accordingly. On the other side, disturbance was applied to the control system via wash-out valve for liquid level adjustment.

After channel configuration and profile editing, the couple-tank control system was established according to former discussion. The designed measurement and control interface of couple-tank was shown in Fig. 3 (B).

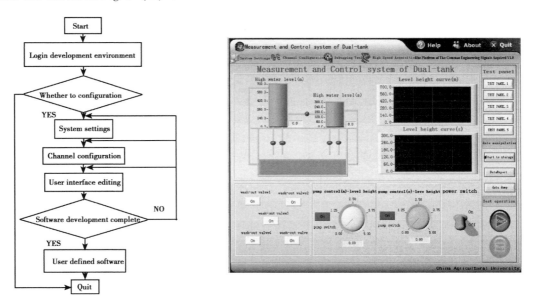

Fig. 3　File structure of system database (A) and Interface for
coupled-tank control system developed under
configurable software development environment (B)

3　Conclusion

In this paper, a configurable software development environment was designed and established based on Virtual Instruments technology. The software development process could be simplified in this graphic environment with codeless operation. Interface editing, channel configuration and database are three main parts of the development environment. To evaluate the system reliability, a application of couple-water control system was developed in the environment. According to tested experiment and observable results, the application developed in designed environment could stably work with user-defined function.

Acknowledgment

This study is supported by a grant from Special Fund for Agro-scientific Research in the Public Interest (No. 20090303807).

References

[1] S. V. Yurkov: Measurement Techniques. 1974 (17): 1 095 ~ 1 097.

[2] Kang Feng, Wang Shumao, Wang Xin et al. The 2010 International Conference on Agricultural Engineering. 5: 185 ~ 190.

[3] Xu Yongping, Cao Ziyuan, Xu Debing. Proceedings of the Second International Symposium on Instrumentation Science and Technology (2002).

[4] Zhu Qingyuan, Wang Shumao, Zhang Lei, et al. Journal of China Agricultural University. 2006 (11): 103 ~ 106.

[5] Ahcene Boubakir, Fares Boudjema, Salim Labiod. International Journal of Automation & Computing. 2009 (6): 72 ~ 80.

Design of Agricultural Machinery Reliable Remote Monitoring System Based on GSM

Mao Xu, Wang Xin, Wang Shumao

(Beijing Key Laboratory of Optimized Design for Modern Agricultural Equipment College of Engineering, China Agricultural University Beijing, China E-mail: maoxubj@ gmail. com)

Abstract: In order to improve the efficiency of the data collection procedure of combine harvesters which distribute in different areas of China. It is necessary that we have an automated system that collects working performance data, especially to record long-term and up-to-the-minute working condition fluctuations. The purpose of this study was to design a remote monitoring system based on wireless communication technology. This system automatically reports the main working parameters of combine in real-time. The data we acquired was integrated into a database for further analysis. The system consists of two components, a remote monitoring platform and a host control platform. Remote monitoring platform can acquire analog signals, frequency signal, pulse count signal, switch signal of machinery and it sends all the data back to the host control platform in the form of a short cell phone message through the wireless Global System of Mobile Communication (GSM). The function of the host control platform is to receive and store, display, and analyze the database on line. It also provides functions like inquiries, early warning, and announcements. The experimental results demonstrate that large scale, long distance, and long-term monitoring for agricultural machine working information can be achieved by using our proposed monitoring system. Much improved spatial resolution and temporal resolution is obtained compared to traditional methods.

Key words: Remote Monitoring; GSM; GPS; MapX

Introduction

The recent growth of modern agricultural technology and specially the wide spread of wireless communication networks have promoted the development of distributed monitor system for a variety of agricultural applications. Wireless monitor system can be used in the monitoring the working performance of various agricultural machines[1].

In this paper, a remote monitoring system of agricultural machinery reliable parameters which increases the capacity of versatility and wireless transmission[2] will be discussed. This system combines with embedded technology[3], wireless communication technology and virtual instrument technology, which can collects the signals, preliminary analysis the data through a wireless way and do further analysis and processes in the PC. Thus, it successfully monitors the agricultural mechanical working status and obtains other information.

1　System architecture

The main purpose of the agriculture machinery reliable remote monitoring system is real-time monitoring, control and alarm of reliable parameters. The system uses the microcontroller as the core of the collection system to acquire each sensor's signal and convert it to digital signal. At the same time, it equipped with the GPS position system[4] to obtain the machinery geographic information and then sends it to the microcontroller. After that, the system sends the data from the microcontroller to the monitoring and diagnostic centers through the message service of the GSM wireless communication system.

GPS global positioning satellite system is known as global, whole day precision navigation and positioning ability. Nowadays, GSM system is the most widely useful communication system in China, and it already has a communicative network covering whole space of China. GPS positioning module and GSM module will be added into the remote monitoring system[5] and the monitoring system combines with a software platform based on virtual instrument, which achieves real-time monitoring, remote control and alarm.

1.1　System framework

Agricultural machinery reliable remote monitoring system is consisted of two parts: one is the engineering signal remote data collector (the client) which has a microcontroller as the core, and integrates wireless communication module and GPS module; another one is the data processing center (the terminal) which has a virtual instrument monitoring software platform as the core and integrates system network and external devices.

The overall framework of this system is shown in Fig. 1; We install the engineering signal remote data collectors (the client) on each agricultural machine. At first, each client collects information of both parameters and geographical position. Then the client sends the processed data to the data processing center (the terminal) through built-in wireless communication module. When the terminal accepts the data, it transfers data to the PC. Finally, monitoring software in data processing center will finish data reading, analysis and processing. So it successfully achieves the real-time monitoring, control and alarm of the agricultural machinery reliable parameters. Meanwhile, monitoring software can also send simple control message to the clients through the wireless communication module, too. Thus, this can finish setting up collectors' system parameters, such as sampling interval, average number of sampling points, clearing the counter and regularly send time interval.

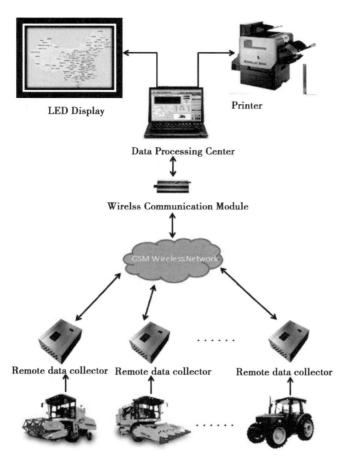

**Fig. 1　Agricultural machinery remote
monitoring system framework**

1.2　System general design

（1）The general design of signal acquisition

In order to generalize the type of agricultural machinery reliable parameters and detection methods, firstly, we need to analyze the characters of agricultural machinery reliable parameters, and based on this, we can ensure the type of signals which needs to be detected for system. According to different functions, agricultural machinery can be divided into power machinery (tractors), planting machinery, harvesting machinery, tillage equipment and plant protection machinery. We can find that although different types of machinery have different reliable parameters and detecting methods, they have the same common features after signals been transferred to electronic signals through the sensors. And these electronic signals can be divided into the following categories: analog signal, frequency signal, pulse counting and switch signal. Thus, the versatility of the agricultural machinery remote data collector is embodied in the form of a sensor output signal rather than the name of the signals or different types of equipment.

(2) The general design of monitoring software

Finally, complete content and organizational editing before formatting. Please take note of the following items when proofreading spelling and grammar: Based on the virtual instrument, the monitoring software has several functions, such as parameter selection, channel configuration and interface generation. Therefore, the versatility is embodied in creating a new assignment for different monitoring objects, configuring appropriate channels and generating a proprietary interface according to the reliable parameters which have detected.

1.3   Data collector design

Since we know that general signals are divided into analog signal, frequency signal, pulse counting and switch signal, therefore, we provide 4 types of input channels, as 4 analog input channels, 2 frequency measurement channels, 2 counting channels and 4 switch input channels. The analog signal channel is a 12-bit A/D converter, its sampling frequency can be as high as 500kHz, and signal voltage range of 0 ~ 5V; the frequency measurement channels range of 1 ~ 30kHz; the count channels can count as much as 13000 and its frequency can be up to 30kHz.

Remote data collector is consisted in 6 functional modules. This collector uses SCM as core, and has a built-in GSM module and a GPS module, 12 signal acquisition channels, a BDM module and a power module. The principle and function of this collector is shown in Fig. 2.

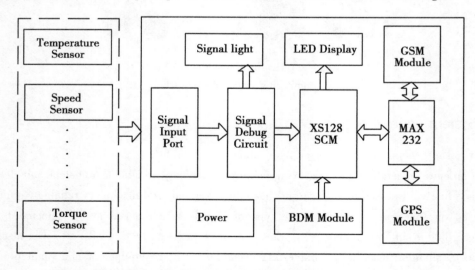

Fig. 2   The principal and function of remote data collector (the client)

MCU bases on Freescale MC9S12XS128 microcontroller. This type of SCM has rich in resources, and the flash can be 128KB. Signal acquisition channels collect signals from different types of sensors, and then transfer them to the SCM. Since in this collector, SCM receives signals' voltage range is $0 \sim 5\text{V}$, so signals which are transferred from channels must enter the signal conditioning circuit to have a filtering and dividing voltage process. After that, the signals will be transferred to the SCM. In RS232 serial communication module, data can be exchanged and accessed among SCM, GSM and GPS through MAX232 or MAX3238. The signal lights display real-time working status of signal acquisition channels and GSM module.

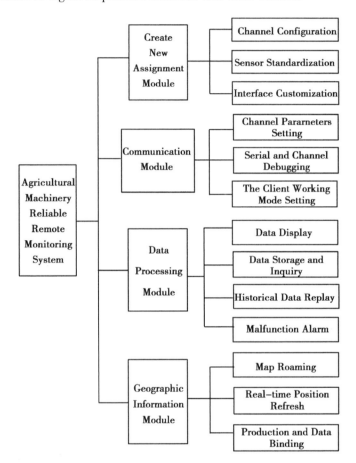

Fig. 3   The entire structure of the monitoring software

2   Monitoring software design

This monitoring software is designed based on the virtual instrument software platform Lab-Windows/CVI[7], the entire structure is shown in Fig. 3. This monitoring software is designed to have a simple and concise interface and easy to maintain. The software system mainly has 5 modules: new task creating module, communication module, data processing module and geographic information module. And the basic function includes: create new task according to monitoring objects; receive agricultural machinery reliable parameters and geographic information; control work modes of the corresponding remote data collector; process, storage and print the parameters and information which has collected; achieve historical data playback, failure alarm and showing the geographic information.

2.1 Channel and serial debugging

（1）When GSM module of the terminal receives the message sent by the client, GSM module sends the message to the PC through serial. Then monitoring software uses serial callback function to read the message, analyze and decode the message. Then, the consequence or the data is assigned to each debug channel corresponding to the control. The following is a process that the monitoring receives messages and analyzes decoding.

When software is initialized during the logon process, the remote monitoring system initializes the serial ports to make the computer serial and GSM communicate normally. The code is:

GetCtrlVal（systemdebug, SYSTEMBUG_ COMNUMBER, &portnumber）; //get serial number;

Install the serial callback function. The code is:

RS232Error = OpenComConfig（portnumber," 9600, 0, 8, 1, 512, 512"）; //open and configure the serial port, the baud rate is 9600bps, no parity, 8 data bits.

（2）InstallComCallback（portnumber, LWRS_ RECEIVE, 60, 0, ComCallback, callbackdata）; // Install a synchronized callback function for a designed serial.

（3）GSM sends a message to the serial, and the system will use the callback function to receive the content of the message and analyze it. The content of the message includes 12 channels' data and geographic information which are both collected from the remote data collector（the client）. The data and geographic information are integrated together with the certain agreement sent to the host computer（the terminal）through the GSM module.

2.2 Geographic information module design

Geographic information system（geographic information system, GIS）refers to a technology system that with computer hardware and software support, we can input, store, retrieve, update, display, map, analyze and apply a variety of geographic information in a certain format. GIS is developed from maps, but it owns a much larger amount of information than maps. It is the carrier of information, and it can obtain, store, process, analyze and display the geographic data.

This monitoring software develops a geographic information system based on LabWindows/DVI software platform. This software achieves the real-time location display of the engineering machinery on the electronic map. And it can also inquire the information of engineering machinery.

In order to enable users to easily browse the electronic map, we also need to set map tool that allows users to map the basic operation of the browse, such as zoom in and out, location and roaming. So adopt a general tool—MapX in this software. The normal operation in MapX is zoo-

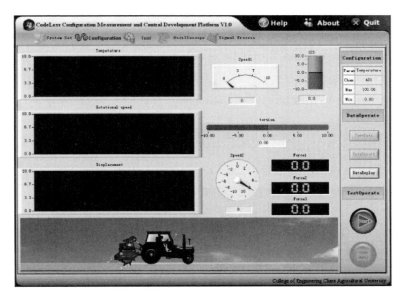

Fig. 4   User interface of mornitoring system

ming-in and out, center orientation, roaming, and marking all kinds of choice.

(1) Zoom-in function

GetObjHandleFromActiveXCtrl (systemset, SYSTEMSET _ MAP, &objecthandle); // Obtain MapX map handle—objecthandle's variable;

MapXLib _ CMapXSetCurrentTool (objecthandle, NULL, MapXLibConst _ miZoomIn-Tool); // map amplification tool.

(2) Zoom-out function

MapXLib _ CMapXSetCurrentTool (objecthandle, NULL, MapXLibConst _ miZoomOut-Tool); // map zoom-out tool.

(3) Pan function

MapXLib _ CMapXSetCurrentTool (objecthandle, NULL, MapXLibConst _ miPan-Tool); // map pan tool.

3   Conclusions

(1) The main purpose of this paper is that remote monitors common parameters of agricultural machinery, and provides a general-purpose mechanical engineering signal remote monitoring system which combined with computer testing technology, wireless communication technology and global positioning technology.

(2) The proposed architecture and results in this paper demonstrate the feasibility of using GSM protocols to communicate effectively with respect to both functions, of monitoring and control. The system was tested using agricultural machine in a laboratory set and had a satisfactory performance.

（3）The system achieves wireless transmission and multi-channel data acquisition of analog signal, frequency signal, pulse counting and switch signal. It can be used in remote monitoring of operating performance for mobile operating machinery both in engineering and agriculture.

（4）It also can be used in reliability testing and reliability experiments.

acknowledgment

This research is supported by Science and technology projects in Beijing （Z111105055311089） and Public service sectors （agriculture） （20090303807）.

References

［1］Zvi Lerman. Agricultural Economics, 1991 （1）, 15 – 29.

［2］O. Beeri, A. Peled. Geographical model for precise agriculture monitoring with real-time remote sensing. ISPRS Journal of Photogrammetry and Remote Sensing, 2009, 64 （1）: 47 – 54.

［3］Guilin Li, Deying Zhang, Jie Zeng, et al. Vehicle Monitor System for Public Transport Management Based on Embedded Technology Physics Procedia. 2012, 24 （Part B）: 953 – 960.

［4］J. Lee. Global Positioning/GPS. International Encyclopedia of Human Geography, 2009: 548 – 555.

［5］Jin Xiao, Fan Xiaoping. A Globe Position and Remote Data Acquisition System for Grab Machines Based on GSM/GPS. Journal of Lanzhou jiaotong University, 2005, 24 （3）: 13 – 17.

［6］Qi Haoming, Wang Li, Wu Yi, et al. Single chip based GSM short message transceiver module design. Electronic Test, 2010: 63 – 68.

［7］Wang Zhiguo, Wang Xin, Wang Shumao. Design of Virtual Signal Generator Based on LabWindows/CVI. Chinese Journal of Scientific Instrument, 2010: 23 – 27.

［8］Li Chunyu, Zhou Xinli, Lv Wanli, et al. Realization of Navigation Electronics Map Based on MapInfo and MapX. Ship. Electronic Engineering, 2009, 29 （1）: 208 – 211.

［9］Maertens K, De Baerdemaeker J. Flow rate based prediction of threshing process in combine harvesters. Applied Engineering in Agriculture, 2003, 19 （4）: 383 – 388.

［10］Maertens K, Ramon H, De Baerdemaeker J. An on-the-go monitoring algorithm for separation processes in combine harvesters. Computers and Electronics in Agriculture, 2004, 43 （3）: 197 – 207.

［11］Baruah D C, Panesar B S. Energy requirement model for a combine harvester. Biosystems Engineering, 2005, 90 （2）: 161 – 171.

［12］Coen T, Paduart J, Anthonis J, et al. De Baerdemaeker J. Nonlinear system identification on a combine harvester, Proceedings of the American Control Conference, Mineapolis, 2006.

［13］M. Miyamoto, H. Murase. Study of threshing function of combine harvester with artificial neural network. Proc. ASAE Annual International Meeting. Las Vegas, Nev. , USA, 2003, paper no. 033012.

［14］T. Coen, W. Saeysk, B. Missotten, et al. Cruise control on a combine harvester using model-based predictive control ［J］. Biosystems Engineering, 2008, 99 （1）: 47 – 55.

[15] K. Maertens, H. Ramon, De Baerdemaeker. An on-the-go monitoring algorithm for separation processes in combine harvesters. Computers and Electronics in Agriculture, 2004, 43 (3): 197 – 207.

[16] Mahmoud Omid, Majid Lashgari, Hossein Mobli, et al. Design of fuzzy logic control system incorporating human expert knowledge for combine harvester [J]. Expert Systems with Applications, 2010, 37 (10): 7 080 – 7 085.

晴空条件下光合有效辐射中
散射的测量模型[*]

1 材料和方法

1.1 试验设计

2012 年 6～8 月间，田间试验进行于美国华盛顿州普罗瑟市郊（N46°17′，W119°43′）华盛顿州立大学精细与自动化农业研究中心西侧试验地。试验地海拔 252m，四周空旷，面积约 500m²，仅种植少量低矮沙漠型干旱植物，对光合有效辐射的吸收和反射影响很小。在试验地中心设立 PAR 数据采集器，自 7：30～19：30，间隔 15min 测试。共收集到 11 个晴空天，分别是 6 月 27 日、7 月 3 日、7 月 4 日、7 月 5 日、7 月 6 日、7 月 10 日、7 月 11 日、7 月 12 日、7 月 24 日、7 月 27 日和 8 月 10 日。另选 8 月 11 日进行散射辐射各向异性分析的补充实验，测试时间间隔为 30min。

1.2 光合有效辐射 PAR 数据的采集

光合有效辐射 PAR 测量传感器为 LI-190SA 型光量子传感器（LI-COR，Lincoln，Nebraska，USA），该型传感器为生态学研究行业标准，测试数据准确可靠，由 3 个光量子传感器和自制底座构成一个传感器组。传感器组安装在一个 1.5 m 高的三脚架上，以保持与地面的距离，消除地面植被的影响。传感器 I 竖直放置于底座上，探头朝上，用于测量照射到地面上的总 PAR 值（PAR_t）；传感器 II 同样竖直放置于底座上，探头朝上，用于测量 PAR 中的散射辐射（PAR_f），作为验证模型的标准值；特别地，传感器 III 水平放置，探头朝向北，用于接收来自传感器北向的局部散射辐射（PAR_{f-N}）。将传感器输出分别并联精密电阻（604ohm，1/4 W，±1%），与数据采集器（CR1000，Campbell Scientific，Inc.，Logan，Utah，USA）相连，自动记录测量结果。

1.2.1 散射辐射标准值 PAR_f 的测量

采用直接测量法，手持一根长为 2m，直径为 8mm 的黑色钢条末端，另一端粘贴一个直径为 45mm，紧密包裹黑色天鹅绒的塑料球体，置于传感器 II 探头上方 40～50cm 处

* 基金项目：2009 年公益性行业（农业）科研专项经费项目"农业机械适用性评价技术集成研究"（项目编号：200903038）

（测试误差为 ±1%），确保该球体的投影已覆盖传感器 Ⅱ 的探头（图1）。测量结果乘以遮光订正系数 1.0026（误差 ±0.06%），将其作为该测试点的散射辐射标准值 PAR_f。

其中，遮光球订正系数的计算公式是：

$$f = 2R^2/(2R^2 - r^2) \tag{3}$$

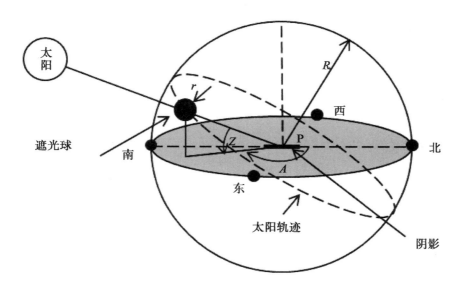

图1 PAR 散射辐射直接测量原理

P 为测试点；R 为遮光球与测试点的距离；r 为遮光球的半径；A 为太阳方位角，
正北为 0°；z 为太阳仰角，水平时为 0°。

1.2.2 北向局部散射辐射的测量

PAR 传感器的感光角度是 90°，所以当太阳方位角 A 介于 90° ~ 270° 时，太阳直射辐射对该传感器无影响，即不需要借助遮光装置。但随着纬度和季节变化，太阳位于该角度区间的时段不同。以试验地为例，6 月 27 日，该时段为 08：45 ~ 17：15；而 8 月 10 日，该时段延长至 08：15 ~ 18：00。显然，12 个 h 的测试时长可以完全覆盖前述时段，为使数据完整，仍然采用直接测量法获取其余时段的北向局部散射辐射 PAR_{f-N}（图2）。

进一步讲，在需要遮光装置的较短时段内，太阳辐射入射角偏小，总体太阳辐照度低，空气温度较低，对植物的光合作用产生了抑制作用。

1.3 天空图像和气象信息的获取

利用 Canon IXUS 210 相机（24 mm 光圈，84° 广角，F 2.8），以测试地点为中心，朝向东、南、西及北四个方向进行拍摄。相机设置参数是：F 2.8，曝光时间 1/1250 s，无闪光。图像设置参数是：尺寸 1600 × 1200 像素，水平和垂直分辨率 180 dpi，颜色模式 sRGB。采景时以地平线为下边沿，图像可覆盖大部分天空。利用 32-bit 开源图像处理软件 ImageJ 1.43u（National Institutes of Health，USA）提取图片灰度特征值（Histogram）和颜色（蓝色）特征值（B-mode）。灰度是图像中具有每种灰度级（0 ~ 255 级）的像素个数，明亮图像倾向灰度级高的一侧。灰度特征值是指出现频率最高的灰度级。基于 RGB 颜色空间，颜色直方图是对图像中红色 R、绿色 G 和蓝色 B 所占比例的统计描述，对每种色彩所处的空间位置并不敏感。蓝色特征值是指出现频率最高的蓝色级别（0~255 级）。

本研究涉及的气象数据均来自美国华盛顿州立大学农业气象网络（WSU AgWeatherNet，Washington State University，Prosser，Washington，USA），该网络在华盛顿州内及周边地区设立了 136 个气象站点，可提供空气温度、相对湿度、露点、土壤温度（地表以下 200 mm）、降水量、风速、风向、太阳辐照度和叶面湿度等重要参数。数据间隔为 15 min，与本文测试时间匹配。最近的气象站点（Hamilton Station）距离本测试地点约 400m。

2 结果与分析

2.1 PAR 散射辐射分布的各向异性

散射辐射分为两部分，一部分为直接来自太阳方向的环日散射，另一部分为各向同性的天空散射[19]。受环日散射辐射影响，地表水平面同一点散射辐射具有差异性，即散射辐射的各向异性。以 8 月 11 日为例，将传感器探头水平放置，分别指向东、南、西、北四个方向，同一时刻，某些方向需利用遮光球遮蔽直射辐射组分。当天各个方向局部散射辐射实测值如图 2 所示。对比各向局部散射辐射的变化趋势，可以看到，东向局部散射辐射值 PAR_{f-E} 在测试起始时刻（日出）达到最大值，之后呈递减趋势；与之相反，西向局部散射辐射值 PAR_{f-W} 在接近日落时达到最大值，全天基本呈递增趋势；北向局部散射辐射值 PAR_{f-N} 和南向局部散射辐射值 PAR_{f-S} 的增减趋势与总体散射辐射值 PAR_f 的变化趋势基本相同，均呈开口向下的二次多项式形式，只是达到最大值的时刻略有不同。对比各向辐射值与 PAR_f 的数值大小，8：00~09：30，$PAR_{f-E} > PAR_f > PAR_{f-S} > PAR_{f-N} > PAR_{f-W}$；10：00~11：30，$PAR_{f-E} > PAR_{f-S} > PAR_f > PAR_{f-N} > PAR_{f-W}$；12：30~14：30，$PAR_{f-S} > PAR_f > PAR_{f-E} > PAR_{f-W} > PAR_{f-N}$；15：30~18：00，$PAR_{f-W} > PAR_f > PAR_{f-S} > PAR_{f-E} > PAR_{f-N}$。可以看到，同一时刻，局部散射辐射最大值依次发生在东、南、西三个方向，与太阳所在方位一致，且依次大于当时的总体散射辐射。这是因为环日散射的方向性及其余弦效应为部分传感器提供了补偿。与直射辐射不同，环日散射不是平行光源且范围较窄，所以，仅对辐射入射方向上的传感器补偿较为明显。由于该测试点位于北回归线以北，使得环日散射对南向传感器的补偿略大于竖直放置的传感器。环日散射受气溶胶、云滴等粒子的多次散射作用，其对传播方向相反的传感器补偿微弱。注意到，12：00 之前，PAR_{f-N} 略大于 PAR_{f-W}，稍偏离前述分析。对照当日天空图像可知，这段时间内北部较远处有云，云量占整个天空的总比例不足 10%，集中于图片下边沿附近，特别是 10：00 时，云量明显增加，导致来自此方向的散射辐射量增加，除南向外，其他各局部散射辐射值均有不同程度的提高。鉴于北向局部散射辐射对总体散射辐射良好的跟踪特性，以及其不受直射光影响且无需遮光装置的优势，本文试图以北向局部散射辐射估算和预测总体散射辐射。

2.2 局部 PAR_{f-N} 与总体散射辐射 PAR_f 的一元模型

综合 11 天实测数据，共计 444 组数据点，图 3 给出了晴空条件下局部散射辐射

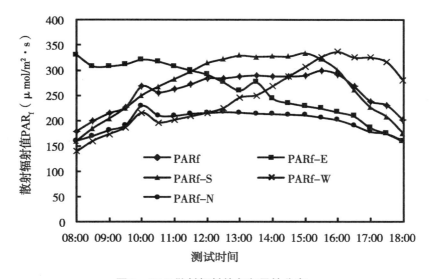

图 2　*PAR* 散射辐射的各向异性分布

PAR_f 为总体散射辐射；PAR_{f-E}、PAR_{f-S}、PAR_{f-W} 和 PAR_{f-N} 分别代表东、
南、西、北四个方向的局部散射辐射。

PAR_{f-N} 与总体散射辐射 PAR_f 的对应关系。可以看出，大多数观测点位于直线 $y = x$ 上方，
即总体 PAR_f 值大于局部 PAR_{f-N} 值，符合前述散射辐射各向异性的分析。总体 PAR_f 值越
小，太阳方向的影响越弱，散射辐射的各向异性越不显著，与 PAR_{f-N} 值越接近，则观测点
越靠近直线 $y = x$。此时，太阳入射光仰角小，太阳辐照度低。

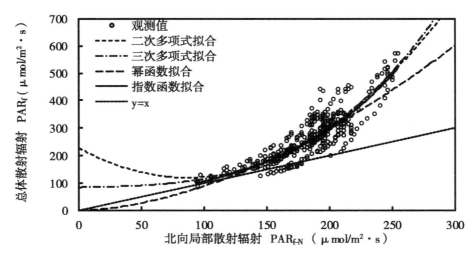

图 3　北向局部散射辐射与总体散射辐射观测值相关图

利用 SPSS（IBM corp.，Armonk，New York，USA）进行二次函数、三次函数、幂函
数和指数函数拟合分析。各拟合模型的函数表达式及 r^2 值如下：

$$y = 0.014x^2 - 2.458x + 228.104 \qquad r^2 = 0.777 \qquad (4)$$

$$y = 2.844e - 05x^3 - 0.001x^2 + 0.132x + 83.015 \qquad r^2 = 0.778 \qquad (5)$$

$$y = 0.030x^{1.736} \qquad r^2 = 0.743 \qquad (6)$$

$$y = 38.570e^{0.010x} \qquad r^2 = 0.768 \qquad (7)$$

式中，y 为总体散射辐射 PAR_f；x 为北向局部散射辐射 PAR_{f-N}。可以看到，四类曲线模型的拟合精度 r^2 值差异较小，且以三次函数的 r^2 值最高，为 0.778，二次函数的 r^2 值次之。然而二次和三次拟合函数在自定义区间前半段呈上扬趋势，不符合前述 PAR_f 观测点应逐渐贴近直线 $y = x$ 的分析。指数函数的变化趋势更符合实际观测值，其 r^2 值为 0.768。仅考虑决定系数，利用北向局部散射辐射估算总体散射辐射的方法已接近文献[15]所述模型（$r^2 = 0.79$），输入参数唯一且易获取。

2.3　图像特征值的预处理

因蓝色像素集中于图像上半部分，以左上角为原点拖动出尺寸分别为 1600 × 300 像素和 1600 × 600 像素的矩形区域，绘制灰度直方图和颜色直方图。H_0 和 H_1 分别表示两选区的灰度级别；B_0 和 B_1 分别表示二者的蓝色级别。如表 1 所示（拍摄于 2012 年 7 月 5 日上午 10：00），东面受到以直射光为主的太阳辐射影响，天空较明亮，相应图像大部分区域呈白色，H_0（H_1）及 B_0（B_1）均显著大于其他方向，且灰度为最大值；南与北两个方向则受到复合散射辐射的影响，既有来自太阳直射方向的环日散射，也有各向同性散射，其 H_0（H_1）及 B_0（B_1）均较高；而西面受到以各向同性散射为主的辐射影响，其 H_0（H_1）及 B_0（B_1）均最小，分别为 95 和 147。数据表明，当太阳方位角 $A < 150°$，西向图像 H_0（H_1）最小；$150° \leqslant A \leqslant 210°$ 时，北向图像 H_0（H_1）最小；$A > 210°$ 时，北向图像 H_0（H_1）最小。令当前时刻最小的 H_0（H_1）为灰度特征值，同一图像的 B_0（B_1）为颜色特征值，用以表征该时刻的天空状况。

表 1　天空图像的灰度级别和蓝色级别

方向	灰度级别 H_0^a	灰度级别 H_1^b	蓝色级别 B_0^a	蓝色级别 B_1^b
东 East	255	255	255	230
南 South	182	194	235	237
西 West[c]	95	95	147	147
北 North	177	179	224	228

注：[a] 表示图像选择区域尺寸为 1600 × 300 像素。

[b] 表示图像选择区域尺寸为 1600 × 600 像素。

[c] 表示令该方向的图像特征作为表征此时刻天空状况的图像特征值。

试验数据表明，晴空条件下，$H_0 \approx H_1$，$B_0 \approx B_1$，且 H_0（H_1）$\propto B_0$（B_1）。如图 4 所示，H_0 集中在灰度级中段，与 PAR_f 呈三次函数单调曲线形式，$r^2 = 0.688$。当大气较为洁净时，空气分子外的其他粒子数较少，散射能力较弱，图像采集时相机感光元件捕捉到的光子数少，图像较暗，则灰度级偏低，颜色级别偏暗，PAR_f 也较低；反之当大气中粒子较多时，散射能力较强，被相机捕捉到的光子数多，图像较白，则灰度级偏高，颜色级别亦偏高。可见，天空图像的灰度和色彩特征值能间接表征晴空条件下的大气状况。

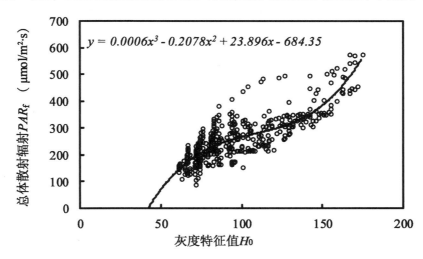

$$y = 0.0006x^3 - 0.2078x^2 + 23.896x - 684.35$$

图4　灰度级别与总体散射辐射的关系

2.4　多元线性回归模型

建立一个多元线性回归数学模型：

$$y = \beta_0 + \beta_1 x_1 + \beta_2 x_2 + \cdots + \beta_n x_n \qquad (8)$$

式中，y 为总体散射辐射 PAR_f；x_n 为 n 个影响因子，包括总体光合有效辐射 PAR_t，北向局部散射辐射 $PAR_{f\text{-}N}$，灰度特征值 H_0 和 H_1，颜色特征值 B_0 和 B_1，太阳方位角 A，太阳仰角 z，空气温度 T_A，相对湿度 RH，露点 D，风速 v，及土壤温度 T_S；β_n 为相应系数及常量。本文采用的模型评价参数有：校正/预测均方根误差（$RMSE$ of calibration/prediction，$RMSEC/RMSEP$）和校正/预测相关系数（Correlation coefficient of calibration/prediction，r_c/r_p）。若模型相关系数较高，且 $RMSEC$ 和 $RMSEP$ 较小，则认为该模型性能较优（表2）。

将参数不完整的数据首先剔除，剩余 432 组数据。根据总体散射辐射值进行大小排序，最大和最小值所在数据组归入校正集，其余数据按照大约 3∶1 的比例随机分配为校正集和预测集。其中，校正集包含数据 324 组，散射辐射范围为 89～573 μmol/（m² · s），均值为 261.6 μmol/（m² · s），标准偏差为 89.8 μmol/（m² · s）；预测集包含数据 108 组，散射辐射范围为 113～571 μmol/（m² · s），均值为 259.7 μmol/（m² · s），标准偏差为 87.2 μmol/（m² · s）。利用 SPSS 对预测集进行多元线性回归，随着潜在变量个数的增加，模型的相关系数值逐渐提高，当潜在变量达到 8 个时，相关系数略有下降，故可以认为由 7 个变量构成的 MLR 模型为最优。这些潜在变量依次是 $PAR_{f\text{-}N}$、H_1、B_0、T_S、v、A 和 RH。该 MLR 模型的校正集和预测集决定系数（相关系数的平方）分别为 0.904 和 0.918，预测标准差为 25.5 μmol/（m² · s），均远优于文献[15]中所述的模型参数［决定系数 0.79 及预测标准差 96.0 μmol/（m² · s）］。

表 2　不同变量数输入的模型性能比较

变量个数 n	校正集		预测集	
	r_e	$RMSEC$	r_p	$RMSEP$
1	0.858	46.249	0.855	45.588
2	0.887	42.863	0.920	34.244
3	0.937	33.407	0.938	33.110
4	0.947	29.099	0.947	28.575
5	0.951	28.055	0.953	27.107
6	0.951	28.046	0.954	26.656
7	0.951	27.897	0.958	25.526
8	0.949	28.511	0.955	26.560

3　结论与讨论

本研究将光量子传感器水平放置并朝向北后，可在全天较长时段内摆脱遮光装置，利用测得的北向局部散射辐射值 PAR_{f-N} 估算总体散射辐射 PAR_f，二者具有较高的指数函数相关性（$r^2 = 0.768$），接近以往研究文献中的估算水平。本研究利用普通数码相机获取天空图像，其灰度特征值和颜色特征值与总体散射辐射 PAR_f 有较高的三次函数相关性（$r^2 = 0.688$），可间接表征晴空条件下的大气状况。结合北向局部散射辐射值、图像特征值及其他易获取的气象因素，构建了 MLR 模型。最优模型引入了 7 个潜在变量，该模型的校正和预测相关系数及校正和预测均方根误差分别为 0.951、0.958、27.9 及 25.5。本研究的最优 MLR 模型与以往文献中的模型相比，估算性能和稳定性均有较大提高。

研究中所用方法操作简便，对设备要求不高，由于避免了遮光装置及复杂的太阳跟踪仪，使得设备更加轻量化、便携化，易于推广应用。本研究所获得的模型基于美国西北部的观测数据构建，与我国实际的散射辐射分布状况不同，因此，在国内应用验证时需要进行本土数据的采集。该模型在晴空条件下的短期估算性能较好，但其在其他天气条件下或长期时段的适用性仍有待进一步的分析研究。

参考文献

[1] Gallo K P, Daughtry C S T, Bauer M E. Spectral estimation of absorbed photosynthetically active radiation in corn canopies [J]. Remote Sens Environ, 1985, 17 (3): 221 – 232.

[2] 李亚兵，毛树春，冯璐，等. 基于地统计学的棉花冠层光合有效辐射空间分布特征 [J]. 农业工程学报，2012，28 (22): 200 – 206.

[3] Weber U, Jung M, Reichstein M, et al. The inter-annual variability of Africa's ecosystem productivity: a multi-model analysis [J]. Biogeosciences, 2009, 5: 4 035 – 4 069.

[4] Stanhill G, Cohen S. Global dimming: A review of the evidence for a widespread and significant reduction in

global radiation with discussion of its probable causes and possible agricultural consequences [J]. Agric For Meteorol, 2001, 107: 255 – 278.

[5] 郑邦友, 马韫韬, 李保国, 等. 基于三维模型评估全球变暗效应对水稻光合生产的影响 [J]. 中国科学: 地球科学, 2011, 41 (3): 386 – 393.

[6] Farquhar G D, Roderick M L. Pinatubo, diffuse light, and the carbon cycle [J]. Science, 2003, 299: 1 997 – 1 998.

[7] Mercado L M, Bellouin N, Sitch S, et al. Impact of changes in diffuse radiation on the global land carbon sink [J]. Nature, 2009, 458: 1 014 – 1 017.

[8] Roderick M L, Farquhar G D, Berry S L, et al. On the direct effect of clouds and atmospheric particles on the productivity and structure of vegetation [J]. Oecologia, 2001, 129: 21 – 30.

[9] Zhang B C, Cao J J, Bai Y F, et al. Effects of cloudiness on carbon dioxide exchange over an irrigated maize cropland in northwestern China [J]. Biogeosciences, 2011, 8 (1): 1 669 – 1 691.

[10] Gu L, Baldocchi D D, Wofsy S C, et al. Response of a deciduous forest to the Mount Pinatubo eruption: enhanced photosynthesis [J]. Science, 2003, 299 (5615): 2 035 – 2 038.

[11] Kanniah K D, Beringer J, North P, et al. Control of atmospheric particles on diffuse radiation and terrestrial plant productivity A review [J]. Prog Phys Geog, 2012, 36 (2): 209 – 237.

[12] 孙敬松, 周广胜. 散射辐射测量及其对陆地生态系统生产力影响的研究进展 [J]. 植物生态学报, 2010, 34 (4): 452 – 461.

[13] Song Jifeng, Yang Yongping, Zhu Yong, et al. A high precision tracking system based on a hybrid strategy designed for concentrated sunlight transmission via fibers [J]. Renew Energ, 2013, 57: 12 – 19.

[14] Spitters C J T, Toussaint H, Goudriaan J. Separating the diffuse and direct component of global radiation and its implications for modeling canopy photosynthesis Part I. Components of incoming radiation [J]. Agr Forest Meteorol, 1986, 38 (1): 217 – 229.

[15] Misson L, Lunden M, McKay M, et al. Atmospheric aerosol light scattering and surface wetness influence the diurnal pattern of net ecosystem exchange in a semi-arid ponderosa pine plantation [J]. Agr Forest Meteorol, 2005, 129 (1): 69 – 83.

[16] Boland J, Ridley B, Brown B. Models of diffuse solar radiation [J]. Renew Energ, 2008, 33 (4): 575 – 584.

[17] Jacovides C P, Tymvios F S, Assimakopoulos V D, et al. Comparative study of various correlations in estimating hourly diffuse fraction of global solar radiation [J]. Renew Energ, 2006, 31 (15): 2 492 – 2 504.

[18] Greenwald R, Bergin M H, Xu J, et al. The influence of aerosols on crop production: A study using the CERES crop model [J]. Agr Syst, 2006, 89 (2): 390 – 413.

[19] Hay J E. Calculation of monthly mean solar radiation for horizontal and inclined surfaces [J]. Sol Energy, 1979, 23 (4): 301 – 307.

[20] Duffie J A, Beckman W A. Solar engineering of thermal processes [M]. New York: Wiley, 2006.

水稻插秧机适用性影响因素分析[*]

水稻插秧机适用性影响因素分析

刘 勇 姜文荣

（江苏省农业机械试验鉴定站）

摘 要：综合分析了插秧机适应性影响因素，提出了插秧机适应性影响的性能指标及重要程度分类方法。

关键词：适用性；影响因素；分析

水稻插秧机是水稻生产机械化的重要环节，是水稻生产机械化、集约化、规模化及产业化的重要途径。在发达国家，水稻插秧机已经大面积推广应用，并取得了良好效益，但在我国插秧机还存在着不少问题，如插秧机的性能有待进一步提高；插秧机价格昂贵，售后服务缺乏保障；社会化育秧服务能力较弱等。这些问题不仅会给农民用户造成经济损失，还影响了农业生产。水稻插秧机的适用性研究是其研发、鉴定和推广的必要环节，研究其适用性影响因素，可以将涉及作业、影响生产的相关因素有机地联系起来，促使农机与农艺相结合，使水稻生产按自然规律和经济规律有序进行，对促进水稻生产机械化、提高现代化作业水平有着积极的作用。

1 水稻插秧机适用性影响因素

水稻插秧机是我国重要的水稻播种机具，其作业质量对水稻收获、粮食收成有很大的影响。水稻插秧机的适用性评价，是评价插秧机对不同地区，不同作业环境、作业条件的适用性，以及与当地农艺的结合程度。水稻插秧机的适用性影响因素主要包括：气候条件、地形条件、田块条件、秧苗品种、育秧方式、当地农艺要求和机具配套设计。

江苏省农业机械试验鉴定站插秧机适用性影响因素研究项目小组根据全国各地不同的自然生态条件、农艺要求、作业状况选点开展了调研，向相关农业（农机）部门、单位、企业和种田大户等进行了咨询，听取各方意见，收集了插秧机作业条件和农艺要求的相关信息，并结合相关标准和多种品牌型号插秧机性能试验、跟踪考核、用户调查数据信息，综合分析了插秧机适用性的影响因素（表1）。

* 基金项目：公益性行业（农业）科研专项经费项目（200903038）——农业机械适用性评价技术集成研究

表1 水稻插秧机适用性影响因素

适用性影响因素		一般范围	影响性能
气候条件	风速	3级以下	作业效率、操作性和栽插质量
	雨量大小	小雨以下	
地形条件	地形地貌	平原、高原、山地、丘陵、盆地、其他	机具的通过性、操作性、安全使用性和作业效率
	田间道路状况	土路、沙石、水泥、柏油路、其他	
田块条件	田块形状	规则、不规则	
	田块大小	≥1亩	
地块条件	土壤种类	沙土、沙壤土、壤土、粉壤土、黏壤土、黏土	插秧深度、作业生产率
	前茬作物	小麦、玉米、油菜、杂草、其他	漂秧等栽插质量
	前茬作物处理方式	整体秸秆还田、部分秸秆还田、留茬、焚烧、其他	漂秧、漏秧、翻倒等栽插质量
	耕整地方式	旋耕、犁耕、耙、其他	漂秧、漏秧、翻倒和通过性等
	泡田沉淀时间	1d、1.5d、2d以上、其他	
	水层深度	≤3cm	漂秧等栽插质量
	田间平整度	田面高低差不大于3cm	漂秧、漏秧、通过性等
	泥脚深度	可选择	
品种及育秧	水稻品种	杂交稻、常规稻、其他	对机具配套设计有要求
	育秧方式	硬盘育秧、软盘育秧、双膜育秧、其他	影响栽插质量
	秧苗条件 秧苗高度	≤25cm	
	秧龄（叶片数）	2~4.5叶	
	秧苗空格率	<5%	
	秧苗均匀度合格率	≥85%	
	秧苗密度	常规粳稻：成苗1.5~3株/cm²；杂交稻：1~1.5株/cm²；其他	
	床土 床土含水率	35%~55%	影响盘根力，对机具取秧有影响，涉及伤秧
	盘根带土厚度	1.0~3.5cm	

（续表）

适用性影响因素		一般范围	影响性能
当地农艺要求	株距	可选择	作物产量
	行距	30cm	
	穴株数	可选择	
	亩基本苗数	可选择	
	插秧深度	可选择	作物成活率
机具配套设计	行走仿形机构	可选择	通过性
	车轮结构型式	橡胶轮爪式、铁轮式	
	秧针结构	可选择	伤秧，翻倒等栽插效果
	插植方式	曲柄连杆式、旋转式	生产效率

2　插秧机适用性影响的性能指标及重要程度分类

根据 GB/T 20864—2007《水稻插秧机技术条件》等标准中确定的作业性能指标以及农艺要求必需的或者对适用性有较大作用的性能指标，结合插秧机设计规定要求和多年来对多种品牌型号插秧机性能试验、跟踪考核、用户调查数据信息等，综合得出插秧机适用性影响的性能指标及重要程度分类（表2）。

适应性影响指标和重要程度的确定：选择全国农业（农机）主管部门、检测鉴定机构、技术推广部门、科研院校、生产企业的专家和种田大户代表50人，填写调查表（一人一张表），可以自行选择性能指标和重要程度（A、B、C），各自不受任何干扰进行打分。收集齐50份表，进行汇总，确认适用性影响指标及其重要程度。汇总遵循以下原则。

① 同一性能指标选择人数超过50%，则成立。

② 同一性能指标选择人数少于20%，则去除。

③ 按照性能指标选择人数的多少进行排序后，再将调查表发给专家，进行重要程度判定。

④ 选择性能指标的同一重要程度的人数超过70%，或者加上选择比该重要程度高的人数后超过70%，则成立。如伤秧率选择 A 类人数占总人数比≥70%，则认为伤秧率为A 类重要程度；插秧深度选择 B 类的占60%，选择 A 类的占32%，则认为该性能指标为B 类，以此类推。

表2　适用性影响的作业性能指标及重要程度分类

性能指标	漏插率	通过性	伤秧率	插秧深度	漂秧率	翻倒率	作业小时生产率
级别	A	A	A	B	B	B	B

随着农村经济的迅速发展和劳动力的转移以及国家对农民种粮扶持力度的加大，农民对水稻种植机械的需求也越来越迫切。分析插秧机适用性影响因素，调整和改进插秧机结构，促进农机与农艺相结合，对提高水稻生产技术水平，促进农业增产增收以及建立无公害农作物产区有着积极的作用，也有助于水稻机插秧质量问题纠纷的处理与仲裁。

江苏水稻插秧现状与农艺分析[*]

刘　勇[1]　高　玲[1]　陶秀峰[2]　季红霞[1]

（1. 江苏省农业机械试验鉴定站；

2. 盐城市农业机械试验鉴定站）

摘　要： 阐述了江苏水稻机插秧的农艺要求和成功试验，提出了存在问题和改进方法。

关键词： 机插秧；配套农艺；经验

水稻是江苏省的第一大粮食作物，常年种植面积达 223.33 万 hm^2，总产量达 2 000多万 t。2012 年全省实现机插面积 137.87 万 hm^2，机插率达 60.9%，远高于全国平均水平。近十年来机插率的不断提高得益于水稻机插秧与农艺的不断融合、相互适应、相互促进。

1　与水稻机插秧配套的农艺要求

1.1　培育适龄、适插的秧苗

机插水稻育秧是高产栽培体系中的关键环节，具有播种密度大、标准化要求高等特点。机插秧对秧苗的要求是：秧龄 15～22d，苗高 10～25cm，叶龄 2～4.5 叶，苗粗 ≥2mm，床土厚 15～25mm，盘土不松散也不过度固化黏结，秧根盘结，土壤含水率 35%～55%。移栽时要求床土湿润不黏结，起秧时床土不破碎为好。

目前，全省机插水稻育秧主要采用软盘育秧和双膜育秧两种方式，其作业流程分别见图 1、图 2。软盘育秧简便易行、成本较低、易于操作、成功率高，可以用机械流水线播种，也可用田间简易播种机播种。双膜育秧投资少、成本低、易操作、方便管理，多以手工播种为主。

1.2　机插秧对大田整地的要求

机插秧对大田整地的具体要求是：田块平整无残茬，高低差不超过 3cm，表土硬软度适中，泥脚深度小于 30cm，旋耕深度 10～15cm，泥浆沉实到泥水分清，泥浆深度 5～8cm，水深 1～3cm。

---

　　* 基金项目：公益性行业（农业）科研专项经费项目（200903038）——农业机械适用性评价技术集成研究

机插水稻大田要根据作业茬口、土壤特性等情况采取不同的耕整方法，同时根据土壤肥力因地制宜地施用基肥。大田整地要注意三点：一是田平、泥软、肥匀。机插时，秧苗较小，大田平整度要求较高。为防止壅泥，水田整地后需沉实，沙质土沉实1d左右，壤土沉实2～3d，黏土沉实4d左右，待泥浆沉淀、表土软硬适中、作业不陷机时，保持薄水机插。二是大田通气条件要好，利于根系发育。三是田表秸秆（前茬）不能太多，要求无杂草杂物等。

1.3　及时移苗补缺，保证全苗

机插秧由于受到育秧质量、机械和大田质量等因素的影响，会存在一定空穴。因此，要留有部分秧苗，机插后及时进行人工补缺，以减少空穴率和提高均匀度，确保基本苗数。补秧一定要用同期培育的同品种秧苗，保证大田生育期一致。

1.4　水浆管理

栽插时水层深度控制在1～3cm，有利于清洗秧爪，确保秧苗不漂、不倒，不空插，达到防高温蒸苗的效果。坚持薄水移栽，机插结束后，要及时灌水护苗，水深以不淹没秧心为宜。插后3～4d进入薄水层管理，切忌长时间深水泡秧，造成根系、秧心缺氧，形成水僵苗，甚至烂苗。

1.5　机插后的大田管理

由于机插小苗前期根量少，吸收能力弱，同期大田分蘖起步慢，且分蘖期又较长，因而机插稻基肥应适当减少，分蘖用肥应适当增加。立苗后，浅水护苗，选用专用除草剂除草。

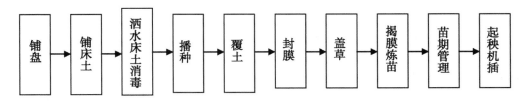

图1　软盘育秧作业流程

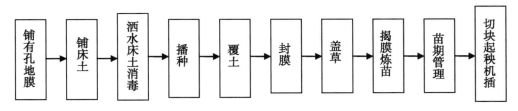

图2　双膜育秧作业流程

2 插秧机主要机型

在我国水稻机械化的发展中，水稻栽植机械化虽起步早，但行动迟、进展慢，主要的因是农机与农艺的配合不协调，加上我国地域辽阔、农情复杂，农村人多地少、经济基础薄弱，水稻生产环节多、作业工时长，以及机具价格昂贵等因素的影响。江苏省经过十几年的探索实践，充分吸取水稻种植机械化发展的试验教训，坚持农机与农艺的有机结合，走引进技术、消化吸收、合资合作的路子，已开发出多种型号的高性能水稻插秧机。截至2012年年底，全省插秧机保有量已达到9.89万台。

2.1 手扶式插秧机

手扶式插秧机主要有4行和6行机型，具有体积小、重量轻、价格低等特点，适合一家一户小田块作业。如以久保田2ZS-6型为代表的手扶式插秧机。

2.2 高速乘坐式插秧机

高速乘坐式插秧机有4行、6行、7行、8行、9行等机型，具有液压仿形系统，水田通过性好，机电一体化程度高，操作方便，作业效率高，安全舒适，适合种田大户、农场、合作社使用。如以洋马VP8D型为代表的高速乘坐式插秧机。

3 成功经验

江苏省农机部门自20世纪90年代开始了水稻机插秧的探索实践，坚持农机与农艺相结合，走引进吸收与开发创新的路子，通过引进、研发新的插秧机系列产品，不断探索创新低成本、简易化的育秧技术，完善配套农艺技术体系，使得水稻机插水平领先于全国。插秧机保有量从2000年的不到200台发展到2012年的9.89万台，机插面积由1.33万hm² 发展到137.87万 hm²。江苏水稻插秧机械化的成功经验有以下几点。

3.1 着力开发应用先进、适用、安全、可靠的插秧机械

2000年以来，江苏省先后从日本、韩国等国引进多种插秧机进行试验、示范和选型，组织相关单位联合开发了手扶式、高速乘坐式插秧机，并向系列化、通用化发展。

3.2 协同发展配套农艺技术

江苏省农机主管部门组织农机、农艺方面的技术力量，对各种育秧方式进行了对比试验，将软盘育秧和双膜育秧确定为全省主要育秧方式，完善了机插秧肥水运筹、病虫防治等配套农艺技术体系，从而保证了机插秧推广的成功率。

3.3 培植适合市场经济要求的多种经营服务模式

江苏省注重发展服务公司、农机合作社、农机大户等合作组织，通过市场化、社会化服务，着力提升机插秧经营效益，增强了发展机插秧的动力和活力。

4 存在的问题

4.1 区域发展不平衡

从区域上看，苏南的苏州、无锡、常州三市整体上已经基本实现水稻种植机械化，而苏北一些地区水稻机插水平还很低。

4.2 插秧机产品创新能力薄弱

由于农机行业总体利润偏低，生产企业自主研发投入有限，基础研究投入明显不足，企业很难形成基础性、前瞻性、关键性技术研究体系。

4.3 机插从业人员素质不高

随着城镇化的快速发展以及农村劳动力的转移，机插从业人员年龄老化、知识陈旧、接受新技术能力弱、综合素质不高等问题日益凸显，影响了水稻机械化种植的快速发展。

5 建议

5.1 增加机插秧试验示范点

在江苏省尤其是苏北机插水平较低的地区增加机插秧试验示范点，通过对比试验让广大农民切身感受到机插秧的优势。

5.2 加大科研投入，鼓励技术创新

增加插秧机科研项目的投入，鼓励企业与科研院所合作，引进吸收国外先进技术，改进生产工艺，增加产品技术含量，产、学、研、推相结合，研制开发适合不同区域、不同农艺要求的产品。

5.3 加强农机农艺技术培训

大力发展农机合作组织，加强插秧机以及相应农艺技术的培训，使不同地区用户根据当地不同的农艺要求，更好、更科学地使用插秧机具，充分发挥机插秧的优势。

我国半喂入联合收割机适用性分布[*]

纪鸿波　王景阳　张　平

（江苏省农业机械试验鉴定站）

摘　要：介绍我国联合收获机的发展现状及半喂入联合收割机的特点，阐述了半喂入联合收割机的适用性分布及水稻联合收割机的发展趋势和特征。

关键词：水稻；半喂入；联合收割机；适用性分布

1　我国水稻联合收割机发展背景

水稻是我国种植面积最大的粮食作物，种植面积为 3 000万 hm² 左右，约占耕地面积的33%，产量占全国粮食总产量的45%。我国是一个幅员辽阔的国家，地形复杂，受气候条件、地理环境、耕作制度、经济条件等诸多因素影响，各地水稻的种植环境、收获方式存在较大差别。根据各地生态环境、社会经济条件和水稻种植特点，我国可划分为 6 个稻作区。华南双季稻稻作区：位于南岭以南，我国最南部，包括闽、粤、桂、滇的南部以及台湾省、海南省和南海诸岛全部，水稻面积占全国的 17.6%；华中双季稻稻作区：东起东海之滨，西至成都平原边缘，南接南岭，北邻秦岭、淮河，包括苏、沪、浙、皖、赣、湘、鄂、川 8 个省（市）的全部或大部分以及陕、豫两省南部，是我国最大的稻作区，占全国水稻面积的67%；西南高原单双季稻稻作区：地处云贵和青藏高原，共 391 个市县，水稻面积占全国的8%；华北单季稻稻作区：位于秦岭、淮河以北，长城以南，关中平原以东，包括京、津、冀、鲁、豫和晋、陕、苏、皖的部分地区，水稻面积仅占全国的3%；东北早熟单季稻稻作区：位于辽东半岛和长城以北，大兴安岭以东，包括黑龙江、吉林全部和辽宁大部及内蒙古东北部，水稻面积仅占全国的3%；西北干燥区单季稻稻作区，位于大兴安岭以西，长城、祁连山与青藏高原以北，银川平原、河套平原、天山南北盆地的边缘地带，是主要稻区，水稻面积仅占全国的0.5%。

2　国内收割机现状

我国收获机械的发展先后经历了 1991—1992 年、1995—1998 年和 2006 年三次发展高

　* 基金项目：公益性行业（农业）科研专项经费项目（200903038）——农业机械适用性评价技术集成研究

潮，每一次高潮都将我国收获机械产业推向快速发展。

（1）1991—1992 年，小型联合收获机械的快速增长期

1990 年我国共生产各种型号的收获机械 10.71 万台，比 1978 年、1980 年、1985 年的产量之和还要多，较 1985 年增长 201%。其中联合收获机械发展更为突出，1991 年和 1992 年的产量分别达到 7 950 台和 12 862 台，形成了我国收获机械发展的第一个高潮。

（2）1995—1998 年，收获机械总量持续攀升期

90 年代中期，我国收获机械迅速发展，在经过 1993 年、1994 年连续两年的下滑后，1995 年收获机械产量出现了第二个高潮，当年各种型号的收获机械总产量达 29.84 万台，相当于 1978 年年产量 2.41 万台的 12.38 倍。此后，1996 年、1997 年和 1998 年虽没有达到 1995 年的产量，但也始终维持在 20 多万台高位上，分别达到了 23.39 万台、29.28 万台和 20.67 万台，4 年累计销售 103 万台。

（3）2006 年，以生产大中型联合收获机械为主的新阶段

2006 年我国收获机械产量达到了 34.01 万台（其中，联合收获机械 13.75 万台），是收获机械发展史上年产量最高的一年，形成了我国收获机械发展的第三次高潮。

经过十多年的发展，我国的水稻收获机械技术已经成熟，主流产品有三类：一是最早发展的背负式联合收割机。一般与大中拖配套，价格低廉，经济性好，但由于其对地表的破坏严重已渐遭淘汰。二是采取全喂入方式的自走履带式机型。通过性、适应性较好，经济性高，性能可靠，是我国独立发展的产品，具有完全的知识产权，近年来出现了向大割幅发展的趋势，以满足跨区作业、提高效率的要求，适合中国国情，是目前市场上的主打产品。三是水稻联合收割机市场上的高端产品——半喂入联合收割机。目前我国市场上不仅有引进的国外产品，国内也有十几种产品，价格从十几万元到二十几万元，由于其适应高产、高秸和倒伏作物作业，且不破坏秸秆，便于秸秆再利用，很受农户欢迎；但一次性投资较大。

3　半喂入联合收割机特点

半喂入联合收割机是通过拨禾器将禾株扶正，由切割器将禾株从根部割断，通过输送链和脱粒夹持链共同作用，仅将割下的作物穗部喂入滚筒进行脱粒，脱粒后的茎秆完整地通过夹持链的出口排出，谷粒通过螺旋输送器输出，流入卸粮台上的粮袋中。由于滚筒的功率消耗少，籽粒脱净率高，比较适应我国大部分水稻产区的收割要求，同时它的收获工艺可保证低割茬和茎秆完整，不仅能促进茎秆的综合利用，也为农艺后续工序处理提供了方便。图 1 为 2005—2012 年我国半喂入式水稻联合收割机产量走势。

4　近年来我国半喂入联合收割机适用情况

4.1　地区适用性分布

（1）华东及周边地区保持适度的增长量，并且有一定的更新率

我国南方的土壤结构比北方更复杂，土壤黏度大，地块高低不平，多丘陵，对水稻收

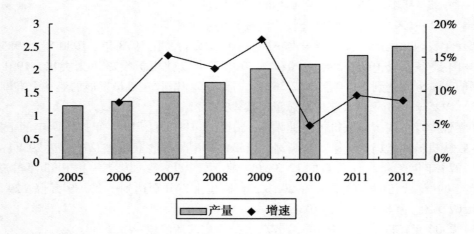

图 1　2005—2012 年我国半喂入式水稻联合收割机行业产品产量走势预测

获机械的通过性、灵活性、操作性的要求相对较高。该地区 2008—2009 年半喂入收割机销售情况见表 1。

表 1　华东及周边地区 2008 与 2009 年度半喂入收割机销量一览表

地区	2008 年台数（万台）	2009 年台数（万台）
上海市	0.08	0.11
江苏省	2.14	2.44
浙江省	0.29	0.36
安徽省	0.71	0.94
江西省	0.15	0.22
山东省	0.10	0.15
湖北省	0.32	0.44

（2）华南及周边地区（或者是南方双季稻地区），进入全喂入联合收割机过渡性发展的后半段，半喂入联合收割机的需求进入稳步增长的阶段。

该地区 2008—2009 年半喂入收割机销售情况见表 2。

表 2　华南及周边地区 2008 与 2009 年度半喂入收割机销量一览表

地区	2008 年台数（万台）	2009 年台数（万台）
福建省	0.03	0.06
广东省	0.37	0.28

（续表）

地区	2008 年台数（万台）	2009 年台数（万台）
广西壮族自治区	0.12	0.20
海南省	0.00	0.01
贵州省	0.01	0.02

（3）东北粮食主产区将在国家粮食增产工程的带动下出现超常规的发展

该地区 2008—2009 年半喂入收割机销售情况见表 3。

表 3　东北粮食主产区 2008 与 2009 年度半喂入收割机销量一览表

地区	2008 年台数（万台）	2009 年台数（万台）
辽宁省	0.08	0.14
吉林省	0.24	0.24
黑龙江省	0.22	0.29

4.2　机型适用性分布

（1）44.1kW 以上的半喂入联合收割机需求上升

每年的收割季节，对购买了收割机的农民来说，是一个"抢钱"的季节。跨区作业在解决部分地区收割机短缺、机收率不高的问题的同时也带来了资源浪费。用户要向收割机要效益，必然看重其作业效率，所以小马力收割机越来越不被用户看好，而大马力收割机的市场需求量越来越大。从 25.73kW 到 35.28kW，再到现在的 44.1kW，由于跨区作业的需求，无论是收小麦还是水稻，大马力机械都表现出了明显的优势。表 4 为江苏某企业 29.4kW 和 44.1kW 半喂入收割机销售情况。

表 4　某企业 29.4kW 和 44.1kW 半喂入收割机销售情况一览表

地区		29.4kW	44.1kW
江苏	2008 年	146	117
	2009 年	136	219
浙江	2008 年	67	38
	2009 年	100	66
上海	2008 年	7	18
	2009 年	10	63
安徽	2008 年	101	66
	2009 年	150	76

（续表）

地区		29.4kW	44.1kW
河南	2008 年	67	65
	2009 年	94	70
辽宁	2008 年	1	30
	2009 年	0	42
吉林	2008 年	3	106
	2009 年	12	176
黑龙江	2008 年	13	38
	2009 年	22	77

（2）山地用小型两行半喂入联合收割机将异军突起

我国有相当一部分农村，特别是地处偏远贫困地区的农村，田块小而分散，耕作的田地大多为梯田、山坡岭地等小地块，加上很多地方有套种作物的习惯，极大地限制了大中型农机具的推广与应用；而小型农机具在使用过程中不受这方面的影响，适合于该类地区使用。为适应这些地区的需求，各大公司正在开发适合山地收割的两行半喂入收割机，特点是体积小、重量轻、适应性强、清选效果好。

（3）农垦用卸粮型收割机出现需求

我国农场的地块大，劳动力相对较少，而普通半喂入收割机作业时需要的劳动力相对较多。目前大部分农场稻麦收获基本上是采用大型自卸粮的全喂入联合收割机，但全喂入收割机在收割质量上与半喂入收割机存在一定的差距，为了适应这种情况，部分收割机生产企业推出大马力大粮箱自卸粮半喂入联合收割机。

由于在水稻收获中半喂入联合收割机的收割质量、可靠性和适用性比全喂入联合收割机有着明显的优势，因此，在水稻稻作区，用户广泛选用性价比较高的半喂入联合收割机。

5 水稻联合收割机的发展趋势及特征

受当地经济条件的限制和地理环境的影响，我国水稻收割的发展很不平衡，除了江、浙、沪等发达地区机收率比较高以外，其他水稻主产区机收率都较低，然而在各地政府和农机部门的共同努力下，各省的机收面积都有较大幅度的提高，2008—2009 年部分地区水稻机收情况见表 5。

表 5　2008 与 2009 年度水稻机收面积一览表

地区	2008 年（khm^2）	2009 年（khm^2）
北京	93.91	104.50
天津	156.27	179.07

（续表）

地区	2008 年（khm²）	2009 年（khm²）
河北	2 863.47	3 147.03
山西	745.96	860.51
内蒙古	2 056.87	2 335.14
辽宁	676.12	750.50
吉林	479.60	763.10
黑龙江	6 669.10	7 728.14
上海	157.12	183.30
江苏	4 493.96	4 585.00
浙江	868.67	905.01
安徽	4 522.70	4 810.62
福建	147.01	188.85
江西	1 810.95	1 994.57
山东	5 629.50	6 182.11
河南	5 992.35	6 542.13
湖北	2 251.94	2 554.97
湖南	2 027.67	2 373.04
广东	707.03	1 022.11
广西	401.58	631.89
海南	142.60	169.32
重庆	120.11	149.89
四川	689.58	761.29
贵州	72.56	78.53
云南	105.79	133.09
西藏	108.70	110.00
陕西	1 013.88	1 169.55
甘肃	498.42	559.93
青海	107.35	121.79
宁夏	248.92	321.39
新疆	1 152.63	1 409.72
新疆兵团	471.73	582.55
全国合计	47 484.04	53 408.65

　　从表 5 可以看出，江苏、山东、安徽、黑龙江、河南五省机收面积最大，同时收割机的需求量也是最大的。

　　收割机销售增长的主要因素：一是补贴资金的增加有效拉动了需求。补贴资金的总量增加，促进销售增长 20%。二是新一轮收割作业市场效益的推动。随着我国国民经济的快速发展，劳动力转移速度加快，农村从事强劳力作业的精壮人员减少，推动农机作业市场需求量上升。三是机具更新换代加快。由于购机补贴政策规定，购机 2~3 年以后就可以重新购机并获得补贴，有的用户为了保持产品的先进性，减少维修成本，会在购机 2~3 年以后另购新机。四是用户群体的扩大、合作社的兴起、使用技术的提高、服务范围的不断扩大促使机具需求量稳步上升。

　　通过对各省机收面积情况和收割机销售增长因素的分析可以看出，水稻联合收割机在今后很长的一段时间内将有着很大的发展和利润空间，而能否在这场联合收割机械的角逐中成为赢家，取决于其机具的性价比。符合国情、能为农民所接受的水稻联合收割机的特征应为：使用性能好、适应性强、售后服务好、能兼收小麦且价格合适。

影响半喂入联合收割机适用性评价的因素及相关性能指标分析研究[*]

纪鸿波　滕兆丽　任重远

（江苏省农业机械试验鉴定站）

摘　要：列出了影响半喂入收割机适用性的一些主要因素，并对这些影响因素进行了具体的分析和评价，对如何减轻这些影响因素，提高半喂入收割机的适用性提出了建议。

关键词：半喂入；收割机；适用性；影响；分析

半喂入联合收割机可以通过田间作业性能的试验，检测其性能指标是否达到国家有关标准的规定。性能指标的优劣，体现了收割机田间作业收获质量的好坏。适应性试验作为田间试验的一个重要环节，是农业机械检测的必要手段。性能良好的收割机在进行收获时，对作业地域、作物种类、田块条件等具有较稳定的适应性，且收获的作物含杂率低、损失率小。

江苏省农机试验鉴定站通过近几年对半喂入联合收割机的适应性试验，综合得出影响半喂入联合收割机适应性的相关因素及与适应性相关的主要性能指标。

1　半喂入收割机适用性的影响因素及影响性能指标（表1）

（1）影响因素

主要包括：作物品种、倒伏程度、穗幅差、泥脚深度、自然高度、籽粒、茎秆含水率、枝梗张力、田块条件、机耕道路（通过性）、操作技术等。

（2）与适用性相关的性能指标

主要包括：总损失率、通过性能、破碎率、含杂率、生产率等。

水稻机收作业环境最为复杂的是早稻收割季节，由于这一时期我国南方水稻主产区降水量大，稻草的含水率较高，且收割时间也紧，这些都对收割机的可靠性和适应性提出较高的要求。半喂入收割机的工作过程是通过拨禾器将禾株扶正，由切割器将禾株从茎秆底部割断，在输送链和脱粒夹持链的共同作用下，仅将割下的作物穗部喂入滚筒进行脱粒，谷粒通过螺旋输送绞龙输出，流进卸粮台上的粮袋中，脱粒后的茎秆既可以完整地通过夹

* 基金项目：公益性行业（农业）科研专项经费项目（200903038）——农业机械适用性评价技术集成研究

持链的出口排出，也可以通过收割机的切碎抛撒装置切碎后抛撒还田，在整个作业过程中滚筒的功率消耗少，籽粒脱净率高，比较适应我国大部分水稻产区的收割要求。

表 1　影响因素与所影响的性能指标

影响因素		所影响的性能指标				
		A		B		
		总损失率	通过性能	破碎率	含杂率	生产率
作物品种	倒伏程度	√	—	—	√	√
	穗幅差	√	—	—	—	—
	自然高度	√	—	—	—	—
	枝梗张力	√	—	—	—	√
地形及田块	泥脚深度	—	√	—	—	√
	机耕道路	—	√	—	—	√
	田块大小	—	√	—	—	√
农艺	籽粒含水率	√	—	√	√	√
	茎秆含水率	√	—	—	√	√
人员要求	操作技术	√	—	—	√	√

2　影响因素分析

2.1　倒伏程度对生产率、总损失率、含杂率产生影响

作物倒伏一般分根倒伏与茎倒伏两种，其发生原因与播种方式有关。由于直播稻根系分布浅、弱小，如果根部受伤或产量高时头重脚轻，当土壤湿烂或雨后灌水过多时，固根的能力降低，如遇大风即整株倒下。

半喂入收割机在对倒伏的作物进行收获时，割台要保持较低的高度以保证把倒伏作物全部喂入，因此，割台的拣拾过程会有一定的割台损失，且由于割台较低，在收获过程中会夹带泥土进入脱粒滚筒，导致谷物含杂率增大。

2.2　穗幅差对总损失率产生影响

半喂入联合收割机是由割台将谷物梳整扶直、切割，输送给脱粒部件。如果穗幅差过大则输送的脱粒作物长短不一，会使作物的穗部无法取齐，导致脱粒不净，脱粒损失大。此外，由于成熟的作物长短不一，穗幅差过大，收割机切割时低矮作物不能进入割台，则割台损失大。脱粒损失和割台损失的增加必然导致总损失率的增加。

2.3　自然高度对总损失率产生影响

半喂入联合收割机采用的是立式割台，作物切割后经一系列输送链输送到脱粒室脱

粒，因此，它对作物的高度具有一定的要求，一般为 55～130cm，作物自然高度过高或过低会导致作物穗头过多或不能完全进入脱粒室脱粒，造成损失大。

2.4 枝梗张力对总损失率产生影响

稻麦穗的枝梗张力对于半喂入收割机总损失率影响也非常明显。谷物枝梗张力高，难脱粒，收割机脱粒损失大；反之，谷物枝梗张力小，收割机割台损失大。

2.5 泥脚深度对通过性能、生产率产生影响

半喂入联合收割机在湿地、烂田、泥脚深度大的地块收获作业时，不仅行驶阻力大、油耗增加，而且发动机转速下降，生产率变低。

2.6 机耕道路对通过性能、生产率产生影响

部分地区农田基础建设条件差，有些地方还没有机耕路，渠、沟、桥等设施年久失修老化严重，收割机难以进入作业区，使收割机作业往返空转运行次数增多，从而影响收割机生产效率与性能的有效利用与发挥。

2.7 田块大小对通过性能、生产率产生影响

我国地域辽阔，各地的地理环境差异很大，有平原、山区、丘陵，有百亩大田块，也有几分地的小田快，收获要求等存在较大差异，田块与田块之间高低不平，作物品种不同，成熟期不一致，对收割机通过性能、生产率有较大的影响。

2.8 籽粒、茎秆含水率对总损失率产生影响

在收割作业时，有的农民为避免受天气或其他因素的影响，往往在作物尚未成熟时就急于收获，由于作物籽粒和茎秆青、含水率高，因而在收获作业时脱粒滚筒的湿度大，网眼易堵塞，茎秆、谷物分离不清，导致脱粒不净，脱粒损失大，生产率降低。

2.9 操作技术对总损失率、通过性能、含杂率、生产率产生影响

驾驶操作人员在收获作业时，缺乏驾驶经验或者不严格按照操作规程进行作业会人为提高损失率、含杂率，降低生产效率。

3 结语

综上所述可以看出，影响半喂入收割机的适应性因素较多，有作物条件、田块条件，也有操作者操作技能等因素。因此，要提高半喂入收割机的适用性，在进行收割作业前除了应充分考虑一些自然因素的影响之外，要尽量将一些人为因素的影响降到最低，以保证收割作业性能的最优化。收割机驾驶人员操作技术的好坏，在很大程度上影响了收割机的作业性能。一个技术过关的专业收割机驾驶员，不仅能有效地提高收割机的使用效率和适用性，还能最大程度地提高收割机经营效益，因此，加强对收割机驾驶人员的职业技能培训，是解决当前半喂入收割机适用性问题的一个可行办法。

农业机械适用性跟踪测评评价方法研究*

孔华祥　莫恭武　蔡国芳

（江苏省农业机械试验鉴定站，南京　210017）

摘　要： 农业机械适应性跟踪测评评价方法研究是通过对农业机械产品采用跟踪考核的方法进行适应性评价的一种研究方法。文章系统地设计了跟踪考核条件，提出了单台样机适用性跟踪测评模型、区域（多样机）适用性综合评价方法，定义了区域单影响因素适用指数和区域综合适用指数两个评价参数，形成了在所选定区域内被考核产品对各个适应性影响因素的适应性结论和综合适应性结论。文章以水稻插秧机为例，用跟踪测评评价方法，对该水稻插秧机在江苏地区的适应性进行了评价；评价过程简单方便，评价方法客观全面，评价结论与实际相符。研究表明，建立的农业机械适应性跟踪测评评价体系与方法对开展农业机械适应性评价有现实的指导意义。

关键词： 农业机械；适应性；跟踪考核；评价

0　引　言

农业机械适用性评价是评价农业机械的技术性能与农艺要求的满足性，与使用者综合素质的适应性以及其技术经济指标与当地经济发展阶段的一致性，与环境保护要求的符合性。适用性是农业机械产品在当地自然条件、作物品种和农作制度条件下，具有保持规定特性和满足当地农艺要求的能力。农业机械适用性评价的基本方法主要有试验法、跟踪测评法、调查测评法、综合评价法等。

本文研究的是适用性跟踪测评法，它是在明示的农业机械产品使用地区，选择若干有代表性的农业生产作业条件下实际用户进行跟踪考核，利用考核结果评价农业机械适用性的方法。其主要研究内容包括：通过建立单台样机适用性跟踪测评模型（表），明确适用性影响因素、跟踪考核条件和适用性性能（指标）；构建单节点及单样机节点参数集（单节点影响程度，跟踪考核模式集 M，单节点适用性评价分值 Ψ_{ji}），以单节点作为单台样

---

* 基金项目：2009 年公益性行业（农业）科研专项经费项目"农业机械适用性评价技术集成研究"（项目编号：200903038）

机适用性研究的基本单元；完成区域内单台样机跟踪考核适用性评价后，再对区域内多台样机的跟踪考核结果进行区域综合适用性评价，通过构建区域（多样机）综合适用性评价模型（表），建立综合加权节点参数集（单节点适用性评价均分值，单节点适用性加权分值，单节点理想适用性加权分值），确定区域单影响因素适用指数和区域综合适用指数；形成区域单影响因素适用性评价结论和区域综合适用性评价结论。

1　材料与方法

1.1　跟踪测评条件

1.1.1　确定典型适用区域

适用性影响因素主要包括气象条件、农艺要求、作业对象、田间作业条件、机具配套条件、其他等，将其相对固定不变的因素（在本研究中定义为考核条件）归类，结合区域分布，划分成多个适用性跟踪考核的典型适用区域（地区）。为了使跟踪考核切实可行，适用区域一般≤9个，各区域分别用 SQ1、SQ2、SQ3……表示。区域划分在各产品的适应性评价标准中明确。以水稻插秧机为例，稻麦轮作区是我国的一个典型区域之一，江苏地区具有良好的机械化率，可以作为水稻插秧机产品的适应性跟踪考核区设计。

1.1.2　将区域适应性影响因素分类

适用性影响因素非常多，错综复杂，本文根据科学性、主导性、独立性、可操作性原则，将适应性主要影响因素分为考核条件、影响因素（含作业条件）两类。

1.1.3　跟踪考核样机数量和技术状态确定

跟踪考核样机一般为2台。所评价产品在该考核区域内适用性影响因素对其影响比较复杂的，可相应增加跟踪考核样机数量。样机为一年内生产，使用未满一个作业季节。

1.1.4　跟踪考核用户确定

跟踪考核用户以考核区域内的用户为主，用户档案由生产企业提供，用户应具有完成作业日记的能力，有网上交流能力和条件者优先选用。企业应对用户进行所考核样机的使用和保养培训；考核单位应对用户进行试验内容、要求及记录方法等方面的培训。

1.1.5　考核模式

跟踪考核由具有资质的检验人员完成，跟踪考核人员采用随机考核记录和跟踪机手（或种植户）了解作业情况两种方式。

1.2　单台样机适用性跟踪测评方法

1.2.1　建立"单台样机适用性跟踪测评表（模型）"

本文以水稻插秧机为例建立"单台样机适用性跟踪测评模型"，见表1，该模型主要包含适应性影响因素及考核条件、适应性性能（指标）、单样机节点参数集3部分。

表1 单台水稻插秧机适用性跟踪测评模型

适用性影响因素及作业条件		适用性性能（指标），X					
影响因素，Y	作业条件，T	A【$\xi_A=0.6$】		B【$\xi_B=0.4$】			
		伤秧率	通过性	漂秧率	翻倒率	插秧深度	作业小时生产率
田间平整度	田面高低差不大于3cm	/	/	/	/	｛Z_5，WD，$\Psi_{田插}$｝	/
泥脚深度	□≤10cm √>10~20cm □>20~30cm □>30cm	/	｛Z_5，WD，$\Psi_{泥通}$｝	/	/	/	｛Z_2，WD，$\Psi_{泥作}$｝
水层深度	1~3cm	/	/	｛Z_5，JC，$\Psi_{水漂}$｝	/	｛Z_4，JC，$\Psi_{水插}$｝	/
秧苗高度	□≤10cm √10~25cm □>25cm	｛Z_3，JC，$\Psi_{秧伤}$｝			｛Z_1，JC，$\Psi_{秧翻}$｝		

考核条件		
	地形地貌	√平原，□高原 □山地，□丘陵 □盆地 □其他
	机耕道	√土路 □沙石 □水泥 □柏油路 □其他
	土壤类型	□沙土 □沙壤土 √壤土 □粉壤土 □黏壤土 □黏土
	前茬作物	√小麦 □玉米 □油菜 □杂草 □其他
	前茬作物处理方式	□整体秸秆还田 √部分秸秆还田 □留茬 □焚烧 □其他
	耕整方式	√旋耕 □犁耕 √耙 □其他
	泡田沉淀时间	□1天 □1.5天 √2天以上 □其他
	田块形状	√规则 □不规则
	田块大小	□小于1亩 □1~3亩 √大于3亩
	行距	30cm
秧苗状态	水稻品种	□杂交稻 √常规稻
	育秧方式	□硬盘 √软盘 □双膜 □其他
	秧龄（叶片数）	19天（2.8片）
	秧苗空格率	0
	秧苗密度	√常规粳稻：成苗1.5~3株/cm² □杂交稻：1~1.5株/cm²
床土绝对含水率		41.5%
盘根带土厚度		2.0~2.5cm

注：假设水稻插秧机将适应性性能分为 A、B 两类

1.2.1.1 适应性影响因素（含作业条件）与考核条件

适应性影响因素是指对适应性性能（指标）影响显著的因素。

作业条件是指所研究的适应性影响因素的变化范围，如果范围为多选的，选定一种适合当地农艺条件进行评价。

考核条件是指在选定跟踪考核区域内唯一的或确定的影响因素，如土壤条件、植被类型、地形地貌、地块形状大小及其他作业条件，这些条件也符合跟踪考核区域的典型农艺要求。

1.2.1.2 适应性性能（指标）

指在一定考核条件下适应性影响因素所影响的适用性性能，根据其重要性进行 A、B、C 分类，即权重，A 最重要，B 次之，C 轻微。

适应性性能（指标）的权重系数用 ξ_{ji} 表示，A、B、C 的权重系数分别为 ξ_A、ξ_B、ξ_C 表示。ξ_{ji} 用德尔菲法进行评定。

1.2.1.3 单样机节点参数集

每个单节点都包含以下三种信息。

① 某适用性影响因素对某相关适用性性能（指标）的影响程度，即单节点影响程度；整个评价模型包含了一个单节点影响程度集 $\{Z_{kji} \mid k = 5，4，3，2，1\}$，其中，$Z_5 = 5$，表示影响程度很大；$Z_4 = 4$，表示影响程度较大；$Z_3 = 3$，表示影响程度一般；$Z_2 = 2$，表示影响程度较小；$Z_1 = 1$，表示影响程度小。

② 跟踪考核模式集 M $\{JC，WD\}$。

主要包含以下两种考核模式。

考核模式 1——采用跟随样机考核时获取数据的方式（简称"JC"）；

考核模式 2——对所跟踪样机的机手（种植户）采用实地了解、电话、网络视频了解等方式获取信息的方式（简称"WD"）。

③ 单节点适用性评价分值 Ψ_{ji}。

单节点适用性性能用单节点适用性评价分值 Ψ_{ji} 表示，评价分值为五级：适用、较适用、基本适用、不太适用、不适用，对应的单节点适用性评价分值分别赋值为：5、4、3、2、1（分）。

1.2.2 数据处理方法

根据表 1 中各节点确定的跟踪考核方法 M 对样机进行适用性跟踪考核；考核结束，进行数据处理，出具考核报告。适应性性能数据分为定量数据和定性评价两类。定量数据如伤秧率、漂秧率、翻倒率、水层深度等，其性能由数据组成；定性评价如通过性、作业小时生产率等，定性评价的内容主要有使用情况、使用效果、感性认识及其他相关情况等；这类数据一般由定性答案组成，分为五级，如"好、较好、一般、较差、差"等，对应的评价分值分别赋值为："5、4、3、2、1"（表 2）。

表 2　单台水稻插秧机各性能指标分级与评价方法

伤秧率（%）	通过性（分）	漂秧率（%）	翻倒率（%）	插秧深度合格率		作业小时生产率（分）	分级	
				田间平整度（分）	水层深度（%）		评价结论	评价分值（分）
$\beta \leqslant 2.5$	5	$\beta \leqslant 1.5$	$\beta \leqslant 1.5$	5	$\beta \geqslant 94$	5	适用	5
$2.5 < \beta \leqslant 3.5$	4	$1.5 < \beta \leqslant 2.5$	$1.5 < \beta \leqslant 2.5$	4	$94 > \beta \geqslant 92$	4	较适用	4
$3.5 < \beta \leqslant 4.0$	3	$2.5 < \beta \leqslant 3.0$	$2.5 < \beta \leqslant 3.0$	3	$92 > \beta \geqslant 90$	3	基本适用	3
$4.0 < \beta \leqslant 6$	2	$3.0 < \beta \leqslant 5$	$3.0 < \beta \leqslant 5$	2	$90 > \beta \geqslant 86$	2	不太适用	2
$\beta > 6$	1	$\beta > 5$	$\beta > 5$	1	$\beta < 86$	1	不适用	1

注：1. 对于定量指标，通过划分指标范围的方法，进行指标分级评价；

　　2. 对于定性结论，通过赋值 1~5 分的方法，进行定量分级

　　根据所获取的定性定量数据与各性能指标分级值进行对比（表2），确定各单节点适用性评价分值（Ψ_{ji}）（表3）。

表 3　某水稻插秧机各单节点适用性评价分值 Ψ_{ji} 计算

项次	适用性影响因素，Y	适用性性能，X	单位	合格指标	检验结果	单节点适用性评价	单节点适用性评价分值，Ψ_{ji}（分）
1	秧苗高度：10~25cm	伤秧率	/	≤4%	1%	适用	5
2	泥脚深度：10~20cm	通过性	分	3（最高5，最低1）	4	较适用	4
3	水层深度：1~3cm	漂秧率	/	≤3%	2%	较适用	4
4	秧苗高度：10~25cm	翻倒率	/	≤3%	1%	适用	5
5	田间平整度：高低差不大于3cm		分	3（最高5，最低1）	2%	较不适用	2
6	水层深度：1~3cm	插秧深度	/	≥90%	96%	适用	5
7	泥脚深度：10~20cm	作业小时生产率	分	3（最高5，最低1）	4	较适用	4

1.3 区域（多样机）适用性综合评价方法

1.3.1 区域单节点适用性均分值与加权分值计算

各节点区域适用性加权分值代表了各节点在产品区域适用性评价中的相对权重，也是评价区域适用性的基础。在完成区域内各台样机跟踪考核后，将对应各单节点的适用性评价分值平均，再计算出单节点区域适用性加权分值 E_{ji} 和理想分值 E_{0ji}，计算方法见表4。

表4 某水稻插秧机区域单节点适用性均分值与加权分值计算

项次	适用性影响因素，Y	适用性性能，X	单节点适用性评价分值 Ψ_{ji}（分）		单节点区域适用性评价均分值 $\overline{\psi}_{ji}$（分）	单节点区域适用性加权分值（分）			
			1#	2#		ξ_{ji}	Z_{kji}	E_{ji}	E_{0ji}
1	秧苗高度：10~25cm	伤秧率	5	5	5	ξ_A	Z_3	9	9
		翻倒率	5	5	5	ξ_B	Z_1	2	2
2	泥脚深度：10~20cm	通过性	4	4	4	ξ_A	Z_5	12	15
		作业小时生产率	4	4	4	ξ_B	Z_2	3.2	4
3	水层深度：1~3cm	漂秧率	4	4	4	ξ_B	Z_5	8	10
		插秧深度	5	5	5	ξ_B	Z_4	8	8
4	田间平整度：高低差不大于3cm	插秧深度	2	2	2	ξ_B	Z_5	4	10

注：1. 通过德尔菲法评定，$\xi_A = 60\%$、$\xi_B = 40\%$；

2. $Z_5 = 5$、$Z_4 = 4$、$Z_3 = 3$、$Z_2 = 2$、$Z_1 = 1$；

3. $\overline{\psi}_{ji} = (\Psi_{ji1\#} + \Psi_{ji2\#}) / 2$；

4. $E_{ji} = \overline{\psi}_{ji} \cdot \xi_{ji} \cdot Z_{kji}$；

5. $E_{0ji} = 5 \cdot \xi_{ji} \cdot Z_{kji}$。

1.3.2 区域（多样机）综合适用性评价表

本文通过建立"区域（多样机）综合适用性评价表"，完成单影响因素适用指数和区域适用指数计算。以水稻插秧机为例，见表5，它由适应性影响因素、适用性性能（指标）、综合加权节点参数集、适应性加权分值汇总和适应指数5部分组成。

1.4 适用指数（I）

产品的适用性性能（指标）对适用性影响因素的适用程度用适用指数（I）来描述。适用指数等于实际适用性加权分值之和与理想适用性加权分值之和之比，即 $I = \sum E / \sum E_0$。

适用指数根据影响因素的不同，分为区域单影响因素适用指数（I_{Yj}）和区域综合适用指数（I_Q）两部分。

区域单影响因素适用指数指各适用性性能（指标）对第 j 个适用性影响因素的适用程

度，用 I_{Yj} 表示，即

$$I_{Yj} = \sum E_{Yj} / \sum E_{0Yj} \qquad\qquad (式1)$$

区域综合适用指数指产品对适应性影响因素的综合影响程度，用 I_Q 表示，即

$$I_Q = \sum E_{ji} / \sum E_{0ji} \qquad\qquad (式2)$$

表5　插秧机样机区域综合适用性评价表

| 适应性影响因素，Y | 适用性性能（指标），X | | | | | | $\sum E_{Yj}$（分） | $\sum E_{0Yj}$（分） | 区域单影响因素适用指数 I_{Yj} |
	伤秧率	通过性	漂秧率	翻倒率	插秧深度	作业小时生产率			
田间平整度：高低差不大于3cm	/	/	/	/	$\{\overline{\psi}_{田插}=2,\ E=4,\ E_0=10\}$	/	4	10	40%
泥脚深度：10~20cm	/	$\{\overline{\psi}_{泥通}=4,\ E=12,\ E_0=15\}$	/	/	/	$\{\overline{\psi}_{泥作}=4,\ E=3.2,\ E_0=4\}$	15.2	19	80%
水层深度：1~3cm	/	$\{\overline{\psi}_{水漂}=4,\ E=8,\ E_0=10\}$	/	/	$\{\overline{\psi}_{水插}=5,\ E=8,\ E_0=8\}$	/	16	18	89%
秧苗高度：10~25cm	$\{\overline{\psi}_{秧伤}=5,\ E=9,\ E_0=9\}$	/	/	/	$\{\overline{\psi}_{秧翻}=5,\ E=2,\ E_0=2\}$	/	11	11	100%
$\sum E_{ji}$							46.2	/	/
$\sum E_{0ji}$							/	58	/
区域综合适用指数 I_Q（%）							/	/	79.7%

注：1. 区域单影响因素适用性加权分值：$\sum E_{Yj} = E_{Y1} + E_{Y2} + \cdots + E_{Ym}$；

2. 区域单影响因素理想适用性加权分值：$\sum E_{0Yj} = E_{0Y1} + E_{0Y2} + \cdots + E_{0Ym}$；

3. 综合加权节点参数集：$\{\overline{\psi}_{ji},\ E_{ji},\ E_{0ji}\}$；

4. 其他参数：

$\overline{\psi}_{ji}$——区域单节点适用性评价均分值；

$\sum E_{ji}$——各节点的适用性加权分值之和，$\sum E_{Yj} = E_{j1} + E_{j2} + E_{j3} + \cdots + E_{ji}$；

$\sum E_{0ji}$——各节点的理想适用性加权分值之和，$\sum E_{0Yj} = E_{0j1} + E_{0j2} + E_{0j3} + \cdots + E_{0ji}$。

2　结果与分析

2.1　适用性评价结果与适用指数的对应关系

根据1.4方法计算出适用指数，与表6相对照，得到相应的适用性评价结论。

表 6　适用性评价结果与适用指数的对应关系

适用指数 I	$I < 60$	$60 \leq I \leq 80$	$80 < I \leq 100$
评价结果	不适用	基本适用	适用

2.2　区域单影响因素适用性评价结论

各适用性性能（指标）对第 j 个适用性影响因素的适用性，根据（式 1）计算出单影响因素区域适用指数 I_{Yj}，与表 6 相对照，得到区域单影响因素适用性评价结论。表 7 为某型号水稻插秧机在江苏地区使用时，对不同适应性影响因素的适用性评价结论。

表 7　水稻插秧机区域单影响因素适用性评价结论

	单影响因素	区域单影响因素适用指数 I_{Yj}	区域单影响因素适用性评价结论
1	田间平整度 高低差不大于 3cm	40%	不适用
2	泥脚深度 10 ~ 20cm	80%	基本适用
3	水层深度 1 ~ 3cm	89%	适用
4	秧苗高度 10 ~ 25cm	100%	适用

2.3　区域综合适用性评价结论

各适用性性能（指标）对所有适用性影响因素的适用性，根据（式 2）计算出区域综合适用指数 I_Q，与表 6 相对照，得到区域综合适用性的结论。表 8 为某型号水稻插秧机在江苏地区使用时，对所有适应性影响因素的综合适用性评价结论。

表 8　水稻插秧机区域综合适用性评价结论

影响因素	区域综合适用指数 I_Q	区域综合适用性评价结论
综合影响因素	79.7%	基本适用

2.4　适用性评价结论效果分析

通过该适应性评价方法在水稻插秧机产品区域适应性评价中的应用可以看出：

（1）该研究对适用性影响因素的分类科学合理，使复杂的关系变简单

适应性影响因素很多，不同区域也不尽相同，本研究将其归类为适应性影响因素和考核条件两部分，考核条件作为典型农艺的区域性固定的影响因素，不参与研究，这样就可以将精力放在主要适应性影响因素上，抓住了主要矛盾，使适应性的研究大大简化。

（2）提出了单台样机适用性跟踪测评模型

通过建立单台样机适用性跟踪测评模型，确定适用性影响因素、跟踪考核条件、适用性性能（指标、权重），构建单样机节点参数集，提出了单样机适用性评价的内容和方法，为产品在考核区域内多样机的适应性评价做铺垫。

（3）构建单节点和单样机节点参数集，使评价内容直观明了

在单台样机适用性跟踪测评模型中构建了单节点，并建立了单样机节点参数集，可以直观了解到所评价产品在所跟踪区域的适应性影响因素对适应性性能的影响程度、适应性考核采取的方法和产品的适应性性能对适应性影响因素的适应性程度等三种信息。

（4）提出了在考核区域（多样机）综合适应性评价的方法

通过区域（多样机）综合适应性评价表的建立，确定了与适用性影响因素、跟踪考核条件、适用性性能（指标、权重）相关的综合加权节点参数集（单节点适用性评价均分值，单节点适用性加权分值，单节点理想适用性加权分值），从而可以方便地计算出区域单影响因素适用指数和综合适用指数。

（5）适应性评价结论的符合性分析

通过多产品、多区域的验证表明，采用该跟踪测评方法，对于适应性影响因素复杂和所影响的性能比较多的产品，使得适应性评价过程简单、易行，获得的适应性评价结论与实际情况相吻合。

1LYF-435 翻转犁适用性评价试验研究[*]

李长辉[**] 余泳昌[***] 李　赫　李　莉　李松坡

（河南农业大学机电工程学院，郑州　450002）

摘　要：为了评价 1LYF-435 型翻转犁的作业性能及适用性情况，在许昌市张潘镇试验田对其做了田间性能试验，结果表明，1LYF-435 型翻转犁在试验田区的土垡破碎率平均值为 83%；耕深耕宽稳定性分别为 91.97%、99.4%；地表植被覆盖率平均值为 88.2%，地表 8cm 以下植被覆盖率为 76.4%；入土行程平均值为 3.12m。采用功效系数法和层次分析法分别可得出适用性评价指标的单项分值及权重值，进而求得翻转犁在试验田区适用度为 73.42。根据适用度的得分值大小来评判翻转犁的地区适用性好坏，该试验研究可为同类农机具的地区适用性评价提供理论参考。

关键词：翻转犁；适用性；评价指标；权重；适用度

Test Research of 1LYF-435 Type Reversible Plough Operation Performance and Applicability Evaluation

Li Changhui, Yu Yongchang, Li He, Li Li, Li Songpo

（*College of Mechanical and Electrical Engineering of Henan Agricultural University*, *Zhengzhou*, 450002 *China*）

Abstract：In order to evaluate the operation performance and applicability of 1LYF-435 type reversible ploughs, We flip the operation performance of the plough in zhangpanzhen xuchang experimental field . The results show that the broken rate average of LYF-435 in the experimental field is 83%；Plow depth and wideth stability is 91.97% and 99.4%；The vegetation coverage rate average is 88.2%, The average 8cm below the vegetation coverage rate is 76.4%；The grave stroke averages is 3.12m. The effica-

* 基金项目：国家公益性行业（农业）科研专项（200903038）

** 第一作者：李长辉，男，1989 年生，河南周口人，硕士研究生；研究方向为农业机械化技术。E-mail：lichanghuistar@126.com

*** 通讯作者：余泳昌，男，1955 年生，河南开封人，教授，博导；研究方向为农业机械化技术与装备。E-mail：hnyych@163.com

cy coefficient method and analytic hierarchy process (ahp) can be concluded that the applicability evaluation index of single score and weight value, then the flip plow withdrawn applicable in the test is 73. 42. According to the applicable degree score value size to judge the region suitability of the reversible plough, This test research can provide a theoretical reference for the evaluation of the area applicability of the similar agricultural machinery.

Keywords：Reversible Plough；Applicability；The evaluation index；The weight；Applicable degree

0 引言

农业机械的适用性是指在一定的作业条件下农业机械性能满足农艺要求的能力[1]。影响农业机械适用性的因素是多方面的，不同农业机械，影响的因素也不尽相同[2]。适用性的评价指标是指适用性好坏的判定指标，它能够反映农机具整体性能特征，各评价指标的重要程度称为权重，研究中将定性评价转为定量评价，权重值大小可直接反映重要程度的大小。2004 年实施的《中华人民共和国农业机械化促进法》要求农机工作者对农业机械的适用性进行调查、检测和鉴定。在实际研究中对各类机械中具有代表性的机具进行适用性研究及评价，可为整个农业机械的适用性研究提供指导[3~5]。农机研究者刘博、焦刚等早期已对农业机械的适用性评价方法进行过研究，外国学者也对适用性研究进行过探讨[6]，为农业机械适用性的研究提供了方向。

针对目前市场上翻转犁类型多样，但工作效果参差不齐，为了考核翻转犁的作业性能及适用性，本文以 1LYF-435 为例，进行了田间作业性能试验，对翻转犁适用性评价指标中最为重要的 5 个指标进行试验测定并对测量数据进行量化处理，结合翻转犁适用性的权重值，计算出翻转犁的地区适用度，更加直观地反映翻转犁的地区适用性。通过本文的试验研究，为测定不同型号翻转犁的地区适用性提供依据。

1 试验材料与方法

1.1 试验条件与设备

试验田设置在河南省许昌市张潘镇，面积 2hm²，土壤类型为壤土，地面平整。在 0 ~ 20cm 土层内土壤平均含水率 15.5%，土壤坚实度平均为 700kPa。前茬作物为玉米，玉米收获后留茬 10cm 左右。试验时间为 2012 年 9 月 28 日。试验田内测定区大小为 100m × 50m，两端预备区长度为 10m[7]。

采用液压翻转双向犁 1LYF-435 进行试验，在试验田进行试验时，同一机手以低Ⅲ挡作业，作业速度为 5.1km/h[8]，各配套机具的技术规格见表 1。土壤坚实度的测量仪器为 TJSD-750-Ⅱ；长度测量仪器为优质钢卷尺，精确到 0.1cm；重量测量仪器为梅特勒 PL602-L 精密天平秤，精确到 0.01g。

表 1　1LYF-435 主要技术参数

序号	项目	单位	规格
1	配套动力	kW	58.8 ~ 73.5kW
2	工作耕宽	cm	140
3	犁体数	个	左右各四个
4	单铧幅宽	cm	35
5	设计速度	km/h	≥5
6	设计耕深	cm	20 ~ 30

1.2　试验方法

翻转犁进入试验区域后在作业行程中分别采集适用性评价指标的测量值，在测量土垡破碎率、耕深、耕宽、植被覆盖率 4 项指标时应在翻转犁达到稳定耕深后再进行数据采集，在入土行程的数据采集时应测量从最后犁体犁尖着地到犁体达到稳定耕深时所走的距离。

对数据进行量化处理，去除异常值，结合功效系数法、层次分析法分别求得翻转犁适用性评价指标的单项分值及权重值。对评价指标的单项分值和权重值的乘积求和可计算得出机具在地区的适用度的大小。

2　测定结果及分析

2.1　土垡破碎率的测定

土垡破碎率是测定犁体破土能力的重要指标。试验田耕作完成后，在测试区对角线上取 5 点，分别在 b × b（b 为犁体工作幅宽）面积耕层内，分别测量最大尺寸大于、小于和等于 5cm 的土块重量，计算各级粒径土块质量占相应耕层土块总质量的百分率。根据试验数据求得四个耕作行程土垡破碎率平均值为 83%。各耕作行程土垡破碎情况见图 1。

2.2　耕作深度、宽度的测定

耕深是指犁耕形成的沟底至未耕地表面的垂直距离；耕宽是指一个耕作行程中耕翻土垡的宽度。在机组作业过程中，分别测定记录 4 个行程的耕作深度、宽度，每行程测 11 个点。数据处理得到的耕深、耕宽平均值分别为 25.9cm、141cm。对所测耕作深度、宽度值进行计算得出耕深标准差为 2.08，稳定性为 91.97%；耕宽标准差为 0.9，稳定性为 99.4%。

2.3　植被覆盖率的测定

植被覆盖率是指耕整地后，一定面积上被覆盖的作物残茬和杂草的质量占耕整地前同一面积上作物残茬在杂草总质量的百分率。机组在作业过程中，分别对 4 个行程内的植被覆盖率进行测定，根据试验数据可计算出地表植被覆盖率平均值为 88.2%；地表 8cm 以下植被覆盖率为 76.4%。各行程测得值的平均值见图 2。

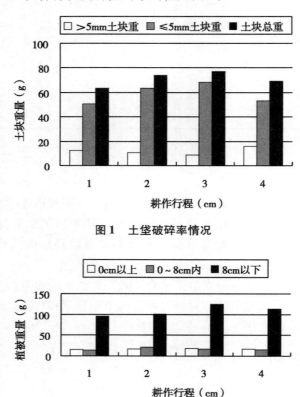

图 1　土垡破碎率情况

图 2　植被覆盖率情况

2.4　入土行程的测定

机组直线行驶，测量从最后犁体犁尖着地到该犁体达到稳定耕深时，犁所走的距离，稳定耕深按预计耕深的 80% 计算。试验时测得 4 个行程的入土行程平均值为 3.12m。

2.5　结果分析

根据国家标准对翻转犁作业质量的要求及试验测得的五项指标的实际值绘制出表 2[9]，由表 2 可知试验田内测得的结果符合国家标准。

表 2　适用性的评价指标结果

单项指标	满意值	合格值	试验值
土垡破碎率（%）	100	65	83
耕深稳定性（%）	100	90	91.97

（续表）

单项指标	满意值	合格值	试验值
耕宽稳定性（%）	100	90	99.4
植被覆盖率（%）	100	85	88.2
入土行程（m）	0	4	3.12

3 适用度的计算

3.1 单项指标分值确定

所谓单项指标的分值，就是对各项指标的试验测量值进行量化处理，将翻转犁地区适用性的单个评价指标用 0～100 的数值来表示，数值的大小表示这项指标的优劣程度。利用功效系数法计算翻转犁适用度指标得分值，功效系数法基本公式（1）。

$$D_i = \frac{x_i - x_{is}}{x_{ih} - x_{is}} \times 40 + 60 \qquad （式1）$$

式中：D_i——第 i 项评价指标的单项评价分；

$\quad\quad X_i$——第 i 项指标的实际值；

$\quad\quad X_{is}$——第 i 项指标的合格值；

$\quad\quad X_{ih}$——第 i 项指标的满意值。

根据（式1）、表2可计算出土垡破碎率、耕深稳定性、耕宽稳定性、植被覆盖率、入土行程的单项指标分值分别为 80.57、67.88、97.6、68.53、68.8。

3.2 单项指标权重值的确定

在确定评价指标权重的过程中，一般采用主观经验法、德尔菲法（专家意见法）、层次分析法三种方法。权衡各种方法的优劣，本试验研究采用层次分析法，该法是结合对专家进行的问卷调查，得出权重计算矩阵，经过反复征询、归纳、修改，最后汇总成专家基本一致的看法。矩阵平均随机一致性指标 RI 的值（n = 1，2，3...8）见表3。采用 Excel 表格对权重矩阵进行计算，得出土垡破碎率、耕深稳定性、耕宽稳定性、植被覆盖率、入土行程的权重值分别为：29.9%、35.6%、5.1%、19.1%、10.3%，各单项指标的相对标度值见表4。

对表4中 AWi/Wi 的值求取平均值即权重矩阵的最大特征根值 λmax = 5.207，根据（式2）可计算权重矩阵的一致性指标 CI，根据（式3）可计算权重矩阵的一致比率 CR。当 CR < 0.10 时，则认为判断矩阵具有满意的一致性，表明用其最大特征值所对应的特征向量作权重可以接受，即权数分配是合理的；否则需要重新调整判断矩阵，直到取得满意的一致性为止。

$$CI = \frac{\lambda - n}{n - 1} \qquad （式2）$$

$$CR = \frac{CI}{RI} \tag{式3}$$

式中：CI——矩阵的一致性指标；

　　　　λ——矩阵的最大特征值；

　　　　RI——矩阵平均随机一致性指标；

　　　　CR——矩阵的一致比率。

将 λ 及 RI 的值分别代入（式2）、（式3）对判断矩阵进行一致性检验：

CI = （5.207 - 5）／（5 - 1）= 0.0518

CR = CI/RI = 0.0518/1.12 = 0.0463 < 0.1

由此可知，翻转犁适用性权重矩阵满足一致性检验，权数分配合理。

表3　矩阵的平均随机一致性指标

矩阵阶数	1	2	3	4	5	6
RI	0	0	0.58	0.90	1.12	1.24

3.3　适用度得分

为了判断翻转犁试验性能的好坏，我们引入了适用度这个概念，即翻转犁适用性评价指标的综合分值，试验中对各单项评价指标得分值与权重值的乘积求和，即得到翻转犁的适用度分值。（式4）计算翻转犁适用度分值。

表4　评价指标相对标度值及权重值

评价指标	土垡破碎率	耕深稳定性	耕宽稳定性	植被覆盖率	入土行程	按行相乘	开 n 次方	权重 Wi	AWi	AWi/Wi
土垡破碎率	1	1	3	2	2	12	1.861	0.299	1.396	4.669
耕深稳定性	1	1	4	2	3	24	2.213	0.356	1.551	4.359
耕宽稳定性	1/3	1/4	1	1/4	1/2	0.010	0.319	0.051	0.339	6.605
植被覆盖率	1/2	1/2	4	1	2	1.189	0.191	0.929	4.862	
入土行程	1/2	1/3	2	1/2	1	0.167	0.639	0.103	0.569	5.542

$$P = \sum_{i=1}^{n} D_i \times W_i \tag{式4}$$

式中：P——适用度分值；n——指标数；

W_i——第 i 项指标的权重。

将翻转犁该地区适用性单项指标分值及权重值代入（式4），

$P = \sum_{i=1}^{n} D_i \times W_i = 80.57 \times 29.9\% + 67.88 \times 35.6\% + 97.6 \times 5.1\% + 68.53 \times 19.1\% + 68.8 \times 10.3\% = 73.42$

即翻转犁的该地区适用度结果为 73.42，基本满足了当地的作业条件。

4 结论

① 试验条件下 1LYF-435 液压翻转犁的土垡破碎率平均值为 83%；耕深耕宽稳定性分别为 91.97%、99.4%；地表植被覆盖率平均值为 88.2%，地表 8cm 以下植被覆盖率为 76.4%；入土行程平均值为 3.12m。

② 根据在试验田对翻转犁作业质量的具体测定结果，结合层次分析法求取翻转犁适用性评价指标权重值，计算出 1LYF-435 液压翻转犁的适用度为 73.42，基本符合试验田区的作业条件。

③ 对农业机械适用性评价时可采用分别计算出评价指标的单项分值及权重值，用适用度值的大小来比较不同型号的农业机械适用性的好坏。以便选择使用最适用于当地的农机具。

④ 本试验过程可作为考核农机具作业性能及适用性的例子，仅供参考。

参考文献

[1] 刘博，焦刚. 农业机械适用性的评价方法 [J]. 农业机械学报，2006 (9)：100 - 103.
[2] 刘伟，余泳昌，等. 秸秆还田机地区适用性差异分析研究 [J]. 中国农机化学报，2013 (2)：42 - 44.
[3] 杨晓平. 农业机械试验鉴定的作用 [J]. 现代农机，2012 (4)：22 - 23.
[4] 邸晓竹，翟坤程，黄梅，等. 旋耕深松灭茬起垄机适用性评价方法的研究 [J]. 农机化研究，2013 (7)：207 - 210.
[5] 牛永环，刘博. 农业机械适用性研究的发展探讨 [J]. 农机化研究，2007 (2)：12 - 14.
[6] Triantafilis-J，Ward-WT，McBratney-AB. Land suitability assessment in the Namoi Valley of Australia, using a con- tinuous mode [J]. Australian Journal of Soil Research，2001，39 (2)：273 - 290.
[7] 郑炫，贾首星，等. 翻转双向超深耕犁的试验研究 [J]. 安徽农业科学，2012，40 (34)：18 - 20.
[8] 郝宏智. 谈 1LYF-435 液压翻转犁的运用 [J]. 农机使用与维修，2012 (4)：84 - 85.
[9] NY/T 742—2003，铧式犁作业质量 [S]. 北京：中国标准出版社，2004.

性能试验法评价地膜覆盖机
适用性方法研究*

赵海志[1**] 张恩贵[1] 程兴田[1] 闫发旭[1]

（甘肃省农业机械鉴定站 730046）

摘 要： 地膜覆盖机的适用性评价，对地膜覆盖机的推广应用有重要的指导意义。文章着力探讨性能试验法评价地膜覆盖机的适用性，通过对试验内容、试验次数、试验范围、试验数据的处理、试验结论等方面的研究，建立一个系统的评价体系，在甘肃省平凉市对一种地膜覆盖机进行了验证，结果显示，该地膜覆盖机在平凉地区的适用度[1]为82.24%，与该机在当地的使用情况相符，表明建立的体系和方法能对地膜覆盖机在一定区域的适用性做出较为准确的评价，对其他农业机械的适用性评价有一定的借鉴作用。

关键词： 地膜覆盖机；性能试验；适用性；评价

0 引 言

近年来，随着农用塑料薄膜覆盖栽培技术的广泛推广应用，极大地提高了土地产出能力和农产品产量，特别是在北方旱作农业区的应用和推广，塑料薄膜覆盖栽培已成为农业增产和农民增收的手段，对发展农业生产、保障粮食安全、推动农村经济的持续发展起到了积极的作用。而地膜覆盖机的推广应用，为薄膜覆盖栽培技术的大面积推广提供了有力的机械保障，地膜覆盖机在旱作农业区发挥着越来越大的作用。同时，由于薄膜覆盖栽培技术的不断推陈出新和各地自然条件的千差万别，地膜覆盖机的适用性在机具的推广应用过程中显得尤其重要，如何准确、客观地对地膜覆盖机进行适用性评价，成为一个亟待解决的课题。

本研究针对以上问题，确定了用性能试验的方法评价地膜覆盖机的适用性，研究的重点在于试验次数、试验点布置、试验数据处理及试验结论的形成等问题，并引入适应度这一概念，量化评价地膜覆盖机的适用性。

* 基金项目：公益性行业（农业）科研专项经费项目（20090303806）

** 作者简介：赵海志（1972—），男。甘肃庆阳人，高级工程师。甘肃省兰州农业机械鉴定站，730046。E-mail：46648494@qq.com

1 材料与方法

1.1 试验次数的确定

该方法将每一次性能试验看作是一个样本，试验次数的确定也就是样本量的确定，样本量用 n 来表示。

影响样本量大小的因素有 4 个[2]，即：

① 总体规模 N；

② 总体异质性 S；

③ 绝对误差限 d；

④ 置信水平 $u_{\frac{\alpha}{2}}$。

在统计学中，样本量的计算公式[2]为 $\frac{1}{n} = \frac{1}{N} + \left[\frac{d}{u_{\frac{\alpha}{2}} S} \right]^2$：

总体规模也就是抽样基数。

当总体规模较大时，N 对样本量的影响会很小，所以：

总体异质性是指试验结果之间的差异性，用标准差 S 表示，S 越大，表示试验结果的差异性越大，S 的确定可以通过预测、经验或提前试验的方法获得。在本方法中，选择提前试验获得。

绝对误差限是指可接受的试验结果的最大误差。

置信水平也就是试验结果的可信程度，反映试验结果的把握性。

绝对误差限和置信水平可根据人力、物力条件和对试验精度的要求等因素综合考虑确定，如，在本方法中，初步确定绝对误差限为 5（个百分点），置信水平为 90%。

通过前期多次试验，计算每一次试验机具的符合程度 W，得到一组试验数据见表 1。

表 1　试验数据

序号	1	2	3	4	5	6	7	8	9	10
W	85%	72%	80%	75%	70%	74%	65%	66%	65%	81%

通过标准差计算公式计算得到：

S = 7.05%

当置信水平为 90% 时，$U_{\alpha}/2 = 1.645$[2]

绝对误差限为 d = 5%

则：

样本量 n =（1.645 × 7.05% ÷ 5%）^{2} = 5.37

取整后得到：

n = 6

1.2　试验地点的确定

试验地点的确定应根据企业提供的该机具的主要销售区域或预期的主要销售区域进行

抽取，以行政区域为单位，同时兼顾自然条件、地形地貌，当该机具的主要销售区域或预期的主要销售区域小于或等于 6 个行政区域时，试验地点应覆盖区域内所有的行政区域；当该机具的主要销售区域或预期的主要销售区域大于 6 个行政区域时，根据整体随机的方法，抽取 6 个行政区域，每个行政区域建立一个试验点。

所选择的试验用地应在当地有一定的代表性。

试验时各条件因子应按机具的明示使用范围和试验点的农艺要求进行确定，不必人为创造一些极限试验条件。

1.3　试验内容的确定

性能试验方法及试验数据的采集按 JB/T 7732—2006《铺膜播种机》进行。

试验内容为铺膜机的主要质量指标：采光面宽度合格率、地膜破损程度、膜边覆土宽度合格率、膜边覆土厚度合格率、采光面展平度。

1.4　权重值的确定

在一个确定的试验点，结合该试验点的农艺要求，各影响因子相对确定，因此，在选定一个试验点后，该次试验的条件因子可看作是一个整体，在试验数据处理时，只需对试验的各质量指标赋予权重值。

权重值通过专家打分，根据统计平均法确定。

统计平均数法（Statistical average method）是根据所选择的各位专家对各项评价指标所赋予的相对重要性系数分别求其算术平均值，计算出的平均数作为各项指标的权重。其基本步骤如下。

① 确定专家。一般选择本行业或本领域中既有实际工作经验，又有扎实的理论基础，并公平公正道德高尚的专家。

② 专家初评。将待定权数的指标提交给各位专家，并请专家在不受外界干扰的前提下独立的给出各项指标的权数值。

③ 回收专家意见。将各位专家的数据收回，并计算各项指标的权数均值和标准差。

④ 分别计算各项指标权重的平均数。

专家打分时采用满分 1 分制，即，所有质量指标的权重值之和等于 1。

$$\sum_{i=1}^{n} Q_i = 1$$

根据前期的专家打分，确定质量指标的权重值见表 2。

表 2　质量指标权重值

质量指标	采光面宽度合格率	地膜破损程度	膜边覆土宽度合格率	膜边覆土厚度合格率	采光面展平度
权重值	0.27	0.24	0.22	0.16	0.11

1.5 各质量指标对每次试验的符合程度的确定

试验结束后，分别计算每个质量指标在各试验点对标准要求或农艺要求的符合程度，计算方法如下。

（1）采光面宽度合格率

用合格率表示其符合程度，即在所有试验数据中，符合要求的数据与总数据的比值。

（2）地膜破损程度

用测区内地膜未破损的长度与测区地膜总长度的比值表示。

（3）膜边覆土宽度合格率

用合格率表示其符合程度，即在所有试验数据中，符合要求的数据与总数据的比值。

（4）膜边覆土厚度合格率

用合格率表示其符合程度，即在所有试验数据中，符合要求的数据与总数据的比值。

（5）采光面展平度

用采光面展平度表示其符合程度。采光面展平度的计算方法见 JB/T 7732—2006《铺膜播种机》之 6.5.6。

1.6 试验数据的处理

试验数据的处理如表 3。

表 3　试验数据处理

	1	2	3	4	5	6	⋮	n
A	A1	A2	A3	A4	A6	A6	⋮	An
B	B1	B2	B3	B4	B5	B6	⋮	Bn
C	C1	C2	C3	C4	C5	C6	⋮	Cn
⋮	⋮	⋮	⋮	⋮	⋮	⋮	⋮	⋮

表 3 中，纵列 A，B，C⋯为要进行试验的各质量指标；

1，2，3⋯n 表示各试验点；

A1 表示质量指标 A 在试验点 1 这个给定的条件下，对标准要求或农艺要求的符合程度。

$W1 = A1 \times QA + B1 \times QB + C1 \times QC + \cdots$

W1——试验机具在试验点 1 这一条件下机具的适应程度。

QA（B、C、⋯）为各质量指标的权重；

$QA + QB + QC + \cdots = 1$

同理可算出：W2，W3，W4⋯Wn

通过试验得到一组试验结果：

W1，W2，W3⋯Wn

这组数据要反映试验机具的适应度，应体现其两个特性，即整体水平和离散性，我们用平均值 f（W）表示整体水平，用变异系数 b（w）表示离散性；建立对适用度 W 的数学期望。

E（W）=E［f（W）+b（W）］

由于变异系数的期望方向与平均值的期望方向相反，所以取负值，则

E（W）= E［f（W）+b（W）］= f（W）−b（W）

即该机具在这一区域的适应度。

2 验证

本次验证的地点选在甘肃省平凉市，试验机具为 1MLQS—40/80 起垄全铺膜施肥联合作业机。

2.1 试验条件

试验地块地形地貌涵盖山地、塬地，东西跨度约 150km，海拔落差约 260m。试验样机配套动力为四轮拖拉机，试验地块相对平整，地表无植被。所使用的地膜均为厚度0.008mm、宽度 1 200mm，铺膜方式均为垄作，采光面及覆土层下均无机械破膜现象（表4，表5）。

表4 各试验点试验条件一览表

试验编号	1	2	3	4	5	6
试验地点	崆峒区白庙乡小秦村一社	泾川县党原乡柳寨村	崆峒区白庙乡小秦村	柳湖乡安国上颉河村	崇信县柏树乡党洼村	崆峒区白庙乡柴寺村四社
试验时间	2012.03.16	2012.3.20	2012.3.26	2012.4.1	2012.4.7	2012.4.12
拖拉机型号	江西—180	上海—55	东风—180	东方红—200P	东方红—200	东风—180
工作挡位	Ⅱ挡	Ⅱ挡	Ⅱ挡	Ⅱ挡、Ⅲ挡	Ⅱ挡、Ⅲ挡	Ⅲ挡
作业前整地情况	旋耕，前茬为马铃薯、玉米	旋耕，前茬作物：玉米	旋耕，前茬作物：玉米	旋耕，前茬作物：玉米	旋耕，前茬作物：玉米	旋耕，前茬作物：玉米
作业前植被覆盖情况	地表无植被	无植被	无植被	无植被	少量根茬	无植被
土壤坚实度 0~5cm	98.17	94.02	37.47	34.52	53.56	27.98
（kPa） 5~10cm	176.77	173.22	100.09	78.58	131.55	86.31
土壤含水率 0~5cm	14.94	15.9	12.47	11.63	13.3	9.59
（%） 5~10cm	19.81	18.29	14.21	12.86	14.72	12.73
地膜厚度（mm）	0.008	0.008	0.008	0.008	0.008	0.008

（续表）

试验编号	1	2	3	4	5	6
地膜宽度（mm）	1200	1200	1200	1200	1200	1200
铺膜方式	垄作铺膜	垄作铺膜	垄作铺膜	垄作铺膜	垄作铺膜	垄作铺膜
试验地面积（亩*）	3.19	2.43	3.03	2.83	2.45	2.33
测区长度（m）	10	10	10	10	10	10
作业速度（m/s）	0.97	1.13	1.05	0.85	1.24	1.18
环境温度（℃）	12	13	17	21	19	12
风速（m/s）	3.43	5.17	2.53	4.03	2.37	1.83
天气状况	多云	阴	晴	晴	晴	阴

表5　试验地条件汇总

影响因子	土壤类型	风速（m/s）	气温（℃）	含水率（%）	坚实度（kPa）	地形地势	前期整地
指标	黄绵土	1.8~5.2	12~21	9.6~19.8	27.98~176.8	平坦	旋耕

2.2　试验数据汇总

通过验证试验，对5项质量指标的符合程度进行统计，计算1MLQS—40/80起垄全铺膜施肥联合作业机，在平凉地区不同试验点条件下性能试验中，各质量指标的符合程度（表6）。

表6　各试验点机具作业质量指标符合程度汇总表

试验点	采光面宽度合格率（%）	膜边覆土宽度合格率（%）	膜边覆土厚度合格率（%）	地膜破损程度	采光面展平度
1	100	100	45.5	100	97.9
2	100	77.68	70.08	100	99.17
3	100	100	14.4	100	92.5
4	84.6	100	89.9	100	88.9
5	94.9	100	43.5	100	90.3
6	84.78	86.75	76.63	100	97.15

---

* 1公顷=15亩，1亩≈667m²，全书同

2.3 试验数据处理

计算各试验点机具的适应程度，则：

W1 = 0.27×100 + 0.24×100 + 0.22×45.5 + 0.16×100 + 0.11×97.9 = 87.8%

W2 = 0.27×100 + 0.24×77.68 + 0.22×70.08 + 0.16×100 + 0.11×99.17 = 88%

W3 = 0.27×100 + 0.24×100 + 0.22×14.4 + 0.16×100 + 0.11×92.5 = 80.3%

W4 = 0.27×84.6 + 0.24×100 + 0.22×89.9 + 0.16×100 + 0.11×88.9 = 92.4%

W5 = 0.27×94.9 + 0.24×100 + 0.22×43.5 + 0.16×100 + 0.11×90.3 = 85.1%

W6 = 0.27×84.78 + 0.24×86.75 + 0.22×76.63 + 0.16×100 + 0.11×97.15 = 87.3%

计算机具的适应度如下。

W1~W6 的平均值 f（W）：

f（W） = （87.8% + 88% + 80.3% + 92.4% + 85.1% + 87.3%）/5 = 86.82%

计算 W1~W6 的标准差 S = 3.98%

计算 W1~W6 的变异系数 b（W） = 4.58%

适用度 E（W） = f（W） - b（W） = 86.82% - 4.58% = 82.24%

2.4 验证结果分析

本次用于验证试验的 1MLQS—40/80 起垄全铺膜施肥联合作业机是目前在平凉地区作业可靠，性能稳定，受当地广大农民认可的地膜覆盖机型之一，通过该方法对其在平凉地区的适用性评价为适应度 82.24%，与实际情况基本相符合，证明该方法能对地膜覆盖机适用性作出客观评价。

3 结论

① 在某一地区通过 6 次性能试验，可以对地膜覆盖机在该地区的适用性作出较为客观的评价，该评价的置信水平为 90%，绝对误差限为 5%。

② 该方法适用于膜面采光的地膜覆盖机适用性评价，全覆土地膜覆盖机及其他农业机械适用性评价在对本方法 1.4、1.5 部分重新研究后可以借鉴应用。

参考文献

[1] 刘博，焦刚. 农业机械适用性的评价方法 [J]. 农业机械学报，2006，37（9）：100 – 103.

[2] 杜智敏. 抽样调查与 SPSS 应用 [M]. 电子工业出版社. 2010.

基于用户调查法的地膜
覆盖机适用性评价[*]

程兴田^{**}　王　祺^{***}　闫发旭^{****}

（甘肃省农业机械鉴定站，兰州　730046）

摘　要：本文基于层次分析法和模糊评判法，以用户调查方式对地膜覆盖机的适用性进行评价。通过建立层次分析模型、确定指标权重、确定调查对象以及建立综合评判模型，最终给出铺膜机的适用度指标。结果表明，所选择的此款铺膜机适用于甘肃省内，适用程度为72.399%，并进行了具体的分析说明。

关键词：用户调查；地膜覆盖机；适用性

Applicability Evaluation of Plastic Film
Mulching Machine by User Survey

Cheng Xingtian，Wang Qi，Yan Faxu

（*Gansu Identification Station of Agricultural Machinery*，*Lanzhou*，730046，*China*）

Abstract：Applicability of Plastic film mulching machine is evaluated by user survey，based on the fuzzy analytic hierarchy process（FAHP）. The applying degree of Plastic film mulching machine is showed through upbuilding analytic Hierarchy model，the target weight，survey object，and the judgement model. The results show that this Plastic film mulching machine is applicable in Gansu，and the applying degree is 72. 399%.

Key words：user survey；Plastic film mulching machine；Applicability

　　我国正在探索研究的农业机械适用性评价方法归纳起来有四种：用户调查法、性能试验法、跟踪考核法和综合评价法。用户调查法是向农业机械的使用者直接了解机具的使用情况，听取农民的评价，判断机具在实际使用过程中的适用性；性能试验法是在一定的作

---

* 项目基金：公益性行业（农业）科研专项经费资助（200903038）

** 作者简介：程兴田（1962—），男，甘肃甘谷人，大学本科，甘肃省农业机械鉴定站，研究员，主要从事农机制造、农机鉴定检测的研究工作。甘肃省兰州市城关区北滨河中路820号，730046. E-mail：CXT - 100@ 163. com

*** 王祺（1980—），女，甘肃庆阳人，工程师，E-mail：wangqi5220@ 126. com

**** 闫发旭（1963—），男，甘肃酒泉人，高级工程师，E-mail：yan001900@ 126. com

业条件下，对机具进行作业性能试验，由此来定量判定机具在该条件下适用与否；跟踪考核法是将样机投入到实际工作中，或者选择用户已经购买的农业机械作为样机，在用户正常作业情况下，对农业机械实际作业进行跟踪考核，评价机具的适用性；综合评定法则是上面三种方法的综合。比较四种方法，用户调查法的评价信息来自最直接使用者，能直接反映机具在各种使用条件下的实际使用效果，工作量相对较小，费用较低。所以，作者尝试用用户调查的方式来评价某种机具在某一地区的适用性。在通过层次分析法和模糊评价法建立的农业机械适用性用户调查评价理论模型的基础上，选择在省内较常用的甘肃省洮河拖拉机制造有限公司生产的全膜双垄沟铺膜机来做评价。

1　建立评价体系

根据层次分析法原理，经对影响铺膜机适用性的因素进行分析，其用户调查评价递阶层次结构模型共分 3 层：第一层为总目标层即铺膜机适用性。第二层为相对于第一层的影响因素，相对于第三层的目标层，包括主机配套适用性、田间作业适用性、气象条件适用性、农艺条件适用性和物料条件适用性 5 个因素。第三层为第二层的影响因素，影响主机配套适用性的有主机轮距、主机牵引力或牵引功率、主机自重、主机悬挂（牵引）装置和主机 PTO 共 5 个因素；影响主机田间作业条件适用性的有地表条件和土壤条件两个因素；影响气象条件适用性的有风向风速、气温及地表温度三个因素；影响农艺条件适用性的因素有小垄宽、大垄宽、垄间距、膜边覆土质量、覆土腰带质量、小垄高和大垄高六个因素；影响物料条件适用性的因素有肥料类型、地膜宽度和地膜厚度 3 个因素。综上，对铺膜机的适用性评价建立如图 1 所示的通用递阶层次结构模型。

2　确定指标权重

选择农业机械管理、试验鉴定、使用、推广、科研及农机用户等多方面的专家共 9 位，由各位专家按表 1 规定的标度含义给出所有因素的相对标度值，通过 AHP 法软件计算出铺膜机各层因素的权重如表 2。

表 1　判断矩阵元素 a_{ij} 的标度含义

标度	含义
1	表示两个因素相比，具有同样重要性
3	表示两个因素相比，一个因素比另一个因素稍微重要
5	表示两个因素相比，一个因素比另一个因素明显重要
7	表示两个因素相比，一个因素比另一个因素强烈重要
9	表示两个因素相比，一个因素比另一个因素极端重要
2，4，6，8	上述两相邻判断的中值
倒数	因素 i 与 j 比较的判断 a_{ij}，则因素 j 与 i 比较的判断 $a_{ji} = 1/a_{ij}$

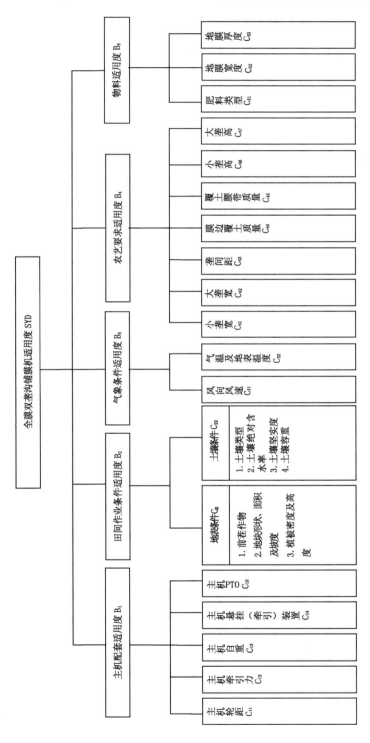

图1 全膜双垄沟铺膜机适用性评价的层次分析模型

表 2 铺膜机各测评指标权重值

测评因素	权重值
×××型全膜双垄沟铺膜机适用性	$\alpha =$ (0.0725, 0.2069, 0.0611, 0.4908, 0.1687)
主机配套适用性	$\alpha_1 =$ (0.0427, 0.3538, 0.0319, 0.1172, 0.4544)
地表条件适用性	$\alpha_{21} =$ (0.1194, 0.1336, 0.7471)
田间作业条件适用性	$\alpha_2 =$ (0.7500, 0.2500)
土壤条件适用性	$\alpha_{22} =$ (0.0183, 0.6756, 0.1988, 0.1072)
气象条件适用性	$\alpha_3 =$ (0.7500, 0.2500)
农艺要求适用性	$\alpha_4 =$ (0.1026, 0.1026, 0.2631, 0.2830, 0.0435, 0.1026, 0.1026)
物料适用性	$\alpha_5 =$ (0.0719, 0.6491, 0.2790)

3 确定用户进行问卷调查

该铺膜机的用户基本分布在甘肃省旱作农业区，农艺要求相差不大，机具共售出 175 台，分布在 14 个县市。采用分层抽样，设定置信度为 95%，误差限为 0.10，预计回答率为 95%，通过计算得出最终取样 65 户，结合农业机械推广鉴定，对这 65 户进行电话及现场问卷调查，汇总调查表，测评出全膜双垄沟铺膜机产品的适用程度。

4 建立评价等级

被调查者对适用度测评项目的评价等级分为 5 个：很适用、适用、一般适用、不适用、很不适用。适用度与评价结果对应关系见表 3。

表 3 适用度与评价结果对应关系

适用度	$SYD \leqslant 20$	$20 < SYD \leqslant 40$	$40 < SYD \leqslant 60$	$60 < SYD \leqslant 80$	$80 < SYD \leqslant 100$
评价结果	很不适用	不适用	一般适用	适用	很适用

5 综合评判

首先确定最低层评价指标的隶属度，组成模糊关系矩阵，与权重向量通过模糊算子得出其评价向量。同一层的这些评价向量又可以看作是上一层的评判矩阵，与其各自的权重进行运算得出上层综合评价向量，最终可以计算出目标层的评价向量。

以田间作业条件适用性为例，对"田间作业条件适用性"层下的"地表条件适用性"按"很适用、适用、一般适用、不适用、很不适用"5 个评价等级进行模糊测评，其对前茬作物（整地）、地块形状、面积及坡度和植被密度及高度 3 个影响因素计算隶属度，得到 5 个模糊评判向量，组成如下评判矩阵。

$$R_{21} = \begin{bmatrix} \frac{1}{14} & \frac{6}{14} & \frac{2}{14} & \frac{3}{14} & \frac{2}{14} \\ \frac{1}{14} & \frac{6}{14} & \frac{2}{14} & \frac{4}{14} & \frac{1}{14} \\ 0 & \frac{5}{14} & \frac{2}{14} & \frac{5}{14} & \frac{2}{14} \end{bmatrix}$$

计算本层指标的综合评价向量。

$B_{21} = \alpha_{21} \otimes R_{21} = （0.018, 0.375, 0.143, 0.331, 0.133）$

归一化后可得 $A_{21} = （0.018，0.375，0.143，0.331，0.133）$

同理可对不同层下的不同因素进行计算，得出不同层的综合评价向量（归一化后值）为：

$A_{22} = （0.093, 0.465, 0.143, 0.251, 0.048）$

$A_2 = （0.037, 0.398, 0.143, 0.311, 0.112）$

$A_1 = （0.167, 0.727, 0.051, 0.055, 0.000）$

$A_3 = （0.036, 0.446, 0.196, 0.250, 0.071）$

$A_4 = （0.102, 0.720, 0.177, 0.000, 0.000）$

$A_5 = （0.096, 0.545, 0.204, 0.155, 0.000）$

最终得到铺膜机的综合评价向量

$$B = \alpha \otimes R = \alpha \otimes \begin{bmatrix} A_1 \\ A_2 \\ A_3 \\ A_4 \\ A_5 \end{bmatrix} = （0.089, 0.608, 0.167, 0.110, 0.028） \text{归一化后，} A =$$

$（0.089, 0.608, 0.167, 0.110, 0.028）$

6 综合测评结果转化为适用度

采用加权平均法，若采用 100 分制，很适用、适用、一般适用、不适用、很不适用 5 个评价等级的参数分别赋分为 100，80，60，40，20，那么各级影响因素的适用度如表 4 所示。

表 4 铺膜机的各层因素适用度汇总表

测评因素	适用度/SYD
主机配套适用度	SYD1 = 77.984
地表条件适用度	SYD21 = 56.282
田间作业条件适用度	SYD2 = 58.730
土壤条件适用度	SYD22 = 66.075

（续表）

测评因素	适用度/SYD
气象条件适用度	SYD3 = 62.500
农艺要求适用度	SYD4 = 78.500
物料适用度	SYD5 = 71.670
铺膜机适用度	SYD = 72.399

7 评价结果

由图 2 可以看出，红色代表的第二层因素中，主机配套性、农艺要求、物料的适用程度相对较好，气象条件的适用程度一般，田间作业条件的适用程度则相对较差，主要在于地表条件和土壤条件相对较差。总体来说，铺膜机适用度 72.399，说明此机具在甘肃省内是适用的。

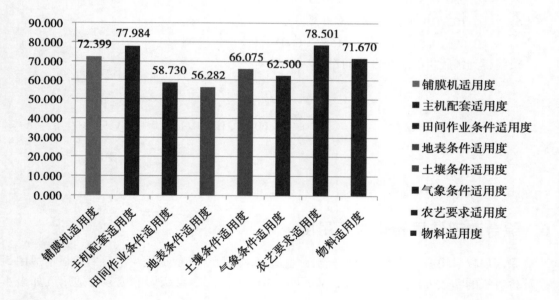

图 2　铺膜机适用性评价直方图

从调查情况来看，此铺膜机适宜于与轮距不大于 1 600mm、牵引力不小于 7.4kN、装备质量不小于 1 635kg、PTO 型式为 1 型（Φ35 ×6 齿）、转速为 540r/min 和悬挂装置类型为 1 类的拖拉机配套；适用于在逆作业方向风力≤2 级、顺作业方向风力≤3 级、气温≤37℃、地表温度≤50℃的气象条件下，在已耕整地、地块形状基本规则或规则、面积大于 0.133 hm²（2 亩）、坡度不大于 5°、植被密度不大于 0.1（kg/m²）、植被高度不大于 5（cm）、土壤绝对含水率为 10% ~20%、土壤坚实度≤500（kPa）、土壤容重≤1.5（g/

cm³）且土壤类型为沙壤土、壤土、黏土的田间作业条件下作业；适用于小垄宽 40 ± 3（cm）、大垄宽 70 ± 3（cm）、垄间距 55 ± 3（cm）、膜边覆土宽度 $3.5 \sim 15$cm、膜边覆土厚度 $\geqslant 15$mm、覆土腰带间距 300 ± 3（cm）、腰带覆土厚度 $\geqslant 5$cm、小垄高 $15 \sim 18$cm、大垄高 $10 \sim 12$cm 的农艺要求以及宽度为 120cm、厚度 $\geqslant 6\mu$m 的地膜。

参考文献

[1] 王莲芬，许树柏. 层次分析法引论 [M]. 北京：中国人民大学出版社，1990.

[2] 邱东. 多指标综合评价方法的系统分析 [M]. 北京：中国统计出版社，1991.

[3] 刘博，焦刚. 农业机械适用性的评价方法 [J]. 农业机械学报，2006，37（9）：100 – 103.

农用残膜抗拉机械强度对残膜回收机适用性影响研究*

安长江　闫发旭　王　祺

（甘肃省农业机械鉴定站，兰州　730046）

摘　要： 为了解残膜机械强度对残膜回收机适用性评价的影响程度，该文对新地膜和残膜机械强度进行了比对测试分析。研究了甘肃地区覆盖在地表地膜，在自然环境的作用下随时间推移其机械抗拉强度发生的变化规律；测试了残膜在不同方向（纵向、横向）和不同使用年限有（1 年内、1.5 年以上）下的机械抗拉强度，并建立了残膜机械强度对残膜回收机适用性评价的影响程度关系。研究结果表明：地膜抗拉强度随使用周期的延长而降低；残膜抗拉强度对残膜回收机作业性能有显著的影响。该研究为残膜拣拾适用性评价方法研究提供了技术依据。

关键词： 残膜机械强度；残膜回收机；适用性；影响

0　引言

农用地膜是由原材料和辅助材料按设定的比例经过熔融、塑化、混炼、压实、卷辊、裁切等一系列工艺，形成有一定厚度、宽度的农用薄膜。它的原料主要是由低密度聚乙烯、增黏母料、防老化母料等部分组成，熔融温度控制在 260 ~ 280℃，压实温度为 20 ~ 35℃，厚度一般有 6μm、8μm、10μm 等规格。

农用残膜是指铺在地表或大棚表面的农用地膜，由于受一定时期的阳光照晒、风吹、雨淋、土壤腐蚀等环境的影响，其物理、机械性能均发生了很大变化，主要表现在透光率降低，抗拉强度、拉伸率变小。残膜机械性能受使用环境条件的影响较大；在一定环境条件下，随使用时间周期的延长其机械性能体现出降低的现象。残膜机械性能决定回收机械回收残膜时造成再破坏程度，一定程度上增大了残膜回收难度，降低了机具的作业质量性能指标。为了研究残膜机械性能对残膜回收机作业性能指标的影响程度，项目组对使用前地膜和不同使用周期的残膜分别进行取样，并对其机械性能进行检验。检验内容主要为抗拉机械强度、拉伸率等性能指标，了解地膜物理、机械性能受自然环境条件的前后变化规律。

---

　* 基金项目：2009 年公益性行业（农业）科研专项经费项目"农业机械适用性评价技术集成研究"（项目编号：200903038）

1 材料与方法

1.1 试验装置

本研究中用于地膜机械抗拉强度的试验装置为拉力试验机，采用称重法进行测量。试样夹持机构有动夹持机构和静夹持机构两部分，夹持机构两表面有凹槽，保证试样受力加载时不脱落或滑移，动夹持机构有一定重量，能保证试验时能克服试验最大抗拉力的要求。将电子天平放在拉力试验机动臂托盘上，动夹持机构放置在天平称重盘上，电子天平精度为 0.01g，量程为 2 000g，能保证动夹持机构总质量在其测量量程范围内。测量时，电子天平以速度为 50mm/min 下移，两夹持机构产生相对运动，其显示值随地膜抗拉变形等影响，显示值从大到小减少，达到测量地膜抗拉力的测量目的。试验室与试验平衡室为同一室，试样试验环境不发生变化，环境温度 18℃，湿度 46%，环境气压 850hPa。

1.2 试验原料

（1）地膜试样

为了了解自然环境条件对地膜抗拉机械强度的影响，试验原料选用新地膜和不同使用时间的残膜为试验样品，残膜使用年限为 1 年以内。地膜规格均采用厚度为当地使用普遍的 0.008mm 的白色地膜。制样时，对残膜必须将膜表面的土壤等污物清洗干净，新膜和残膜制样时，应保证试验表面完好无破损；将同一规格新地膜和残膜分别按长度方向（纵向）和宽度方向（横向）裁制地膜试验样品，同一批新地膜和同一试验地残膜制样不少于 3 个，试样正式形状为哑铃状，中间宽度为 4mm，两侧边应整齐无撕裂、无缺口，确保试验时，样品不因裂纹、缺口存在而非预期断裂，造成测量结果不准确；并标记中间距离为 20mm 的刻度线，测量地膜断裂伸长率。

（2）试验样机

为了了解残膜抗拉机械强度对残膜回收机作业性能的影响，试验样机选用定西三牛农机制造有限公司生产的三牛牌 1FMJS-125A 型废膜拣拾机，同一种型号，在不同地区进行性能作业试验，主要考核残膜回收机残膜拣拾率性能指标为研究对象。该试验样机结构型式为耙齿式，结构简单，在拖拉机的牵引下进行残膜拣拾作业。

（3）试验地条件

为了研究残膜抗拉机械强度对拣拾机作业性能指标拣拾率的影响，试验地选择在当地有一定的代表性，试验点在 4 地区进行，均为相同的全膜双垄沟种植方式下进行，种植作物为玉米。

1.3 试验方法

（1）地膜抗拉机械强度测量

在进行地膜抗拉强度试验时，试验必须在 20℃±2℃ 室温环境中进行平衡至少 24h，试样在拉力仪上夹持时，应保证试样受拉力方向与试样中心在一条线上，避免斜牵引或拉力与方向不同线的现象；并保证夹持机构上下夹持量大致相同。试验时，保持上夹持机构固定不动,下夹持机构夹持试验后底座放在处于水平放置称量天平上心上,在试样没有受力时,记录天平初始显示数值。然后启动拉力计,保持托盘同步下降,观察天平显示值变化,当数值由大变小到不再变小或开始变大时为止,记录天平显示最小值,并测量两标记刻度线间距离,计算地膜抗拉强度和断裂伸长率。同一批次、同一方向的试样取其算术平均值为该批次、该方向的地膜抗拉强度和断裂伸长率。地膜抗拉强度按(式1)计算;断裂伸长率为最大拉力时两标记刻度线之间的距离减去基准刻度线间距离与基准刻度线间距离的百分比,按(式2)计算。

$$N = \frac{(m_q - m_d) \times 9.8}{a \times b \times 1\,000} \qquad\qquad (式1)$$

式中:N——地膜最大抗拉强度,MPa;

m_q——初始天平测量显示值,g;

m_d——地膜断裂时天平测量显示值,g;

a——地膜试样宽度,mm;

b——地膜试样厚度,mm。

$$L = \frac{(L_d - m_0)}{L_0} \times 100 \qquad\qquad (式2)$$

式中:L——地膜最大断裂伸长率,%;

L_d——地膜断裂时两标线间距,mm;

L_0——地膜初始时两标线间距,mm。

(2)残膜回收机作业性能指标拣拾率测定

残膜回收机作业性能指标拣拾率测定按 JB/T 10363—2002《农田废膜拣拾机》进行。

1.4 数据处理与分析

为了便于比较,根据甘肃省农业覆膜种植情况,于2011年3~4月对甘肃省兰州以东地区的平凉、庆阳、定西、天水4个市所辖县、区的农民在使用前新地膜进行了随机抽样,并将每个样品按取样地点进行了编号,并对地膜质量指标进行了检验。检验结果如表1。

表1 新地膜物理性能检验结果汇总表

试样	项目	抗拉强度(MPa)	透光率(%)	伸长率(%)
1	使用前	4.92	91.6	50
2	使用前	7.13	91.5	56
3	使用前	7.15	90.3	88
4	使用前	7.98	91.8	88
5	使用前	7.45	91.7	100
6	使用前	7.52	91.6	100
7	使用前	9.1	91.6	120

（续表）

项目 试样		抗拉强度 （MPa）	透光率 （%）	伸长率 （%）
8	使用前	8.97	91.6	106
9	使用前	11.89	91.6	116
10	使用前	10.65	90.2	126
11	使用前	10.88	89.5	138
12	使用前	11.76	90.9	150
13	使用前	14.7	91.3	148
14	使用前	14.45	90.5	145
平均值		9.6	91.1	109.4

本次抽样 14 组，地膜涉及地膜生产企业 8 家，地膜的主要用途是农田作物种植时地表覆盖。

从检验结果来看，当地膜材料相同，试样宽度为 6.0～6.2mm，厚度由 0.007mm 逐渐增大到 0.014mm 时，地膜的屈服拉力为 0.32～1.11N，并随地膜厚度的增加而增加，如图 1 所示；地膜的抗拉强度为 4.92～14.4MPa，平均值为 9.6MPa，基本上随地膜厚度的增加而增加如图 1 所示；地膜的透光率 89.5%～91.8%，平均值为 91.2%，基本保持不变，只与地膜的生产材料有关，如图 2 所示；地膜的伸长率为 50%～150%，平均值为 109.4%，基本上随地膜厚度的增加而增加。

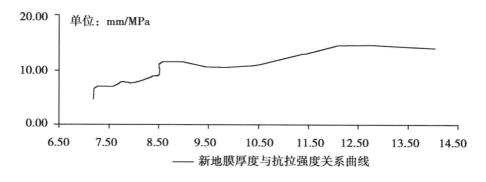

图 1　新地膜厚度与抗拉强度关系曲线

为了便于前后比较，2012 年 3～4 月仍对甘肃省兰州以东地区的平凉、定西、天水 3 个市所辖县、区的原试验地，选用定西三牛农机定西三牛农机制造有限公司生产的同一型号三牛牌 1FMJS-125A 型废膜拣拾机按 JB/T 10363—2002《农田废膜拣拾机》进行残膜拣拾作业试验。试验前对存在残膜的地表进行残膜采样，采样面积为（1.2×1.0）m²，每块试验地采样 5 点，并标明了残膜原始铺放方向，防止制样时弄错纵、横方向。残膜试样

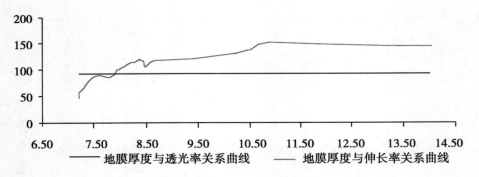

图2　新地膜厚度与透光率、断裂伸长率关系曲线

制作前，先对所采残膜样进行表面污土清洗处理，在室内自然风干，并在20℃试验室进行48h平衡，再制作成哑铃形残膜，对残膜试样机械强度的测定结果如表2所示。

表2　残膜机械抗拉强度、拉伸率与残膜回收机拣拾率测量结果

试样序号	残膜使用年限（年）	残膜抗拉机械强度				残膜伸长率（%）			残膜拣拾率（%）	备注
		纵向（N）	横向（N）	平均（N）	平均抗拉强度（MPa）	纵向	横向	平均		
1	1	0.5440	0.5507	0.5474	7.5120	34.3	41.7	38.0		
2	1	0.5264	0.5788	0.5526	7.1260	32.9	53.8	43.4		
3	1	0.6085	0.5706	0.5896	5.7560	51.2	51	51.1	79.1	定西试验点
4	1	0.5596	0.5457	0.5526	7.0355	36.2	42.5	39.4		
5	1	0.587	0.5641	0.5756	6.0460	41	49	45.0		
6	1	0.5997	0.5953	0.5975	6.9872	47.5	53.6	50.6		
1	1	0.5468	0.5568	0.5518	7.1350	59.2	30.6	44.9		
2	1	0.5003	0.5314	0.5158	7.5230	31.2	34.4	32.8		
3	1	0.5227	0.5412	0.5320	7.9505	29.5	39.4	34.5	84.6	平凉试验点
4	1	0.526	0.5205	0.5232	4.9776	56.2	50	53.1		
5	1	0.5579	0.5567	0.5573	7.5943	49.3	43.5	46.4		
1	2	0.666	0.661	0.6635	6.7766	61.7	58	59.9		
2	2	0.5596	0.4758	0.5177	6.4840	66.2	66.2	66.2		
3	2	0.792	0.5074	0.6497	7.2191	69.5	30.6	50.1	68.3（平作）	天水试验点
4	2	0.4847	0.4223	0.4535	5.6256	24	63.3	43.7		
5	2	0.5132	0.5488	0.5310	5.4089	57.1	129.2	93.2		

（续表）

试样序号	残膜使用年限（年）	残膜抗拉机械强度				残膜伸长率（%）			残膜拣拾率（%）	备注
		纵向（N）	横向（N）	平均（N）	平均抗拉强度（MPa）	纵向	横向	平均		
1	2	0.574	0.5752	0.5746	5.1052	58.3	70.8	64.6		
2	2	0.5334	0.4988	0.5161	6.1196	69	18.8	43.9		天水试验点
3	2	0.5509	0.4513	0.5011	7.5745	83.5	65	74.3	61.8（垄作）	
4	2	0.4737	0.4885	0.4811	7.8179	66	68	67.0		
5	2	0.5471	0.4456	0.4964	5.8465	71.7	50	60.9		
	总平均	0.5606	0.5327	0.5467	6.6486	52.17	52.83	52.50	73.4	

为了分析残膜抗拉机械强度对残膜回收机作业性能指标拣拾率的影响情况，假定不考虑其他影响因素对残膜回收机作业性能指标拣拾率的影响，只考虑残膜抗拉机械强度拣拾率的影响，便可利用单因素试验的方差分析残膜抗拉机械强度对残膜回收机作业性能指标拣拾率影响。进行拣拾率测定时，对每块试验地在残膜回收机作业后，按 GB/T 5262—2008《农业机械试验条件测定方法的一般规定》规定的 5 点法进行残膜拣拾率的测定，形成如下测量结果（表 3），并进行方差分析。

2 结果与分析

2.1 残膜抗拉机械强度对残膜回收机作业性能指标拣拾率的显著性影响分析

表 3 一定残膜机械抗拉强度下残膜回收机拣拾率测量结果

试验地残膜平均抗拉机械强度（MPa）	残膜拣拾率（%）					平均（%）	总和 x_i	备注
	测区 1	测区 2	测区 3	测区 4	测区 5			
6.7438	82.3	74.3	78.6	77.6	82.9	79.1	395.7	定西试验点
6.9928	91.8	82.8	83.8	83.2	81.6	84.6	423.2	平凉测区
6.1032	74.0	60.3	70.7	70.2	66.4	68.3（平作）	341.6	天水试验点
6.5187	68.3	56.9	60.3	60.5	63.1	61.8（垄作）	309.1	天水试验点

根据表 3 的测量结果，进行残膜抗拉强度因素方差分析。

设 x_i. 为残膜回收机 4 次试验每测点拣拾率的总和，每点拣拾率真值为 X_{ij}，则有如下公式。

$$x_{ij} \sum_{i=1}^{4} \sum_{j=1}^{5} x_{ij} = 82.3 + 74.3 + \cdots + 63.1 = 1\ 469.6$$

$$x_{ij} = \mu_t + \varepsilon_{ij} t = 1,2,3,4; j = 1,2,3,4,5$$

原假设 $H_0: \mu_1 = \mu_2 = \mu_3 = \mu_4 = \mu_5$

备择假设 $H_1: \mu_i \neq \mu_j$,至少有一对 i,j

由表3可知,a = 4,n_i = 5 (i = 1,2,3,4,5),n = 20

$$S_T = \sum_{i=1}^{4} \sum_{j=1}^{5} x_{ij}^2 - \frac{x^2}{n} = 82.3^2 + 74.3^2 + \cdots + 63.1^2 - \frac{1\ 469.6^2}{20}$$

$$= 109\ 880.3 - 107\ 986.2 = 1\ 894.1$$

$$S_A = \sum_{i=1}^{4} \frac{x^2}{n_i} - \frac{x^2}{n} = \frac{1}{5} \times (395.7^2 + 423.2^2 + \cdots + 309.1^2) - \frac{1\ 469.6^2}{20}$$

$$= 109\ 582.0 - 107\ 986.2 = 1\ 595.8$$

$$S_E = S_\tau - S_A = 1\ 894.1 - 1\ 595.8 = 298.3$$

S_T,S_A,S_E 的自由度分别为 19,3,16。则均方和 F 比为:

$$MS_A = \frac{1\ 595.8}{3} = 531.9, MS_E = \frac{298.3}{16} = 18.6, F = \frac{MS_A}{MS_E} = \frac{531.9}{18.6} = 28.60$$

当 $\alpha = 0.05$ 时,查表得 $F\alpha(a - 1, n - a) = F_{0.05}(3.16) = 3.24$,

因为 $F = 28.6 > 3.24 = F_{0.05}$ (3.16),故拒绝原假设 H_0,接受 H1:$\mu_i \neq \mu_j$。说明残膜抗拉机械强度对残膜回收机作业性能指标拣拾率有显著影响。

2.2 新旧地膜物理机械性能变化

通过图3柱状图比对可知,同规格、同材料的地膜使用一年后,其机械性能指标明显发生了本质的变化。在地膜相同厚度下,使用前抗拉强度、断裂伸长率明显大于一年后残膜的相应指标。使用一年后抗拉强度在 3.0~10.0MPa,平均为 6.6MPa,大约为使用前同规格、同材料地膜的 1/2;断裂伸长率为 35%~80%,平均为 52.5%,与使用前同规格、同材料地膜相比,断裂伸长率相对降低,为使用前同规格、材料地膜的 1/2。从试样情况分析,由于地膜在使用期间受日照、风吹、土壤、水分等多因素的影响,地膜老化、变脆,韧性变差。因此,从比对看,随地膜使用周期的延长,地膜的各机械性能指标趋于弱化,给残膜回收机拣拾率的提高带来难度。

2.3 残膜抗拉机械性能对残膜回收机作业性能指标拣拾率的影响程度(图4)

从图4可得出,当残膜抗拉强度由弱增强时,残膜回收机的拣拾率指标呈整体上升的趋势;也就是说,残膜的抗拉机械强度明显影响回收机的作业性能指标拣拾率的大小。从图5可得出,当残膜拉伸率由弱增强时,残膜回收机的拣拾率指标由大变小,拣拾机作业缠膜率降低。总之,通过残膜抗拉机械强度与拣拾率之间的影响关系曲线和残膜拉伸率与拣拾率之间的影响关系曲线分析可知,同规格、同材料的残膜使用一年后,残膜回收机的作业性能指标拣拾率除受作业环境条件、种植方式的影响外,还受残膜抗拉机械强度和伸长率的影响。

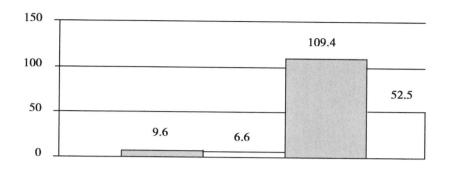

■ 新膜平均抗拉强度（MPa）

图 3　地膜使用前后物理性能变化比对图

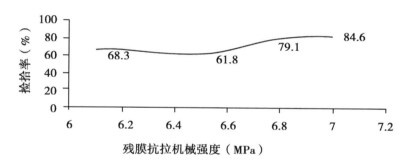

图 4　残膜抗拉机械强度与拣拾率之间的影响关系曲线图

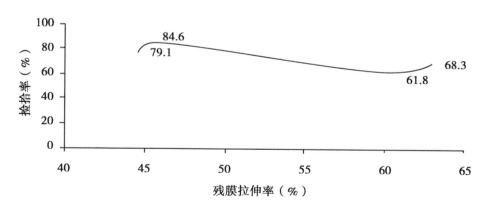

图 5　残膜拉伸率与拣拾率之间的影响关系曲线图

3　结论

① 残膜的抗拉机械强度随使用时间的延长，呈现总体降低的趋势；残膜的抗伸长率

随使用时间的延长，也呈现总体降低的趋势。

② 残膜抗拉机械强度对残膜回收机的性能指标拣拾率有显著的影响，变化趋势是随残膜抗拉机械强度增大，残膜回收机的性能指标拣拾率呈增大趋势。

③ 残膜伸长率对残膜回收机的性能指标拣拾率、缠膜率有一定的影响，表现在随伸长增大，机具拣拾率变小，但减小不明显；伸长率增大，当机具脱膜效果不好时容易造成缠膜率增大。

残膜回收机适用性评价方法研究[*]

安长江　闫发旭　郭　光

（甘肃省农业机械鉴定站，兰州　730046）

摘　要： 为了正确、客观、准确地评价残膜回收机对作业对象的适用性，该文通过归纳分析，提出了残膜回收机作业适用性评价的影响因素体系，提出了残膜回收机作业适用性评价质量指标体系。并按权值因子判断表的方法，通过专家打分对所有影响因素和作业质量指标进行权值分值评价，计算出了所有影响因素和质量指标的权重值。根据各影响因素和质量指标的权重值建立了残膜回收机适用性评价 7 因素 2 水平指标体系，建立残膜回收机适用性评价等级体系。按残膜回收机适用性评价 7 因素 2 水平指标体系建立正交试验分析法数学理论模型，根据数学模型进行试验验证分析残膜回收机适用性评价方法的科学合理性。

关键词： 残膜回收机；适用性；评价方法；研究

0　引言

地膜覆盖技术自 20 世纪 70 年代引入我国以来，在干旱地区，以其保温、保墒、保土、增产等显著特点，对农民增收、农业增产起到了巨大的推动作用，给农业生产带来巨大经济效益，称作农业中的"白色革命"。随着地膜覆盖种植技术的推广，塑料薄膜的使用量迅速增加，每年用量达数万吨而且不断增长。但是地膜覆盖技术在带来显著经济效益的同时，也使土地遭到严重的白色污染，已成为当前全球维护农业生态环境，促进农业可持续发展所亟待解决的世界难题。农膜材料的主要成分是高分子化合物，在自然条件下，这些高聚物难以分解，如果不进行残膜回收，土壤中的残膜会逐年积累，若长期滞留地里，会影响土壤的透气性，阻碍土壤水肥的运移，影响农作物根系的生长发育，导致作物减产。据大量生产实践调查：在部分地区残膜已密布土壤整个耕作层，由于残膜的存在，导致作物出苗率平均降低达 14% 以上，烂种烂芽率平均高达 7.8% 以上，使棉花、小麦、玉米等十多种作物减产均达 11% 以上。长此下去，必然给后人带来难以解决的污染危害，对农业可持续发展构成严重威胁。

---

　* 基金项目：2009 年公益性行业（农业）科研专项经费项目"农业机械适用性评价技术集成研究"（项目编号：200903038）

残膜回收机是在农田作物收获后将存留在地表的残膜拣拾并收集的农业机械，以降低残膜对土壤、水源、农作物生长的影响。该机具满足了近年来农业生产方式转变的要求，深受用户喜爱，对发展设施农业、环保农业具有很大的推动作用，具有很大的社会效益和经济效益。然而由于残膜回收机结构多样化，对不同作业对象的适用性不同，主要表现在前茬作物类型、农艺种植结构、土壤条件、气温环境、残膜使用情况等作业条件时不同的适应能力。所以，为了对残膜拣拾（回收）机的适用性做出科学的、准确的评价，进行残膜回收机适用性评价体系研究具有一定的现实意义。

1 残膜回收机适用性评价体系建立

1.1 残膜回收机适用性评价影响因素的确立

从大量的试验证明来看，要正确评价一种农业机械产品的适用性应从五个方面考虑，一是主机配套情况，二是田间作业条件，三是气象条件，四是农艺要求，五是试验物料。

主机配套是决定残膜回收机在田间能否正常作业的先决条件，也就是一定功能的残膜回收机在什么样配套动力下能正常发挥的问题。不同的残膜回收机应根据其工作特点合理配套动力，是一种合理选择的问题。只要产品使用说明书内容合理准确，对用户来说，只要合理选配即可。

田间作业条件是影响残膜回收机功能正常发挥的主要因素，不同的作业条件，对同一机具正常作业的效果影响是不同的。田间作业条件主要包括地块形状、地块坡度、土壤类型、土壤坚实度、土壤含水率、地表植被密度、地表平整度等。

气象条件一般包括天气情况、环境气温、风速、气压、湿度、地表温度6部分。对残膜回收机来说，影响其作业性能的气象因素主要是天气情况、地表温度和风速3个评价指标。地表温度是指回收机作业时，残膜所贴地表的温度，由于残膜抗拉机械强度与其本身的温度有关，温度低时，残膜脆性增大，柔韧性降低，残膜抗拉机械强度降低，二次损膜严重，一定程度上降低了拣拾率。

农艺要求是指农作物种植过程为保证作物正常生长，提高作物产量和质量而对种植、田间管理、作物收获等提出的要求或由于农艺要求导致收获后存留的地表或作物的生长状况。农艺要求主要包括前茬作物种类、前茬作物的种植方式（垄作或平作）、垄高和垄宽、株距、行距、收获后残茬存留形式，地膜使用年限、覆膜方式、地膜破损程度、膜边覆土厚度、膜边覆土宽度、覆膜宽度等。

试验物料是指存留在田间的残膜厚度、材质及其相关的物理机械性能。残膜物理机械性能主要是残膜的抗拉机械强度和伸长率，是影响回收机作业性能指标拣拾率和缠绕率的主要因素。

因此，根据残膜回收机作业对象，结合上面5个方面的归纳可知，从主机配套适用度、田间作业条件适用度、气象条件适用度、农艺要求适用度、试验物料适用度等5大方面，建立残膜回收机适用性评价各影响因素之间层次关系框图（图1），共5方面19个适用性评价影响因素。

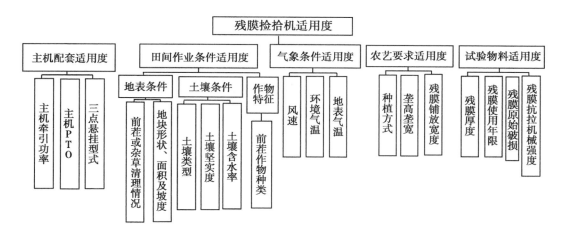

图1 残膜回收机适用性评价各影响因素层次关系

1.2 残膜回收机适用性评价作业性能指标的确立

根据 JB/T 10363—2002 标准可知,残膜回收机共有 25 个质量指标,其中性能指标 4 个,残膜拣拾率为 A 类指标,收膜深度变异系数、缠膜率、工作后地表平整度 3 个性能质量指标为 B 类指标;其余为安全、装配、涂漆外观等非性能质量指标,属内在因素,不受外来因素影响。所以,为了评价残膜回收机适用性,只以作业性能指标为评价机具在一定作业条件下的适用情况就可以了。因此,评价残膜回收机作业质量性能指标主要有 4 个方面:废膜拣拾率、工作后地表平整度、收膜深度变异系数、缠膜率。建立作业质量评价指标体系图 (图 2)。从残膜回收机主要工作目的来看,拣拾率是残膜回收机作业水平的关键指标,而工作后地表平整度、收膜深度变异系数、缠膜率 3 个指标为相关指标或次

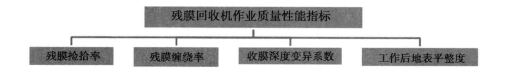

图2 作业质量性能指标

要指标。

2 残膜回收机适用性评价指标体系的建立

根据残膜回收机适用性评价各影响因素,结合农业机械适用性主从 5 个方面,建立残膜回收机适用性主从指标体系见图 3。

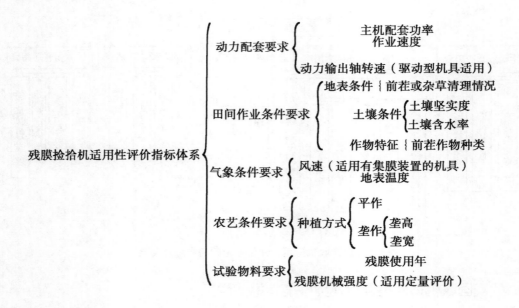

图3 适用性主从指标体系

3 残膜回收机适用性评价指标体系合理性验证

为了证明残膜回收机适用性评价指标体系建立的合理性，就应建立模型进行试验验证。一般农业机械产品适用性评价采用性能试验法或用户调查法进行。为了直观、科学评价残膜回收机适用性评价，我们采用性能试验方法进行验证，按正交试验法安排试验次数。然而，由于残膜回收机适用性评价影响因素太多，每个因素水平多少不一，如果按每一因素在不同水平下进行正交试验安排，就需要进行数百次试验，这样试验费用太高，周期太长，不科学。所以，为了降低试验验证次数，就应剔除次要的、不重要的影响因素，确立主要的影响因素，并对各主要因素水平进行合理划分。为了达到上述目的，首先采用以权值因子判断表方法确定各作业质量性能指标和各影响因素的权重值。

采用以权值因子判断表方法进行作业质量性能指标和各影响因素的权重值时，首先根据不同的评价对象和目的，组成评价的专家组，专家可以由农机、农艺等不同领域人员构成。其次，制定评价因子判断表（表1），填写方法为：将行因子与每列因子相互对比，若采用四分制，则非常重要的指标为4分，比较重要的指标为3分，同样重要的为2分，不太重要的为1分，相比很不重要的为0分。

表 1　权值因子判断表

树值　　　行 i 列 j	评价指标				
	F_1	F_2	…	F_n	D_{ir}
评价指标　　　F_1	a_{11}	a_{12}	…	a_{1n}	
F_2	a_{21}	a_{22}	…	a_{2n}	
⋮	…	⋮	⋮	⋮	
F_n	a_{n1}	a_{n2}	…	a_{nn}	

然后，对各位专家所填写的权值因子判断表进行统计。

① 计算每一行评价指标得分值 $D_{ir} = \sum_{i=1}^{n}\sum_{j=i} a_{ij}$ 　　　　　（式1）

式中：D_{ir}——每一行评价指标得分值；

n——评价指标的项数；

a——评价指标 i 与评价指标 j 相比时，指标得分值；

r 为专家序号。

② 求评价指标平均分值 $P_i = \sum_{r=1}^{L} \frac{D_{ir}}{L}$ 　　　　　（式2）

式中：P_i——评价指标平均分值；

L——专家人数。

③ 评价指标权值计算 $V_i = \dfrac{p_i}{\sum_{i=1}^{n} p_i}$ 　　　　　（式3）

式中：V_i——评价指标的权值。

3.1　残膜回收机适用性评价各影响因素权重

按权值因子判断表的方法，经过 14 位专家打分确定各影响因素权重，在残膜回收机列出的适用性评价 19 个影响因素的权重值中，当配套动力是按说明书选取的，研究时可认为配套动力满足回收正常作业的要求。适用性评价主要受其他 16 个因素的影响。从 16 个影响因子中可以看出，权重依次排序为残膜抗拉机械强度、残膜使用年限、残膜破损程度、前茬或杂草清理情况、土壤含水率、残膜厚度、土壤坚实度、垄高垄宽、前茬作物种类、种植方式、土壤类型、残膜铺放宽度、形状、面积及坡度、地表气温、风速、环境气温等，它们权重依次为 0.068、0.067、0.066、0.062、0.061、0.061、0.060、0.058、0.057、0.054、0.049、0.045、0.042、0.040、0.037、0.035。然而，通过调查，残膜厚度在农业生产中大多用的 0.008mm，是属于基本固定的因子，不随作业条件发生变化，是可以不作影响因子考虑的因子，在适用性评价中可以去除其影响效果，不作适用性评价指标引出。当残膜规格一定时，由于日晒、风吹、寒冷、土壤酸碱作业等自然因素的影响，残膜抗拉机械强度、残膜破损程度与残膜连续使用时间长短有关，当使用时间即残膜使用年限长时，残膜抗拉机械强度、残膜破损程度就一定降低，残膜使用年限决定了残膜抗拉机械强度、残膜破损程度值的大小。所以可以用残膜使用年限代替残膜抗拉机械强度、残膜破损程度对回收机适用性评价影响的因素。在土壤类型、土壤坚实度、土壤含水率3个影响因子中，对回收机来说，由于地表含水率一般相对比较高，当土壤坚实度、土壤含水率一定，土壤对机具作业的影响就定了，与土壤类型关系不大，所以回收机服务性评价中，土壤类型的影响可不作适用评价影响因子考虑。由于垄高垄宽、残膜铺放宽度是农艺种植方式中垄作或平作种植的特点或要素，是种植方式的内涵，不是并列或外延关系，所以回收机适用性评价中可只评价种植方式因子的影响。气象因子中由于地表温度决定了残膜与地表的结合程度，地表温度高时残膜与地表结合松散，易揭膜和脱膜，反之，揭膜和脱膜困难。通过试验经验，风速和环境温度则影响不大。

综上所述，为尽可能降低试验次数和试验经费，在确定试验方案时，应忽略次要因素，减少相关因子的重复考虑。在进行试验设计时，重点考虑主要因素为影响因子研究对象。因此按适用性评价通则，回收机主要影响因子是残膜使用年限、前茬或杂草清理情况、土壤坚实度、土壤含水率、前茬作物种类、种植方式、地表气温7个影响因素；为了便于评价各主要影响因子对回收机主要质量指标的影响程度，保证主要影响因子权重值合为1，将配套动力因子权重平均转加给7个主要个影响因子的权重上，其权重值分别是0.221、0.124、0.104、0.106、0.077、1.77、0.132。

3.2 残膜回收机适用性评价作业质量性能指标权重

按权值因子判断表法，经过14位专家打分确定残膜回收机各作业质量性能指标权重，4个作业质量指标中，权重值最大的为残膜拣拾率0.386，约占总权重值的40%，为主要质量指标，是决定回收机适用性关键性能质量指标；其余质量指标残膜缠绕率、收膜深度变异系数、工作后地表平整度的权重值相对较小，分别为0.263、0.167、0.183，为次要性能质量指标，也就是说评价回收机作业性能优劣时，这3个作业性能指标是次要考虑或不作考虑的，是非关键的性能指标。不论哪种类型的回收机，评价其适用性时，应首选考虑拣拾率指标的优劣。

综上所述，为尽可能降低试验次数和试验经费，在确定试验方案时，应忽略次要指标，减少相关指标的重复考虑。在进行试验设计时，重点考虑主要指标为研究对象。因此按适用性评价通则，回收机主要作业质量性能指标为残膜拣拾率；为了便于评价各主要影响因子对回收机主要质量指标的影响程度，只需研究各主要影响因子对回收机作业质量性能指标残膜拣拾率的影响程度即可。其他3个性能指标仅在进行适用性指数计算时根据其所占权重进行计算。

3.3 残膜回收机适用性评价各主要影响因素和它们水平的确定

为了对机具作业适用范围做到合理评价，根据适用于残膜拣拾的干旱地区试验调查，赋予各影响因子水平值。因此，按正交表设定结合作业实际，确定每个影响因子的两个水平，建立各影响因子和它们的水平表（表2）。

表 2　各影响因子和它们的水平表

因子		水平	
		1	2
A	前茬清理情况	已清理	未清理
B	土壤坚实度（kPa）	B≤1 500	1 500＜B
C	土壤含水率（%）	10≤C＜20	20≤C
D	地表温度（℃）	D＜10	10≤D
E	前茬作物种类	茎秆较粗（玉米）	茎秆较细（棉花、小麦）
F	种植方式	垄作	平作
G	残膜使用年限（年）	S≤1.5	1.5＜S

3.4　试验方案的确定

由于影响因素在一定条件下，对回收机作业的影响程度是不一样的，根据主要影响因素程度可将其划分为两种范围的作业条件。为了最大程度上减少试验次数，采用 L_8（2^7）正交表，安排试验验证方案确定如表 3。

表 3　L_8（2^7）正交性能试验安排表

项目 试验号	1 A	2 B（kPa）	3 C（%）	4 D（℃）	5 E	6 F	7 G（年）
1	已清理	B≤1 500	10≤C＜20	D＜10	茎秆较粗	垄作	≤1.5
2	已清理	B≤1 500	10≤C＜20	10≤D	茎秆较细	平作	＞1.5
3	已清理	1 500＜B	20≤C	D＜10	茎秆较粗	平作	＞1.5
4	已清理	1 500＜B	20≤C	10≤D	茎秆较细	垄作	≤1.5
5	未清理	B≤1 500	20≤C	D＜10	茎秆较细	垄作	＞1.5
6	未清理	B≤1 500	20≤C	10≤D	茎秆较粗	平作	≤1.5
7	未清理	1 500＜B	10≤C＜20	D＜10	茎秆较细	平作	≤1.5
8	未清理	1 500＜B	10≤C＜20	10≤D	茎秆较粗	垄作	＞1.5

3.5　检验依据

为了保证试验方法科学、测量数据准确，性能试验中，本方案引用下列文件中的条款，指导各试验的有序进行。

GB/T 5262《农业机械试验条件　测定方法的一般规定》

JB/T 10363—2002《农田废膜拣拾机》

3.6 试验样机选择与确定

为了研究影响因子不同水平时，对回收机作业性能指标的影响效果，对于回收机用户多的地区，首先选择同种机型用户多的机具作为适用性评价试验的样机。对由于残膜回收机机械化技术推广较慢、回收机用户相对少的地区，不满足试验样机型式选择要求，只能以现有一种固定结构型式的机具进行跟踪性能试验。为了保证同一规格产品作业性能的稳定性，试验前应对样机进行调整，使其处于良好状态，试验前应详细记录样机技术参数。在试验中选用了定西三牛农机制造有限公司生产的三牛牌 1FMJS-125A 型废膜回收机。

3.7 试验地选择与调查

试验验证试验地选择首先应在当地有一定的代表性，试验布点应充分考虑不同作物类型和种植方式，如玉米与棉花不同作物类型，平作和垄作不同种植方式，旱地与水浇地不同土壤条件等。每次试验前对试验地条件进行调查记录和测量，调查内容应包括试验地点、试验日期、土壤类型、土壤含水率、土壤坚实度、前茬作物种类及种植方式（垄作或平作，垄作时垄高、垄宽、垄间距）、前茬作物根茬清理情况、植被情况、残膜原始破损程度、膜边覆厚度、膜边覆宽度、残膜使用年限、试验地块大小、坡度等。根据甘肃种植特点，试验地选择在甘肃省的平凉市、定西市、天水市 3 个不同地区和条件下，对同一规格产品的残膜回收机进行了性能试验。

3.8 性能试验

性能试验按 JB/T 10363—2002《农田废膜拣拾机》标准进行。

3.9 适用性评价指数的确定

适用性评价指数是为了评价产品对某个试验条件的适用情况而引出的，也就是在该条件下产品能正常作业的能力大小。

3.9.1 回收机性能指标无量纲化处理

在进行数据的无量纲化处理时，有的指标值以合格质量指标为界，人们要求越大越好，当低于合格质量指标时就认为该性能指标为不合格，这种性能指标称为正指标，对于残膜回收机来说，正的指标为残膜拣拾率。相反，以合格质量指标为界，人们要求越小越好，当高于合格质量指标时就认为该性能指标为不合格，这种性能指标称为负指标，对于残膜回收机来说，负的指标有缠膜率、收膜深度变异系数和工作后地表的平整度。另外，对于某些指标而言，人们要求其应为某个定值或该定值允许误差范围内时为合格，否则为不合格，我们把这种性能指标称为适度指标，对于残膜回收机来说，无适度指标。

为了既无量纲化处理，又体现实测值与人们期望或标准限定值的接近程度指标；为了确切表达指标无量纲处理后值的意义这里引入指标功效值，指标功效是指产品在一定环境作业条件下，各性能指标对该次试验产品适用度值影响的程度，反映的是产品作业性能指标实测值距人们期望值的接近程度。当功效值越小时表示实测越远离期望值，为正时表示功效值介于标准值与期望值之间，满足标准规定要求；功效为零时表示该实测性能指标为规定限值；功效值为负值时，表示该实测性能指标不符合标准规定值要求。

3.9.1.1　正向指标功效

正向性能指标的功效值是实测值 x_i 减去人们期望值 x_{iq} 的差与标准规定限值 x_{ib} 减去人们期望值 x_{iq} 的差的比值，用 D_i 表示。

$$D_i = \frac{x_i - x_{ib}}{x_{iq} - x_{ib}} \qquad\qquad （式4）$$

其中：D_i——第 i 项评价指标的功效系数；

x_i——第 i 项指标的实际值；

x_{ib}——第 i 项指标的标准规定限值；

x_{iq}——第 i 项指标的人们期望值。

3.9.1.2　负向指标功效

负向性能指标的功效值是标准规定限值 x_{ib} 减去实测值 x_i 的差与人们期望值 x_{iq} 标准规定限值 x_{ib} 减去人们期望值 x_{iq} 的差的比值，用 D_i 表示。

$$D_i = \frac{x_{ib} - x_i}{x_{ib} - x_{iq}} \qquad\qquad （式5）$$

3.9.2　试验条件下产品适用性指数公式确定

由于各性能指标在适用性评价中的贡献或作用不同，也就是指标功效不同，决定产品在某种条件下的适用度不同。由于适用度是评价产品在该作业条件下的适用能力，它是各性能指标的的综合反映，是产品作业性能指标对标准要求的接近值的综合反映。然而各性能指标对适用度贡献还与其在作业性能评价体系中所占权重有关。

从 JB/T 10363—2002 标准可知，各项指标的标准规定限值 x_{ib} 和人们期望值 x_{iq} 见表4。

表4　各项指标的不允许值和满意值

序号	项目名称	不允许值（x_{is}）	满意值（x_{ih}）
1	拣拾率（%）	85	100
2	缠膜率（%）	3.0	0
3	收膜深度变异系数（%）	30	0
4	工作后地表平整度（cm）	5.0	0

由表4可知，残膜回收机共有4个性能指标，其功效分别为 D_1、D_2、D_3、D_4，每个性能指标对该条件产品适用度的影响为 P_i，则有公式：

$$P_i = D_t \times 25 + b \qquad\qquad （式6）$$

式中：P_i——指标适用度，%；

D_i——指标功效值；

b——适用度修正常数，取75。

根据对该系统所选用的评价指标的特性看，各评价指标间相互影响的因素较少，各指标对综合水平的贡献没有大的影响，各指标间的评价分数可相互进行补偿。对总体综合评价的水平不变，能较客观地反映机具的综合水平。由于各指标对机具的适用性水平的影响差异较大，根据多年的农机具适用性试验和用户调查，可为评价指标在系统中所占的比重进行合理的划分，指标体系符合加权线性和法（加法合成）特征，所以选用加权线性和法对体系进行评价。

加权线性和法的公式：

$$P_j = \sum_{i=1}^{4} P_i \times V_i \qquad\qquad （式7）$$

其中，P_j——第 j 种试验产品的适用度，%；

V_i——第 i 项指标的权重值。

因此，（式7）为产品在一定试验条件下的适用度计算公式。

3.9.3　产品总适用性指数计算

为了评价产品在所有试验方案的总体适用情况，其适用度应为各种评价方案适用度的算数平均值，按照公式（8）计算：

$$P = \sum_{j=1}^{n} P_i / n \qquad\qquad （式8）$$

其中：n——评价方案种数。

3.9.4　产品适用性评价等级确定

为了科学合理定义产品在不同条件下的适用情况，按适用性评价通则要求，现将回收机适用性评价等级确定为3级，分别为：

机具适用性根据其适用度的大小，可被评为适用、较适用、不适用。

当 P≥75 时，机具被评价为很适用；

当 60≤P<75 时，较适用；

当 P<60 时，机具被评价为不适用。

3.10　试验数据分析

经对定西三牛农机制造有限公司生产的三牛牌 1FMJS-125A 型废膜回收机产品，分别在甘肃省平凉市、定西市、天水市 3 个不同地区和条件下，对同一规格产品的残膜回收机按试验方案进行了性能试验。机具在不同试验条件下适用性指数分别为表 5 至表 7。

表 5　1FMJS-125A 型耙齿式残膜回收机在平凉市试验条件时适用性指数

序号	项目名称	每个指标的权重值 V_i	指标适用性指数 P_i（%）			产品适用性指数 $P_平$（%）		
			测区 1	测区 2	测区 3	测区 1	测区 2	测区 3
1	拣拾率（%）	0.386	56.8	58.0	60.7			
2	缠膜率（%）	0.263	100.0	100.0	100.0			
3	收膜深度变异系数（%）	0.183	83.9	86.0	82.6	79	80	81
4	工作后地表平整度（%）	0.167	90.0	90.5	94.5			

表6　1FMJS-125A 型耙齿式残膜回收机在定西市试验条件时适用性指数

序号	项目名称	每个指标的权重值 V_i	指标适用性指数 P_i（%）	产品适用性指数 $P_平$（%）
1	拣拾率（%）	0.386	29.8	
2	缠膜率（%）	0.263	100.0	
3	收膜深度变异系数（%）	0.183	74.4	66
4	工作后地表平整度（%）	0.167	87.6	

表7　1FMJS-125A 型耙齿式残膜回收机在天水市试验条件时适用性指数

序号	项目名称	每个指标权重值 V_i	指标适用性指数 P_i（%）		产品适用性指数 $P_平$（%）	
			测区1（平作）	测区2（垄作）	测区1（平作）	测区2（垄作）
1	拣拾率（%）	0.506	63.8	51.7		
2	缠膜率（%）	0.244	100.0	100.0		
3	收膜深度变异系数（%）	0.125	90.9	62.9	84	75
4	工作后地表平整度（%）	0.125	97.8	97.9		

$$总适用性指数\ P = \frac{(p_1 + p_2 + p_3 + p_4 + p_5 + p_6)}{6} = \frac{(79 + 80 + 81 + 66 + 84 + 75)}{6} =$$

77.5

3.11　评价结论

经过对定西三牛农机制造有限公司生产的三牛牌 1FMJS-125A 型废膜回收机产品，在甘肃省平凉、定西、天水 3 市进行适用性考核，其总适用度为 77.5%。该产品不适用于在植被覆盖量为 100g/m² 、土壤含水率 23%、土壤坚实度 1 000kPa 以上、垄作铺膜种植、地表温度 5℃ 以下、残膜使用 2 年以上等试验条件下作业，在条件下产品总适用度为 78%，综合评价这些区域内适用性为基本适用。试验表明，土壤坚实度、作物种植方式（大小垄高和垄宽）、前茬残茬或杂草清理情况、残膜原始破损、残膜使用年限等是影响回收机本次作业性能的主要因素。

4　结论

总上分析，残膜适用性评价指标体系制定比较科学合理，能客观评价残膜回收机适用性评价。

基于模糊层次分析法的农业机械适用性用户调查评价模型研究[*]

程兴田[**] 王 祺 闫发旭

（甘肃省农业机械鉴定站，兰州 730046）

摘 要： 针对农业机械适用性的模糊性特点，建立了基于模糊层次分析法的农业机械适用性用户调查评价模型。在层次分析法计算指标权重的基础上，运用群体决策的方法来确定评价指标的综合权重，并提出了表征农业机械适用性程度的适用度的概念和计算方法。

关键词： 模糊层次分析；用户调查；适用度

Study on The Evaluation Model of Agricultural Machinery Applicability by User Survey with FAHP

Cheng Xingtian, Wang Qi, Yan Faxu

（*Gansu Identification Station of Agricultural Machinery*，*Lanzhou*，730046，*China*）

Abstract： The evaluation model of agricultural machinery applicability is built by user survey, based on the fuzzy analytic hierarchy process (FAHP). The synthetical weight is determined according to the method of multi-decision based on AHP, and applying degree conception is introduced at first.

Key words： the fuzzy analytic hierarchy；process；judgement matrix；applying degree

0 引言

农业机械的适用性是指其满足其使用条件的程度。影响农业机械适用性的因素很多，且由多层级构成，是一种内在关系比较复杂的层级网络系统，难以建立起定量理论模型进行评价。长期以来，通过用户调查信息进行定性评价，其结果不能准确全面地指导农业机械的推广和选用。本文旨在应用模糊层次分析法，提出农业机械适用度概念和计算方法，

---

* 基金项目：公益性行业（农业）科研专项经费资助（200903038）

** 作者简介：程兴田（1962—），男，甘肃甘谷人，研究员，E-mail：CXT-100@163.com

并利用用户调查信息的分析量化数据计算出农业机械适用度，解决农业机械适用性定量评定问题。

1 农业机械适用性用户调查评价模型建立原理

农业机械适用性用户调查评价模型的建立原理为层次分析法（AHP）[1,2]，该方法根据问题的性质和要达到的总目标，将问题分解为不同的组成因素，并按照因素间的相互关联影响以及隶属关系将因素按不同层次聚集组合，形成一个多层次的分析结构模型即递阶层次结构模型，从而最终使问题归结为低层（因素层）相对于高层（目标层）的相对重要权值的确定或相对优劣次序的排定，是对难于完全定量的复杂系统作出决策的模型和方法[3]。从影响农业机械适用性因素的结构看，用层次分析法（AHP）解决农业机械适用性定量评价性是适宜的。

2 农业机械适用性用户调查评价模型建立步骤

2.1 建立递阶层次结构模型

根据层次分析法（AHP）原理，经对影响农业机械适用性的因素进行分析，其用户调查评价递阶层次结构模型共分3层：第一层为总目标层即农业机械适用性。第二层为相对于第一层的影响因素，相对于第三层的目标层，包括主机配套适用性、田间作业适用性、气象条件适用性、农艺条件适用性和物料条件适用性五个因素，一般农业机械的影响因素都可以归到这五大类。第三层为第二层的影响因素，影响主机配套适用性的有主机轮距、主机牵引力或牵引功率、主机自重、主机悬挂（牵引）装置和主机 PTO（动力输出轴）型式和转速共5个因素；影响主机田间作业条件适用性的有地表条件、土壤条件和作物特征3个因素；影响气象条件适用性的有风向风速、气温及地表温度3个因素；影响农艺条件适用性的因素因机具不同而不同，例如，对播种施肥联合作业机，包括行距、株距、播种深度和施肥深度四个因素；影响物料条件适用性的因素亦因机具不同而不同，如对磨粉机械，就包括物料种类、几何尺寸和含水率3个因素。涉及具体机具类型时，可依具体情况对其中的因素进行取舍。

2.2 构造判断矩阵

判断矩阵由本层因素针对上一层某一个因素的相对重要性的比较而形成，判断矩阵的元素 a_{ij} 用 1~9 标度方法给出，每层因素不宜超过 9 个。假设同一层对上一层某一因素的影响因素为 n 个（n≤9），由专家对任意 2 个要素进行比较后形成表 1 所示的判断矩阵元素表。

表 1　判断矩阵元素表

	影响因素					
	C_1	C_2	$\cdots$	C_j	$\cdots$	C_n
C_1	a_{11}	a_{12}	$\cdots$	a_{1j}	$\cdots$	a_{1n}
C_2	a_{21}	a_{22}	$\cdots$	a_{2j}	$\cdots$	a_{2n}
影响因素 $\vdots$	$\vdots$	$\vdots$	$\vdots$	$\vdots$	$\vdots$	$\vdots$
C_i	a_{i1}	a_{i2}	$\cdots$	a_{ij}	$\cdots$	a_{in}
$\cdots$	$\cdots$	$\cdots$	$\cdots$	$\cdots$	$\cdots$	$\cdots$
C_n	a_{n1}	a_{n2}	$\cdots$	a_{nj}	$\cdots$	a_{nn}

2.3　计算权重向量

权重向量为：

$$w = (w_1, w_2 \cdots w_n)^T$$

w_i——某一因素对应上层因素的相对权重。

w_i 的计算过程如下。

① 计算判断矩阵 M 中每一行元素乘积

$$E_i = a_{i1} \times a_{i2} \cdots a_{in}$$

② 计算 E_i 的 n 次方根 $\overline{w_i} = \sqrt[n]{E_i}$ 得：

$$\overline{w} = (\overline{w_1}, \overline{w_2} \cdots \overline{w_n})$$

③ 经对 $\overline{w}$ 进行归一化处理得：

$$w_i = \frac{\overline{w_i}}{\sum_{i=1}^{n} \overline{w_i}}$$

2.4　一致性检验

计算一致性指标 CI：

$$\lambda_{max} = \frac{1}{n} \sum_{i,j=1}^{n} \frac{w_j \times a_{ij}}{w_i}$$

式中：n——判断矩阵 M 的阶数；

λ_{max}——对应于判断矩阵 M 的最大特征根。

则一致性比率 CR 为：

$$CR = \frac{CI}{RI}$$

RI 可以通过表 2 查得。

表 2 平均随机一致性指标（RI）[4]

矩阵阶数（n）	1	2	3	4	5	6	7	8	9	10
RI	0.00	0.00	0.58	0.90	1.12	1.24	1.32	1.41	1.46	1.49

因此，判断一致性程度 CR = 0 时，认为判断矩阵 M 具有完全的一致性；当 CR < 0.1 时，认为判断矩阵 M 的不一致程度在容许范围之内，有满意的一致性，通过一致性检验，可用其归一化特征向量 W 作为权重向量，即本层次各要素对上一层次某要素的相对权重向量；当 CR > 0.1 时，判断矩阵 M 则不具有一致性，一致性检验不通过，要重新构造判断矩阵 M，对 a_{ij} 加以调整。

2.5　多专家相对权重向量的确定[5~7]

以上是某一专家确定相对权重向量的过程，但由于专家对农业机械适用性的认识带有局限性，所以在实际工作中，构造判断矩阵一般应由农业机械管理、试验鉴定、使用、推广和科研等多方面的专家完成，以避免单一专家评判而产生的随机偏差。由于各专家的知识结构、知识水平及对农业机械适用性的认识程度不同，所给的判断矩阵的真实度及可信度也不一样，因此，还需对各专家赋予权重。对于多专家参与构造判断矩阵并确定权重向量的计算过程如下。

设有 m 位专家，其中，第 k 位专家的权重计算如下。

$$Q_k = \frac{1}{1 + 10CR_k}(a > 0, k = 1, 2 \cdots m)$$

式中：CR_k——第 k 位专家的一致性比率。

归一化处理得第 k 位专家的权重：

$$Q_k^* = \frac{Q_k}{\sum\limits_{k=1}^{m} Q_k}$$

2.6　综合权重计算

对所有参与专家的因素权重和专家相对权重进行求积求和，得到指标的组合权重，即：

$$CI = \frac{\lambda_{\max} - n}{n - 1}$$

$$u_i = \sum\limits_{k=1}^{m} w_{ik} Q_k^* ? (i = 1, 2 \cdots n)$$

归一化处理后得该因素的最终综合权重为：

$$\alpha_i = \frac{u_i}{\sum\limits_{i=1}^{n} u_i}$$

因此，各因素的最终综合权重，即组成因素权重模糊向量为：$\alpha = (\alpha_1, \alpha_2 \cdots \alpha_n)$。

2.7 建立多层次模糊综合评判模型

2.7.1 建立评语等级 Y

在农业机械适用性用户调查中，根据被调查者对农业机械适用性的感知实践，对适用度测评因素的适用性评语可分为 5 个等级：Y = {很适用，适用，一般适用，不适用，很不适用}。

2.7.2 一级评判模型

农机适用性用户调查评价递阶层次结构模型共分 3 层，设第二层有 s 个因素，第三层相对第二层第 k（k = 1，2…s）个因素的影响因素为 n 个，其因素集为：$\{y_1, y_2 \cdots, y_5\}$，根据上述 $\{y_1, y_2 \cdots y_5\}$ 权重确定方法计算出 n 个因素相对权重模糊向量 $\alpha_k = (a_{k1}, \alpha_{k2} \cdots \alpha_{kn})$，对各因素 X_{ki} 按照评语等级 Y 评定出 X_{ki} 对 y_j 的隶属度：

式中：r_{kij}（i = 1，2…m；j = 1，2，3，4，5）——X_{ki} 对 y_j 的隶属度；

K_{ij}——第三层指标中第 i 个指标选择第 j 个评判等级的调查用户数；

N——调查用户总数。

由此组成单因素评价矩阵

$$R_k = \begin{bmatrix} r_{k11} & r_{k12} & \cdots & r_{k15} \\ r_{k21} & r_{k22} & \cdots & r_{k35} \\ \vdots & \cdots & \cdots & \vdots \\ r_{kn1} & r_{kn2} & \cdots & r_{kn5} \end{bmatrix}_{n \times 5}$$

$$r_{kij} = \frac{K_{ij}}{N}$$

则可得出：$\alpha_k \otimes R_k = B_k = (b_{k1}, b_{k2} \cdots b_{k5})$

式中：$\otimes$——模糊算子，k = 1，2…s。

B_k 为因素子集 X_k 的适用性用户调查综合评判结果。类似的可以得到更多级的综合评判向量，最终的综合评判结果记为：

$$B = \alpha \otimes R = \alpha \otimes \begin{bmatrix} B_1 \\ B_2 \\ \vdots \\ B_S \end{bmatrix} = [\, b_1 \quad b_2 \quad \cdots \quad b_5 \,]$$

3 农业机械适用度计算

根据农业机械的适用性因素权重向量和评价等级，通过模型得到综合评判向量为 $B = \{b_1, b_2, b_3, b_4, b_5\}$，该向量只能描述受调查者对某农业机械适用性在很适用、适用、一般适用、不适用、很不适用五个方面的评价分布，但不能从总体上具体、直观地描述农业机械的适用性，为达此目的，提出如下农业机械适用度的概念和计算方法。

农业机械适用度（SYD）表示某农业机械对使用条件的适用程度，是对农业机械适用性的定量描述。

对评价等级很适用、适用、一般适用、不适用、很不适用分别赋值为 100，80，60，40，20，采用加权平均法，得出最终适用度计算公式为：

$$SYD = \frac{100b_1 + 80b_2 + 60b_3 + 40b_4 + 20b_5}{\sum_{i=1}^{5} b_i}$$

4　结束语

本文旨在提供一种农业机械适用性测评方法即农业机械适用度（SYD），该方法有以下特点。

① 采用层次分析法（AHP）建立群体决策指标权重集，避免了确定权重的主观片面性。

② 采用较成熟的模糊综合评判法，对农业机械适用性通过用户调查进行测评，很好地处理了多指标评价问题，使测评结果更客观、更具有科学性，使得农业机械适用性的测评结果在农业机械生产、鉴定、推广和管理工作中具有积极的指导作用。

③ 综合了层次分析法（AHP）和模糊综合评判的优点，将定性分析和定量分析有机结合起来，使农业机械适用性测评更具操作性。

参考文献

［1］王莲芬，许树柏 . 层次分析法引论［M］. 北京：中国人民大学出版社，1990.

［2］邱东 . 多指标综合评价方法的系统分析［M］. 北京：中国统计出版社，1991.

［3］张勇惠，林焰，纪卓尚 . 运输船舶多目标模糊综合评判［J］. 系统工程理论与实践，2002，11. 23 – 27.

［4］刘方，蔡志强，孙树栋 . 机械制造企业客户满意度分析［J］. 中国机械工程，2006（2）：221 – 223.

［5］李继军，潘亚 . 群体决策和 AHP 法结合确定指标权重［J］. 基建优化，2006，27（6）：27 – 29.

［6］徐泽水 . 群组决策中专家赋权方法研究［J］. 应用数学与计算数学学报，2001，15（1）：19 – 22.

［7］陈卫，方廷健，马永军，等 . 基于 Delphi 法和 AHP 法的群体决策研究及应用［J］. 计算机工程，2003，29（5）：18 – 20.

［8］郑孝勇，姚景顺 . 基于模糊层次分析法的雷达效能评估方法［J］. 现代雷达，2002（2）：7 – 9.

甘肃农田残膜拣拾机具研究
现状及存在问题[*]

赵海志[**] 赵建托

摘 要：针对甘肃省残膜拣拾机具研究的现状，通过分析残膜拣拾机具技术特点，论述了目前残膜拣拾中主要存在的问题，根据残膜拣拾机具的实际发展状况，提出研发联合作业机具的建议。

关键词：残膜拣拾机；联合作业机；综述；地膜栽培

1 甘肃省农田地膜使用状况

随着甘肃省农用塑料薄膜覆盖栽培技术的广泛推广应用，特别是全膜双垄沟播栽培技术与全膜覆土穴播技术的推广，对粮食增产、保障粮食安全、推动农村经济的持续发展起到了积极的作用。但是，由于农田地膜使用量的增大，随之而来的环境污染问题也越来越严重。大量废弃农膜随意闲置，影响农村环境卫生，残留在土壤中造成土壤品质下降。

目前，甘肃省农作物覆膜种植面积达 2 400 多万亩，其中，全膜双垄沟播覆膜面积约为 1 000 万亩，地膜覆盖节水面积约为 1 000 万亩，马铃薯地膜覆盖面积约为 242 万亩，地膜使用总量达到 13 万 t，每年产生的废旧农膜高达 8 万 t 以上。在甘肃省河西走廊、沿黄灌区、渭河泾河流域以及蔬菜等经济作物区，多数使用厚度在 0.008mm 以下的超薄地膜。超薄地膜老化快、易破碎，不容易拣拾。因此，有效防治农田"白色污染"已成为当前一项刻不容缓的工作。

2 甘肃省农田残膜对农作物的影响

甘肃省农业生产中地膜用量大，农田废旧地膜拣拾率低，造成大量的地膜使用后没有得到有效清理，并随着每年的耕翻作业，这些残膜分布在 0 ~ 30cm 的土壤中，影响农田土壤质量和作物的生长。土壤中的残膜破坏土壤的物理和化学结构，使土壤的透气性、蓄水性变差，农作物吸收水分、养分的能力受阻，使作物难以发芽出苗，根系难以下扎。同

* 基金项目：2009 年公益性行业（农业）科研专项经费项目"农业机械适用性评价技术集成研究"（项目编号：200903038）

** 作者简介：赵海志，男，1972 年生，甘肃庆阳人，高级工程师，研究方向为农业机械装备

时也影响机械作业，例如，堵塞播种机，使播种不匀等[1]。

随地膜使用年限的增长，田间土壤中的残膜增加，使用地膜 8 ~ 10 年的土地，残膜每公顷平均残留量达 187.5kg，土地减产达 7%；地膜应用 13 年以上的土地，废膜平均每公顷残留量达 343.05kg，减产达 17%[2]。在部分地区残膜已密布土壤整个耕作层，由于残膜的存在，导致小麦产量降低 0.8% ~ 22.1%，玉米籽粒产量降低 2.1% ~ 27.5%，棉花产量降低 1% ~ 7.5%[3]。因此，治理残膜污染、保护农田的生态环境是农用塑料薄膜覆盖栽培技术持续发展的关键所在。

3 甘肃省残膜拣拾机具研究的现状

甘肃省属于干旱地区，是主要以旱作农业为主的省份，旱地面积 241 万 hm^2，占全省总播种面积的 73%[4]，农业基础薄弱，抗灾能力低，是甘肃省旱作农业的基本特征。为了集雨保墒和增温，甘肃省适合在作物收获后进行地膜拣拾作业。收获时地膜上有 1 ~ 5cm 的土层，造成膜下土壤板结，加大了收获后机械拣拾残膜的难度。目前，已研制的残膜拣拾机按照作业方式可分为：伸缩杆齿式残膜拣拾机、耙齿式残膜拣拾机、螺旋滚筒式残膜拣拾机、气吹式旋耕拣拾复合作业机、杆齿式残膜拣拾机。

3.1 伸缩杆齿式残膜拣拾机

伸缩杆齿式残膜拣拾机的工作原理为起膜机构起膜，伸缩杆齿挑膜，清膜机构脱膜，如图 1 所示。该机具主要由机架、灭茬铲、起膜铲、滚筒、集膜箱、驱动轮、梳膜器等组成。作业时拖拉机牵引机具前进，灭茬铲切断根系，起膜铲拱起地膜，由传动系统带动滚筒转动挑膜，挑起的地膜转动到滚筒上方时，被梳膜器推到集膜箱中。机具作业到地头，提升起机具，打开集膜箱拉杆，翻转集膜箱，倒出废膜。田间试验表明，该机具生产效率为 0.20 ~ 0.33hm^2/h，捡膜率达到 89% 以上，具有工作可靠、残膜收净率高的特点，缺点是地表仿形能力差。

1FMJ-1400 型残膜拣拾机，如图 2 所示。该机具设计了起膜主齿和起膜副齿配合起膜，提高了起膜效果。将集膜箱安装在捡膜器前端位置，避免了因集膜箱内的残膜、杂草和作物枝叶重量的增加致使提升困难。在集膜箱框架上安装了清膜弹齿，防止残膜缠绕在梳膜机构上。机具后方安装一组楼耙，对没有被起膜器挑起的残膜进行二次拣拾，提高了残膜拣拾率。该机具生产效率为 0.4 ~ 0.53hm^2/h，捡膜率达到 90% 以上。该机缺点也是地表仿形能力差。

3.2 耙齿式残膜拣拾机

耙齿式残膜拣拾机采用松土、膜土分离、残膜搂集为一体的工作原理，具有结构简单、经济适用、工作效率高等优点。如图 3 所示。该机具在机架上设计有悬挂支架和除膜爪，机架两侧分别安装有开沟犁，用来切断每个作业幅宽之间的残膜，避免残膜之间的相互牵拉。该机具作业深度 6 ~ 15cm，废膜拣拾率为 90%，缠膜率 2.5%。该机有着很强的地表仿形能力，但卸膜机构有待进一步改进。

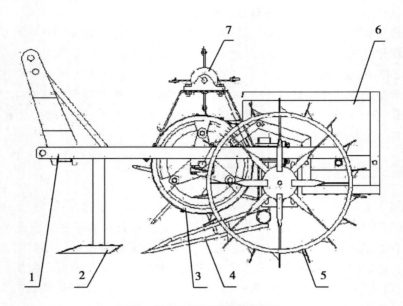

图1　1FMJ-850 型残膜拣拾机

1. 机架；2. 灭茬铲；3. 滚筒；4. 起膜铲；5. 驱动轮；6. 集膜
箱；7. 梳膜器

　　2MT-160 型耙齿式残膜拣拾机，如图4所示。该机具机架上固定有数组勾膜齿与复位架，通过拖拉机牵引前进，耙齿靠机架自重深入到土壤中，进入工作区后，入土深度靠地轮的高低调整，作业时弹性耙齿将残膜挂起运输至地头，通过拖拉机上的气压系统带动卸膜机构转动清膜，完成残膜的拣拾作业。该机具工作深度 8 ~ 12cm，生产效率 0.26 ~ 0.4hm²/h，残膜拣拾率85%以上。该机设计了气动式卸膜机构，但仍需要进一步改进。

3.3　螺旋滚筒式残膜拣拾机

　　螺旋滚筒式残膜拣拾机由螺旋滚筒将铲起的土壤、地膜等物输送到栅条进行土膜分离，工作可靠、拣拾率高。由定西市三牛农机制造有限公司研制的 1MFJG-125A 型残膜拣拾机，如图5所示。工作时拖拉机牵引机具向前行进时，起土铲将废膜、作物根茬和土壤铲起，通过滚筒压碎土壤并向后输送至栅条上。栅条在转动过程中使土从栅条缝隙中流下，废膜和根茬继续向后输送，最后收集到集膜箱中，到地头或者集膜箱满了时人工卸下废膜和作物根茬，完成整个作业过程[5]。该机具生产效率 0.25 ~ 0.6hm²/h，废膜拣拾率≥85%，缠膜率≤3.0%。该机优点是拣拾率高，能有效拣拾地表以下 5cm 土壤中的地膜；缺点是机具结构复杂，成本高，拣拾到的地膜和土块分离不好。

3.4　气吸式旋耕拣拾复合作业机

　　气吸式旋耕拣拾复合作业机将残膜拣拾与旋耕一起作业，减少了机具进地次数，降低了作业成本。如图6所示，工作时铲膜输送板起膜，钉齿拾膜辊拣拾地膜，在卸膜板处卸膜，由吸风系统吸取卸下地膜与未被钉齿拾膜辊拣拾的小地膜送到集膜箱，完成残膜拣

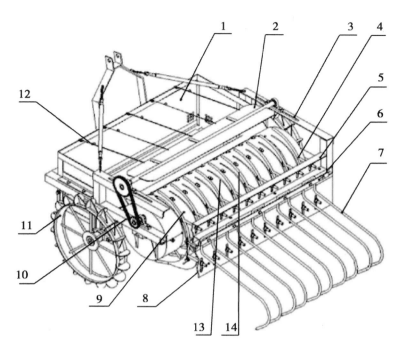

图 2　1FMJ-1400 型残膜拣拾机

1. 集膜箱；2. 梳膜机构；3. 机架；4. 弧形起膜器；5. 安装板Ⅰ；6. 压板；7. 搂耙；8. 安装板Ⅱ；9. 拣拾器；10. 链传动；11. 驱动轮；12. 清膜弹齿；13. 起膜主齿；14. 起膜副齿

拾，旋耕机再进行整地作业。该机具废膜拣拾率≥92%。该机的缺点是对地表以下的残膜拣拾不到。

3.5　杆齿式残膜拣拾机

杆齿式残膜拣拾机采用拾膜叉起膜、杆齿式卷膜机构拾膜的工作原理，拣拾干净，适合于大块地膜的拣拾。如图 7 所示，工作时仿形机构和限深板配合调节拾膜叉起膜深度，捡起的地膜缠绕在卷膜机构上，作业完成时取下卷膜机构卸膜。该机具生产效率 0.3 ~ 0.5hm²/h、作业速度 2 ~ 3km/h。该机的缺点是连续作业能力差，作业一定时间得停下来清理或更换卷膜机构。

4　甘肃省残膜拣拾存在的问题

4.1　现有残膜拣拾机具不够完善

甘肃省作物种类及种植方式的多样性，造成残膜拣拾机具设计的复杂性。现有残膜拣拾机具功能单一，不能一机多用，很难提高残膜拣拾机的机具利用率；机具适应性一般，细碎残膜拣拾率不高；膜与茎秆、杂草分离效果不显著，需要二次清选，影响残膜拣拾后

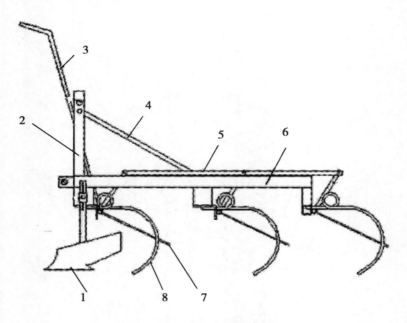

图 3   1FMJ-130 型残膜拣拾机

1. 开沟器；2. 悬挂支架；3. 清膜手臂；4. 拉杆；5. 清膜联动杆；6. 机架；7. 清膜杆；8. 除膜爪

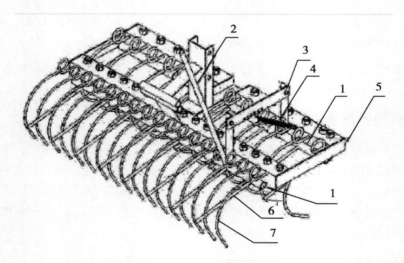

图 4   2MT-160 型残膜拣拾机

1. 转轴；2. 卸膜机构；3. 复位架；4. 弹簧；5. 机架；6. 清膜杆；7. 耙齿

加工再利用。

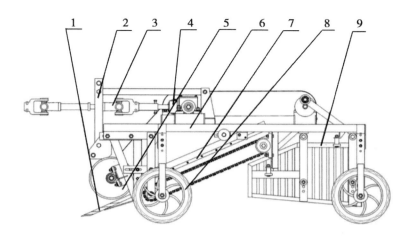

图5　1MFJ-125A 型残膜拣拾机

1. 起土铲；2. 牵引架；3. 万向传动轴；4. 减速箱；5. 滚筒；
6. 机架；7. 运输栅条；8. 地轮；9. 集膜箱

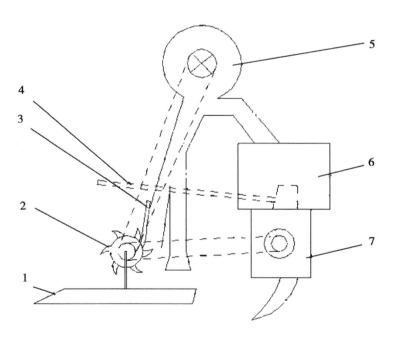

图6　气吸式旋耕残膜拣拾机

1. 铲膜输送板；2. 钉齿拾膜辊；3. 卸膜板；4. 动力轴；5. 吸风
系统；6. 集膜箱；7. 旋耕机

4.2　现用地膜不利于残膜拣拾

现用地膜多为厚度在 0.008mm 以下的超薄地膜，易老化、破碎、拣拾率低，农民拣

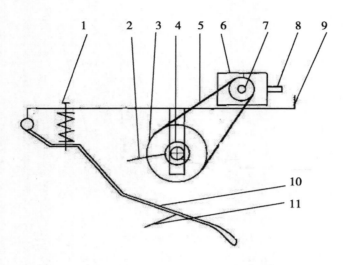

图7 杆齿式残膜拣拾机

1. 仿形机构；2. 杆齿；3. 从动轮；4. 卷膜杆；5. 传动带；6. 传
动箱；7. 主动轮；8. 传动轴；9. 机架；10. 拾膜叉；11. 限深板

拾积极性不高。超薄地膜随使用时长的增加抗拉强度降低快，对残膜拣拾机作业性能有显著的影响，限制了残膜拣拾机具的发展[6]。据相关研究显示，同一材质的地膜，若厚度由 0.008mm 增加到 0.01mm，其抗拉强度将增加 25% [7]，拣拾率就可以达到 90%。因此，增加地膜厚度，提高了残膜拣拾效益，使残膜进入拣拾再利用的循环链条中，逐步形成使用、拣拾、加工、再利用的良性循环。

5 甘肃省残膜拣拾机具发展方向

甘肃省地膜使用量逐年增大，人工拣拾费时费力，劳动强度大，拣拾率低，残膜拣拾的积极性不高。因此，研发适用于甘肃省的残膜拣拾机具对推动甘肃省农用残膜综合治理意义重大。根据研究设计，本文认为残膜拣拾机的研制方向为：残膜拣拾与清选联合作业机，残膜拣拾与耕整地联合作业机，残膜拣拾与整地秸秆还田联合作业机。联合作业机可以降低作业成本，减少机具的进地次数，提高残膜拣拾的经济效益。

6 结论

分析了甘肃省现有 5 种残膜拣拾机具技术特点，总结了残膜拣拾中存在的主要问题，即现有地膜不利于拣拾，现有残膜拣拾机具不够完善。在存在主要问题的基础上提出了甘肃省残膜拣拾机具发展方向：提高地膜厚度；开发设计联合作业机，可以降低作业成本，减少机具的进地次数，提高残膜拣拾的经济效益。

参考文献

［1］史建新，王晓喧，等．新疆棉田残膜回收工艺机具及存在问题分析［J］．新疆农机化，2008（02）：15－18．

［2］蒙贺伟，李进江，王能勇，等．梳齿滚筒式残膜回收机的设计［J］．农机化研究，2012（3）：145－148．

［3］高德梅．残膜回收机械化现状及存在的问题［J］．新疆农机化，2012（03）：15－18．

［4］王恒炜．甘肃推广全膜双垄沟播技术的做法及启示［J］．中国水土保持，2010（4）：20－21．

［5］潘卫云，王天果．螺旋滚筒式残留地膜清理机的研究［J］．农机质量与监督，2012（7）：21－22．

［6］严昌荣，梅旭荣，等．农用地膜残留污染的现状与防治［J］．农业工程学报，2006，22（11）：269－272．

［7］侯书林，胡三媛，等．国内残膜回收机研究的现状［J］．农业工程学报，2002，18（03）：186－190．

山东省农业机械适用性影响因素调查及分析[*]

王兰安　张德科　田绍华

2011 年 8～10 月，山东省农业机械试验鉴定站（下称山东站）组织青岛、淄博、潍坊、济宁、临沂、德州、菏泽等 7 个市 30 个县（市、区）农机技术人员对山东省自然条件、农业生产和农业机械化特点有代表性的鲁东滨海丘陵区、鲁中山区、鲁中南山麓平原和鲁西北黄泛平原等 6 个大区中，选定 5 个县（市、区）为调查对象，各县（市、区）又按照山东站制定的调查实施方案的要求，分别选择了 5 个乡镇的 45 个行政村的农业机械适用性进行了调查。

1 主要作物典型种植模式

山东省主要农作物为小麦、玉米，常年种植面积分别为 5 000 万亩和 4 000 万亩左右。水稻相对种植较少，面积约为 300 万亩。经济作物有花生 1 200 多万亩、棉花 1 200 多万亩、薯类 500 万亩、大豆种植面积比较少等。

1.1 小麦机械种植模式

（1）耕整地方式

玉米收获后秸秆还田，根据小麦播种需要，进行耕整地（深耕、旋耕成免耕）作业。

（2）播种方式

一是耕整地后半精量机械播种和精量播种，行距 12～30cm；二是免耕播种，行距 28cm 左右，播种深度 3～5cm。

（3）收获方式

小麦的机械收获在山东省已广泛普及，联合收割机在蜡熟末期至完熟初期收获，在机收小麦的同时，进行小麦秸切碎还田。如果秸秆量过大或麦茬过高，影响玉米播种作业，可再进行一遍粉碎还田。

1.2 玉米机械种植模式

（1）免耕直播和免耕间作

免耕直播一般为等行距种植，行距一般为 45～70cm，在小麦秸秆覆盖的地表上，一

---

* 基金项目：2009 年公益性行业（农业）科研专项经费项目"农业机械适用性评价技术集成研究"（项目编号：200903038）

次完成玉米播种、化肥深挖、镇压等工序。免耕间作是在小麦尚未收割时套种玉米，根据玉米品种不同调整株距，行距有宽窄行和均匀行两种，宽窄行宽行行距为 80～95cm，窄行行距约为 20～45cm，同免耕直播均匀行距。

（2）田间管理

机械喷洒除草剂或机械除草和机械追肥。

（3）收获方式

在玉米完熟期，进行机械收获成人工收获，秸秆整体粉碎还田回收。

1.3 水稻机械种植模式

（1）插秧

主要采取人工插秧和机械插秧，其中人工插秧 5 株为宜，机械插秧 4 株为宜。插秧株距 12～15cm、行距 27～30cm、深度 3～5cm。

（2）耕地整地情况

小麦收割腾茬后旋耕土地，放水泡田平整。

（3）科学管理，适时浇水施肥

以机械插秧为例，旋耕泡田前施底肥 15kg/亩，一周后施返青肥 4kg/亩；机械插秧当天浇水、当天放水，待水稻返青一周后进行灌水。

（4）适时收获

收获时作物的成熟度在完熟期。采用机械收获和人工收获。

1.4 马铃薯机械种植模式

（1）整地

主要有两种方式：旋耕后播种，犁耕整地后播种。

（2）播种

采用一次完成播种、施肥、起垄和覆膜作业；机械化起垄，人工点种或人工下种，机械化起垄覆土。

（3）杀秧

机械杀秧或人工杀秧。

（4）收获

收获时机在作物完熟期，采用分段收获，即利用马铃薯收获机使马铃薯均匀成条地筛选在地面上，通过人工分级（大小）装箱。

2 主要适用性问题及分析

2.1 影响耕整地机械适用性因素的分析

（1）土壤质地

不同的土质，土壤的比阻不同。

（2）土壤墒情

土壤湿度过大，一会造成土壤比阻增大，影响工作效串；二会造成轮胎下陷过深，陷深轮胎下陷深度增加，耕层加大，功率不足。如果土壤过湿，不利于翻土和碎土，耕作质量差。

（3）前茬作物

前茬作物影响主要表现在两个方面，第一是地表以上的秸秆对耕作部件产生缠绕和壅堵；第二是地表以下作物的根系，增加入土难度和增加前进的阻力。

（4）地块大小

地块太小，地头转弯过频，影响生产率。

2.2 影响免耕播种机适用性因素的分析

（1）土壤墒情和土壤质地

土质不同，土壤的比阻不同，土壤湿度过大或过低影响工作效率和作业效果。

（2）前茬作物

前茬作物影响主要表现在两个方面，第一，地表以上的秸秆对播种机产生缠绕和壅堵，第二是地表以下作物的根系，增加播种机的入土难度和增加播种机前进的阻力。不同前茬作物的秸秆量、粗细、坚韧度不同，根系的大小和牢固程度不同，对播种的影响程度也不同。

（3）作业方式

作业方式主要影响播种深度及其稳定性，播种过深或过浅（甚至会出现晾籽），都会影响正常出苗。平作时地表较为平整，控制播种深度相对较为容易。但对垄作来说，要实现免耕播种就相对困难，对机具的适用性要求更高。

（4）秸秆处理

秸秆的长短，对免耕播种机作业效果的影响是不同的，长秸秆更容易缠绕和壅堵播种机，导致播种机无法正常工作；秸秆的分布、根茬是否破碎也直接影响播种部件与秸秆接触的数量和频次，对播种效果产生不同的影响。

（5）地块大小

地块太小，地头转弯过频，影响生产率。

2.3 影响谷物收割机械适用性因素的分析

（1）作物含水率（成熟度）

秸秆湿度过大，使秸秆柔软，在同一喂入量的情况下，谷物秸秆进入搅笼后，不容易切断和打碎，造成搅笼缠绕和壅堵。由于谷物颖壳的潮湿，堵塞筛孔，风机吹不走谷物颖壳，影响谷物和秸秆的分离，影响脱粒和谷物收割质量。

（2）作物产量（草谷比）

亩产量高，若作业时草谷比过大，单位时间进入脱粒装置的谷物对多，易造成搅笼缠绕和堵塞。

（3）地块条件

地块较小，影响作业效率；地块中谷物倒伏过多，影响作业质量。

（4）作物品种

影响作业质量和生产效率。

2.4 影响玉米联合收割机适用性的分析

（1）种植方式

包括：行距、垄作、作业方式等。

（2）作物因素

包括作物品种、成熟度、果穗下垂率、倒伏率、含水率等。

（3）地块条件

包括地块大小、土壤含水率及坚实度等；就影响程度来讲：① 对于对行摘穗式玉米收获机，种植模式是主要影响因素，其中，玉米种植的行距不统一是目前影响玉米收获机适用性最主要的因素。受影响的主要性能指标是总损失率和生产效率。② 对于全喂入玉米籽粒收获机，作物成熟程度是主要的影响因素，主要包括籽粒含水率及秸秆含水率。受影响的主要性能指标是籽粒破碎率、籽粒含杂率及总损失率。③ 对于对行摘穗式玉米籽粒收获机，适用性既受种植模式影响，又受作物成熟程度影响。受影响的主要性能指标是总损失率、籽粒破碎率及籽粒含杂率。

2.5 影响马铃薯播种机（覆膜）适用性因素的分析

（1）土壤类型

在黏土或轻黏土地里作业，开沟过程和膜边覆土过程中容易出现大小不同的土块，影响了膜下播种深度（覆土厚度）一致性、膜边覆土厚度、宽度一致性、膜的破损程度、采光面宽度等。

（2）土壤含水率

一般土壤含水率应在 15% ~ 25% 。土壤含水率太低不适于覆膜播种作业；土壤含水率太高，种子覆土器和膜边覆土器因粘上泥土而影响种子覆土和膜边覆土效果。

（3）风速

作业风速太大，膜边不能按预定位置铺下压住，影响膜边覆土厚度和宽度、采光面展平度以及膜的损伤率等。

（4）作业速度

悬挂覆膜播种机的拖拉机，行进速度不能过高，过高会影响播种均匀性、采光面展平度、膜的损伤率。

（5）整地情况

地表不平整会影响种子覆土深度的一致性；膜边覆土厚度和宽度，增加膜的损伤率；有石块、树根及较大土块会影响种子和膜边的覆土效果，也会增加膜的损伤率；土壤过于蓬松，因为压膜轮液压过深超过了设计值，从而影响膜边覆土厚度和宽度，也会增加膜的损伤率。

2.6 影响马铃薯收获机适用性因素的分析

（1）土壤类型

在黏性土壤收获时，泥块容易结块，不易漏掉，铃薯分离困难，明薯率降低、破皮率增加。

（2）收获时机

收获太早，马铃薯破皮率增加。

（3）土壤含水率

土壤含水率过低，土壤板结，入土困难，泥土分离困难，作业时生产率降低，破皮率增加；土壤含水率过大，泥土分离困难，作业时明薯率降低，地面泥泞，影响作业效率。

（4）地块大小

地块太小，地头转弯过频，影响生产率。

花生收获机适用性影响因素
及性能指标分析[*]

崔传兵

目前，我国花生种植面积约 8 000 万亩，在油料作物中仅次于油菜位居第二，广泛分布在山东、江西、河南、辽宁、四川等地。当前花生收获主要由人工完成，劳动强度大、效率低、损失率高。随着农村经济的增长、外出务工人员的增加，农村劳动力越来越匮乏，广大花生种植户对花生收获机械化的需求越来越迫切，因此，实现花生机械化收获具有显著的社会效益和经济效益。据测算，如果实现了花生收获机械化，每亩可以减少支出与损失共计约 150 元。

目前国内花生收获机械的种类和普及现状不容乐观，主要是由于国内市场上的花生收获机械种类偏少且普遍存在农机与农艺不统一、适用性能力差的问题。因此对影响花生收获机适用性的各种因素进行调查研究分析，实现农机与农艺的有机结合，切实解决花生收获机械适用性差的技术问题，对我国花生收获机械的普及及国内花生收获产量的提高有着极其重要的现实意义。山东省农业机械试验鉴定站从 2009 年开始对影响花生收获机适用性的各种因素进行了调查、研究和分析，研究的对象主要是花生联合收获机，同时兼顾花生挖掘机。

1 花生收获机适用性影响因素分析

1.1 土壤质地对花生收获机适用性的影响

实践证明，花生生长适宜环境是土质疏松，活土层深厚，通气排水良好的土壤或者沙质土壤。沙土、壤土等土质松软不板结，不易造成旱涝等地质灾害，有利果针入土结荚；而黄土、黑土等土质比较容易板结，质地坚实、易涝。因此最适合花生生长的土质应为沙土和壤土。但是有的地区受地质条件的限制，只好把花生种在黄土或黑土地里了，这大大提高了后期收获的难度。土质太黏，干了地表会太硬，不宜雌芯穿入土中结果，太硬的土质也会压迫果实的成长并导致不规则果形。疏松透气的沙壤土最适宜花生的生长与结实，而且沙壤土中的花生收获时泥块不易粘在果荚上，容易去土，从而减少果土分离损失；而

* 基金项目：2009 年公益性行业（农业）科研专项经费项目"农业机械适用性评价技术集成研究"（项目编号：200903038）

黏性土壤在收获时泥块容易粘在果荚上，不易去除，造成了花生机械收获时分离泥土的难度加大，从而对去土机构提出了更高的技术要求，限制了花生收获机的使用。

1.2　土壤含水率对花生收获机适用性的影响

风调雨顺是农民最期盼的事情，但十有八九不遂人愿。风不调雨不顺就会导致花生秧蔓倒伏，花生种植地干燥板结或是泥泞，难以作业。花生秧蔓倒伏严重后，使得部分花生收获机难以顺利扶秧，无法达到正常夹持输送，不能正常收获，造成丢果严重，特别是顺垄倒伏的秧蔓更是无法收获。土地干燥板结，造成花生果实随土板结，部分花生收获机前端松土器难以成功松土，从而导致在夹持输送时果、土难以分离，收获损失增加。土壤含水率大，地面泥泞，收获机无法下地或行走困难，收获时果、土、薄膜等混成一团，无法清选彻底，难以达到设计和农艺要求。

土壤含水率的高低在一定程度上决定了土壤的黏度、硬度等物理属性，进而影响着花生收获机的作业性能。以农业部南京农业机械化研究所针对 4HLB-2 型半喂入花生联合收获机所做的适宜机收花生的土壤含水率试验为例进行分析。

试验前，将花生试验田分为 8 块，对其进行编号然后进行不同程度的浇水处理，使其各自的含水率不一样，进而形成不一样的花生收获试验条件。然后将花生带土启秧，运回实验室进行测定各试验地块的花生土壤含水率（表1）。

表1　试验田8种不同含水率

试验田编号	1	2	3	4	5	6	7	8
土壤含水率	4.2%	6.5%	8.4%	9.3%	11.7%	13.8%	15.2%	17.6%

试验时，机器作业参数为：秧蔓夹持高度 200mm、夹持输送速度 1m/s、摘果辊转速 280r/min、清土频率次 224 次/min、角振幅 24.5°。花生果秧通过人工喂秧后，由机器完成收获作业，8 种不同土壤含水率各重复 3 次试验，每次喂秧 10 株，每次作业后测定收获损失率和荚果含土率，计算平均值为检测结果，如图 1 所示。

试验结果表明，土壤含水率对收获损失率和含土率均有影响。当含水率较低时，土壤结块严重，土块与荚果结合坚实，在清土段不易将土块从荚果上拍落，且容易形成掉果损失，最终导致果实损失率和荚果含土率均相对较高。当含水率稍高时，土壤较为松软，在清土机构作用下土块与果荚易分离，损失率和含土率较低。机器实际收获作业过程中，还有花生挖掘、夹持拔取两个工序，尤其是在秧蔓夹持拔取时，同样存在上述影响，低含水率土壤较坚实，拔取时落果损失大。从试验结果看，当土壤含水率在 8% ~15% 时，损失率和含土率能维持在较低水平。因此，实际作业时要视土壤实际状况来确定收获作业时机，若遇干旱天气，必要时收获前作轻度的灌溉处理以降低收获损失率和果荚含土率。

"国家行业科技计划根茎类作物生产机械化关键技术提升与装备优化项目"课题组在实地测试时也发现，在土壤含水率过大、花生蔓倒伏较重的地块，花生联合收获机作业效果不尽如人意。当土壤含水率大于 18%，花生蔓倒伏超过 45°时，花生联合收获机无法进地作业。

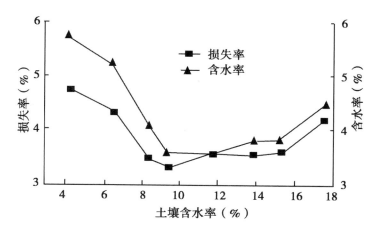

图1　土壤含水率与果实损失率和含土率关系

在产品鉴定过程中也发现，对于花生挖掘机，当土壤含水率较高时，收获花生的含土率也较高。

1.3　花生种植模式对花生收获机适用性的影响

花生的种植模式分为平作和垄作两种，它们各有特点。

垄作的特点是：便于灌排，畦面上土层疏松，通气好，地面受光面积大，春季升温快，在春季保墒好的情况下，苗壮、烂种轻。起垄种植的花生清株彻底、省工，中耕时不易埋苗、压蔓，培土恢复垄形后，有利于通风透光，土壤昼夜温差大，荚果发育好，易于后期收获。

平作的特点是：土层深厚且不易涝的田块多采用，但不如垄作的产量高。平作简单省工，但排水不良时易涝，烂果较多，后期不易联合收获。

目前，国内的花生联合收获机大多是针对垄作花生设计的，缺乏平作花生的联合收获机，这些垄作联合收获机只能用于垄作花生的收获，这极大地限制了花生联合收获机利用率的提高，影响了花生联合收获机的适用性。

其实目前挖、拔结合的花生联合收获机更注重行距，也就是小行距收获。当行距大于30cm时，现有机械一次挖掘、夹持两行就有困难，因此说行距影响更大，垄作更适合半喂入联合收获。垄距也对花生收获机的田间通过性影响较大。

1.4　花生品种对花生收获机适用性的影响

花生品种主要区别在自然高度、结果范围、果实大小等。

经调查和试验，收获时花生的自然高度会影响收获机的作业性能。目前花生联合收获机适宜的最佳高度为40cm左右（30~50mm）。

结果范围主要是指花生的株型（包括直立型、蔓生型和半蔓生型），实际使用表明只有直立型品种适合花生联合收获。目前山东省或者说我国大部分地区种植的花生品种基本上是适宜花生联合收获的直立型的。

果实大的花生，一般秧高，根系长，适合用收获机收获。果实小的花生，一般秧矮，根系短而结实，机械收获时无法正常夹到合理位置，造成机械无法拔取，输送差，达不到正常作业效果。

1.5 花生病虫害对花生收获机适用性的影响

在花生种植后，用药不及时，地下花生遭到病虫害侵袭，造成花生未达到熟期就出现死秧断系等症状，干枯的花生秧无法用机械化作业，只能用人工收获。

1.6 花生种植地块对花生收获机适用性的影响

种植地块的大小对花生收获机适用性的影响也较大。地块小，花生收获机作业效率低或无法作业，较大地块才适合花生收获机作业。

1.7 花生收获时机对花生收获机适用性的影响

花生的收获时机对花生收获机适用性的影响也不可小觑。收获太早，花生还不成熟，含水率高，蔓果比高，作业效果不好；收获太晚，花生过了成熟期，蔓果比低，自然落果多，作业效果也不好。

1.8 花生收获机结构对花生收获机适用性的影响

花生收获机的结构从行走方式可分为悬挂式和自走式，从输送方式可分为全喂入式和夹持式，从作业方式可分为挖掘式和联合式。悬挂式一般为轮式，自走式一般有轮式和履带式。

在土壤含水率比较大的情况下，轮式花生收获机与地面接触面积小，对地面的压强大，在田间行走困难，有可能造成地面板结，增加后期田间耕种难度；履带式花生收获机的履带与地面接触面积较大，对地面的压强小，能在田间正常行走，对地面伤害轻，基本不会造成地面的板结。

轮式花生收获机在公路上行走方便快捷，但在田间地头转弯却费时费工，不灵活，田间收获适用性差；履带式花生收获机在公路上行走比较慢，但在田间作业时，灵活方便，尤其是地头转向，更是快捷，田间收获适应强。

全喂入式花生收获机结构复杂，作业效果一般，对花生品种及土质要求一般；夹持式花生收获机结构简洁，作业效果较好，对花生品种及土质要求较高。目前市场上见到的大部分是夹持式花生收获机。

挖掘式花生收获机作业功能单一，只能完成花生的挖掘，整体生产效率低，但使用范围广；联合式花生收获机可一次性完成挖掘、输送、摘果、清选、收集等作业，整体生产效率高，但使用范围较窄。

2 受适用性影响较为突出的性能指标分析

目前考核花生收获机的性能指标主要有4项：挖掘式有埋果率、破碎率、含土率和纯作业小时生产率，联合式有总损失率、破碎率、含杂率和纯作业小时生产率。

综上所述，对花生收获机适用性的影响因素有 8 个：土质、土壤含水率、种植模式、品种、病虫害、地块、收获时机和产品结构。

据调查，性能指标与适用性影响因素之间的关系可用表 2 表述。

表 2 性能指标与适用性因素之间的关系

影响因素 性能指标	土质	土壤含水率	种植模式	品种	病虫害	地块	收获时机	产品结构
总损失率 （埋果率）	V	V		V	V		V	V
破碎率		V		V	V		V	V
含杂率 （含土率）	V	V		V	V		V	V
纯作业小时生产率	V	V	V	V	V	V	V	V

注："V"表示两者有关系

由此可见，受适用性影响较突出的性能指标依次为：一是纯作业小时生产率，二是总损失率（埋果率）和含杂率（含土率），三是破碎率。

3 总结及解决措施

通过以上研究分析可得出，种植花生的土壤质地、土壤含水率及花生种植模式、花生品种、花生病虫害、种植地块、花生收获时机和花生收获机产品结构等都会影响花生收获机的适用性，影响着花生收获机械化的实现，都一定程度上制约着花生收获机械化的提高。充分分析研究这些影响花生收获机适用性的因素，在生产实践中避开这些影响因素，做到农机与农艺有机结合，从而提高花生收获机的适用能力。

为了提高花生收获机的适用能力可以采取以下措施。

① 种植时，选用优质的直立型大花生品种。

② 在条件允许的情况下，尽量选取沙壤地种植花生。

③ 尽量选用较大地块，采用垄作种植，提高生产率。

④ 收获时，选取适当的成熟期。

⑤ 收获时通过轻度灌溉处理花生地或适当延迟收获使其土壤含水率适宜。

⑥ 优化产品设计，降低不必要的损失。

⑦ 鼓励平作花生联合收获机的研制，丰富产品结构、规格、型号，增加农民选择。

谷物联合收割机适用性
影响因素及分析*

吴庆波**

（山西省农业机械质量监督管理站，山西太原　030027）

摘　要：农业部于 2009 年由科技司设立行业专项《农业机械适用性评价技术集成研究》（项目编号：200903038）研究农业机械适用性问题，山西省农业机械质量监督管理站承担了谷物联合收割机适用性评价方法的研究，经过大量的调研和田间性能试验工作，分析研究提出谷物联合收割机适用性影响因素和受适用性影响较为突出的性能指标。

关键词：谷物联合收割机；适用性；影响因素；性能指标

Analysis of the Factors Affecting for
the Applicability of Grain Combine

Wu Qingbo

（Shanxi agricultural machinery quality supervision and
management station, Shanxi Taiyuan 030027）

Abstract：in 2009, the Ministry of agriculture had established Special industry by the Department of science and technology, "Applicability evaluation technology research for agricultural machinery" （project number：200903038） study on suitability of agricultural of agricultural machinery, Shanxi agricultural machinery quality supervision and management station undertake research of evaluation method of suitability for grain combine harvester, through the field test and investigation performance of a lot of the performance index analysis, factors affecting grain combine harvester applicability and applicability of the more prominent.

Key words：grain combine harvester; applicability; influencing factors; performance indicators

* 基金项目：农业部公益性行业（农业）科研项目（项目编号：200903038）

** 作者简介：吴庆波（1966—），男，高级工程师，从事农机试验与鉴定，E-mail：wuqb0222@163.com

　　近年来，农业机械化呈现快速发展，谷物联合收割机在广大农村得以大量推广和使用。应该说经过多年研究探索，我国稻麦作物的收获技术已经非常成熟，但是，我国幅员辽阔，从南到北，从平原到丘陵山区，从田间条件到作物品种，谷物联合收割机受多种因素的影响，不同程度地存在着适用性问题。也就是说，一台质量合格的谷物联合收割机，随着使用区域的不同，由于一些使用条件的变化，会出现性能质量下降，甚至不能正常作业。适用性问题在谷物联合收割机跨区作业时表现最为突出，因此而发生的质量投诉事件很多。当然，适用性问题不仅仅存在于谷物联合收割机领域，用于田间作业的农业机械普遍存在。农业部于 2009 年由科技司设立行业专项《农业机械适用性评价技术集成研究》（项目编号：200903038）对此问题进行研究，山西省农业机械质量监督管理站承担了谷物联合收割机适用性评价方法的研究，经过大量的调研和田间性能试验工作，对谷物联合收割机适用性影响因素和受适用性影响较为突出的性能指标作如下分析与探讨。

1　谷物联合收割机受适用性影响较为突出的性能指标

　　JB/T5117—2006《全喂入联合收割机 技术条件》标准中所列的性能指标为总损失率、破碎率、含杂率和生产率四项，NY/T498—2002《水稻联合收割机 作业质量》和 NY/T995—2006《谷物（小麦）联合收获机械 作业质量》两标准中所列的性能指标只有总损失率、破碎率、含杂率 3 项。生产率是谷物联合收割机设计时考虑的一个关键参数值，它本身于适用性关联不是很紧密，喂入量大的机器割台宽自然生产率高，相反喂入量小的机器割台窄自然生产率就低。另外，谷物联合收割机作业时总损失率、破碎率、含杂率 3 项性能指标，经常是广大机手和农民用户关注的对象，用户投诉所反映的质量问题也重点集中在这三项性能指标上，因此，确定总损失率、破碎率、含杂率为谷物联合收割机受适用性影响较为突出的性能指标。

2　谷物联合收割机适用性影响因素分析

2.1　喂入量对谷物联合收割机使用性能的影响

　　收割机在设计时都会把喂入量确定为它的主参数，往往根据它来确定各个部件的结构和动力分配。这说明喂入量对谷物收割机使用性能的影响是很大的。在实际使用中，驾驶员很难保证谷物收割机维持在设计的额定喂入量工况下进行作业，比如在田间地头收割机要降低行进速度喂入量就会减小；地块亩产量的变化也随时影响着喂入量的变化；机手为了提高效率，人为提高前进速度，会增大喂入量等，这就要求谷物联合收割机必须满足在一定喂入量范围内能适应实际作业的需求，保证正常的作业状态，使用性能不会出现明显下降。

2.2　作物含水率对谷物联合收割机使用性能的影响

　　作物含水率一般是指籽粒含水率和茎秆含水率，通常情况下茎秆含水率都随着籽粒含水率成正比变化着，考虑到研究的方便性，暂且只考虑籽粒含水率的影响因素。行业标准

JB/T5117—2006《全喂入联合收割机 技术条件》中规定的性能指标是在满足籽粒含水率12%～20%的情况下进行的。根据调查发现，实际作业过程中，籽粒的含水率经常超出这个范围，比如山西省临汾地区是个小麦主产区，该地区的水田和旱田基本上各占50%。小麦收获期间经常是旱田进入了完熟期，水田还在腊熟期，每年收割机跨区作业期间，水田农户基本上跟随旱田的收获期进行收割，这种情况下籽粒的含水率经常都在30%左右，茎秆含水率会在60%左右，有时甚至更高。调查发现，作物含水率的增高，会很大程度上加大收割机各部件的负荷，造成部件运行速度的下降，影响作业质量，严重时会造成筛选机构、卸粮机构的堵塞，致使损失急剧增加或造成部件损坏。

2.3 草谷比对谷物联合收割机使用性能的影响

草谷比是谷物联合收割机试验中经常提到的作业条件，它的变化也会影响到机器作业质量的相应变化。一般来讲，草谷比偏大不利于收割机的正常作业，因为谷物联合收割机收获的对象是谷物，秸秆的比例越大，意味着收割机工作时清选、分离等工作部件的工作负荷就越大。收割机在设计时就应从结构参数上进行充分优化，使得其清选、分离等机构有足够面积和运动参数来保证在适收期不同草谷比状态下能很好地完成作物脱粒后的清选、分离等作业。

2.4 作物品种对谷物联合收割机使用性能的影响

作物品种的不适应也是谷物联合收割机比较棘手的问题。根据调查，高寒地区一般以种植春小麦品种为主，春小麦品种的特点是比较难于脱粒，在这些地区进行作业过程中，收割机不同程度地存在着脱不净损失偏高的现象。相反，某些冬小麦区域的作物品种易于脱粒（特别是在作物完熟阶段），这可能不会给收割机脱粒、清选、分离等部件带来什么困难，但是很可能会造成割台损失率的增加。另外，有的长芒作物品种（如大麦），作业时经常会出现大量长芒堵塞在清选筛孔里，如果不及时清理，会严重影响清选效果。同时由于筛面上的物料不能及时处理，随着筛箱的抖动会造成大量的籽粒损失在田间。这些问题都要求谷物联合收割机在设计时，应从脱粒滚筒、拨禾轮的结构或者是工作参数方面进行大量试验研究，来解决谷物联合收割机对不同品种作物的适应性问题。

2.5 作物自然高度对谷物联合收割机使用性能的影响

作物自然高度的影响一般可以通过草谷比反映出来，这里主要强调的是割台对作物自然高度的适用性影响。一般谷物联合收割机都有拨禾轮的升降装置，通过一定范围的调节，可以适应不同自然高度作物的收割作业，但也有两种例外的情况，比如在干旱地区，某些年份里，稻麦产量会很低，秸秆也很低。根据调查，作物自然高度小于35cm时，一般谷物联合收割机再调节拨禾轮就不能适应了；另外，南方有些水田作业地区，比如杂交超级稻产量会很高，秸秆也很高，根据调查，湖北监利一带的中稻作物，有时作物的自然高度会达到140cm左右，这时，机手一般选择提高割茬高度来解决割台和脱粒部件的适用性问题。但是，如果用户不能接受高割茬的情况下，难题就出现了，有时会出现割台堵塞或者出现滚筒缠绕等不适用情况。

2.6　倒伏程度对谷物联合收割机使用性能的影响

倒伏是稻麦收获时期经常会遇到的作业条件，面对倒伏作物，各种谷物联合收割机的表现不尽相同。一般情况下，面对不倒伏（倒伏角0°~30°）或中等倒伏（倒伏角30°~60°）工况都能正常地进行收获作业，作业性能基本不会出现大的变化。严重倒伏（倒伏角60°~90°）的工况下，多数机型都会选择沿倒伏角的逆向进行收割，而且必须在低速挡位上进行作业，同时要保证工作部件的转速在设计转速附近运行，这种工况条件下只能考察机器的作业质量，不能考察机器的生产效率了。

2.7　泥脚深度对谷物联合收割机使用性能的影响

泥脚深度也是稻麦收获时期经常会遇到的作业条件，尤其是南方早稻的收获期，由于下茬作物的季节很紧，早稻收获只能选择在有水的条件下进行，这时泥脚深度是水稻联合收割机必须面对的作业条件。据调查，一般情况下，水田的泥脚深度在25cm以下。标准规定履带式机型对土壤单位面积上的接地压力不大于24kPa，目前国内生产的履带式机型接地压力一般在22~24kPa，接地压力较小的机型，一般结构重量较轻，履带的接地面积较大，适应泥脚深度工况的能力较强。相反，接地压力较大的机型，一般结构重量较重，履带的接地面积较小，适应泥脚深度工况的能力较差。轮式机型多数作业对象是北方的稻麦作物，一般不会遇到由于泥脚深度带来的通过性问题，但是，北方也有水旱田之分，由于收获期季节性很强，轮式机型经常要在雨后等条件下进行作业，轮胎打滑也是经常需要面对和克服的难题，轮式机型大都采取高花轮胎为驱动轮胎来克服这种难题，因此，轮式机型也应当考虑泥脚深度的适用性问题。

2.8　作业环境温度对谷物联合收割机使用性能的影响

现在市场上的谷物联合收割机产品，绝大多数都有采用液压操作控制的工作部件。液控部件从设计和使用角度来讲，相对易于配置，并且操作快捷方便，但它的可靠性较差，尤其是在高温的工作环境下，液压件的泄露、油管爆裂等问题经常出现。另外，有些变速箱体密封条件不好，遇到高温的工作环境也会出现机油泄露等现象。小麦收获作业期间，一般都无法回避高温的工作环境，所以，谷物联合收割机的设计也应当考虑其在高温环境下的适应问题。

2.9　田块及田间道路状况对谷物联合收割机的影响

目前我国农村大部分地区还是分户小田块的作业模式，特别是丘陵山区的田间道路多数都是又窄又陡，大型谷物联合收割机转弯半径大、通过性能差，这给大型谷物联合收割机在田间作业和中间转移带来了很多的不适应，而中小型谷物联合收割机就比较适合这些地区的使用。另外，在设计时必须考虑重心的合理性问题，以适应丘陵山区的田间道路坡陡弯急的复杂状况。相反，在东北、新疆一些土地比较宽广的地区，地块相对比较大，农场化经营比较集中，这些地区大型谷物联合收割机就比较适合，而小型谷物联合收割机由于生产效率低，难以适应当地需求。

2.10　海拔高度对谷物联合收割机使用性能的影响

海拔高度对谷物联合收割机使用性能的影响主要反映到发动机的适用性，海拔高的地区，大气压较低，会出现发动机进气量不足而影响其功率的正常发挥，最终导致谷物联合收割机各工作部件由于功率不足，影响谷物联合收割机作业质量，严重时不能正常作业。

3　谷物联合收割机适用性影响因素的确定

根据 NY/T2082—2011《农业机械试验鉴定 术语》标准中对农业机械适用性的定义，谷物联合收割机适用性可定义为谷物联合收割机在明示作业区域内自然条件、作物品种、农作制度条件下，具有保持规定特性和满足当地农业生产要求的能力。

根据以上定义和已经确定的谷物联合收割机受适用性影响较为突出的三大性能指标：总损失率、破碎率、含杂率。海拔高度作为自然条件因素对谷物联合收割机使用性能确有影响，它与产品所选配发动机关联非常直接，与机器本身的设计参数等关联并不紧密；田块、田间道路条件不直接影响机器的使用性能，用户在选择机器时，会根据其使用区域的田块、田间道路特点去作出合理选择；作业环境温度能影响到谷物联合收割机液压件的正常使用，但这个问题一旦出现往往会造成谷物联合收割机直接不能工作，与其他因素不同，与机器作业性能关联也不是很紧密。基于上述考虑，谷物联合收割机适用性评价应明确的影响因素为喂入量、籽粒含水率、草谷比、作物品种、自然高度、倒伏程度和泥脚深度。

参考文献

[1] NY/T 2082—2011，农业机械试验鉴定 术语［S］. 中国标准出版社，2011.

[2] NY/T 498—2002，水稻联合收割机 作业质量［S］. 中国标准出版社，2002.

[3] NY/T 995—2006，谷物（小麦）联合收获机械 作业质量［S］. 中国标准出版社，2006.

[4] JB/T5117—2006，全喂入联合收割机 技术条件［S］. 中国标准出版社，2006.

山西主要农作物生产过程中影响农业机械适用性因素分析[*]

张建平^{**}　周航捷

（山西省农业机械质量监督管理站，山西太原　030027）

摘　要：山西南北狭长，气候及地理环境状况差异较大，用于农作物生产的农业机械适用性也存在很大差异，本文对主要农作物的生产模式以及对机械作业的影响因素进行了分析。

关键词：主要农作物；生产过程；农业机械；适用性；分析

Shanxi Main Factors Affecting Agricultural Machinery Applicability Analysis During the Process of Crop Production

Zhang Jianping，Zhou Hangjie

（Agricultural machinery quality supervision and management stations in Shanxi Province）

Abstract：Shanxi，north and south is long and narrow，climate and geographical environment different，applicability is also used for crop production of agricultural machinery existence very big difference，in this paper，the main production model of crops，and analyzes the influence factors of machinery operation.

Key words：main crops；production process；agricultural machinery；application；analysis

为完成"农业机械适用性评价技术集成研究"课题的需要，笔者组织了对山西省主要农作物机械化作业影响因素的调查，旨在了解山西省目前的农业机械化作业状况和查找分析影响山西省农业机械化发展的原因，从而能根据山西省的自然特点进一步加快山西省的农机化进程。

1　山西区域环境条件和自然因素

山西省，地处华北西部的黄土高原东翼。地理坐标为北纬 34°34′～40°43′、东经

---

* 项目名称：农业部行业专项 农业机械适用性评价技术集成研究，项目编号：200903038

** 作者简介：张建平（1958—），男，山西人，工程师，研究方向：农业机械质量检测

110°14′~114°33′。东西宽约 290km，南北长约 550km，全省总面积 15.6 万 km²，约占全国总面积的 1.6%，2010 年总人口 3 571 万人。山西位于黄河中上游东岸的黄土高原之上，丘陵、盆地布满其间，在隆起的高原中部，为一连串断陷盆地。以贯通南北的同蒲铁路为中轴，由北向南贯穿大同盆地、忻定盆地、太原盆地、临汾盆地和运城盆地共五大盆地，像一串糖葫芦。另有长治盆地在山西东南部的沁潞高原区，旧称上党盆地。

山西地形多样，高差悬殊，因而既有纬度地带性气候，又有明显的垂直变化。山西地处中纬度，距海不远，但因山脉阻隔，夏季风影响不大，属温带大陆性季风气候。年平均气温 3~14℃，昼夜温差大，南北温差也大。西部黄河谷地、太原盆地和晋东南的大部分地区，平均温度在 8~10℃。临汾、运城盆地年均温度达 12~14℃。冬季气温全省均在 0℃以下，夏季全省普遍高温，7 月份气温 21~26℃。山西无霜期南长北短，平川长山地短。大同盆地为 110~140 天，五台山仅 85 天，忻州盆地以北和东部山区 135~155 天，临汾、运城盆地则长达 200~220 天。全省年降水量在 400~650mm，但季节分布不均匀，夏季 6~8 月降水高度集中且多暴雨，降水量约占全年的 60% 以上。全省降水受地形影响很大，山区较多，盆地较少。

山西省境地形多样，山地、丘陵、残塬、台地、谷地、平原等交错分布，而以山地，丘陵为主。据有关资料显示，全省的山地、丘陵、平原三大类地形大体比例为 4：4：2。对于各地市，其分布比例状况又相对较大（表 1），从全省范围看，总的地势是"两山夹一川"，东西两侧为山地和丘陵的隆起，中部为一列串珠式盆地沉陷，平原分布其间。

表 1 山西省地貌表

	山地	丘陵	平原
全省	40.0%	40.3%	19.7%
雁北地区	45.8%	31.0%	23.2%
朔州市	34.5%	34.3%	31.2%
忻州市	53.5%	36.0%	10.5%
太原市	56.8%	25.5%	17.7%
晋中市	45.3%	38.0%	16.7%
吕梁地区	42.4%	49.2%	8.4%
阳泉市	34.9%	64.6%	0.5%
临汾地区（含运城市）	29.2%	51.6%	19.2%
长治市	35.9%	44.3%	19.8%
晋城市	37.5%	51.3%	11.2%

2 主要农作物的种植模式

全省辖 11 个市、115 个农业县，现有耕地面积 5 600 多万亩，人均耕地 2 亩，可机耕面积占 52%，农作物种植以小麦、玉米、马铃薯为主，兼有高粱、莜麦、黍谷、荞麦、豆类等小杂粮，常年种植小麦 1 000 万亩左右、玉米 2 200 万亩左右、马铃薯 600 万亩左右。据统计截至 2011 年 10 月，全省农机总动力达到 2 787 万 kW，其中，大中型拖拉机 7.32 万台、联合收割机 15 500 台（其中，小麦收割机 9 500 台、玉米收获机 6 000 台），马铃薯种植机械 1 450 台，马铃薯收获机 2 509 台，主要农作物机械化水平达到 51.1%。

农作物种植除运城、临汾粮食主产区有一年两熟的两茬平作外，其他区域多为一年一熟。

2.1 小麦种植模式

从调查资料汇总情况看，小麦主要种植模式：
① 机械旋耕—机械播种/施肥—机械植保（灌溉喷药）—机械收获。
② 机械旋耕/播种/施肥—机械植保（灌溉喷药）—机械收获。
③ 机械免耕播种/施肥—机械植保（灌溉喷药）—机械收获。

2.2 玉米的主要种植模式

① 机械旋耕—机械播种施肥/铺膜—机械植保—机械收获/人工收获。
② 机械旋耕—机械播种/施肥—机械中耕/人工中耕—机械收获/人工收获。
③ 人工播种—人工中耕—人工收获。

2.3 马铃薯主要种植模式

① 机械起垄/播种/施肥—机械中耕—机械植保（喷灌喷药）—机械杀秧—机械收获。
② 机械旋耕—人力/畜力播种施肥—人工中耕—机械收获/人工收获。

3 关键农业机械在生产作业中的主要适用性问题及分析

3.1 按作物分类

3.1.1 小麦机械化作业适用性影响因素分析

从本次调查情况看，小麦种植作业机械化适用性主要影响因素如下。
① 环境温湿度方面的影响。有 38% 的调查意见表明，土壤湿度较大时，会出现驱动轮打滑，影响耕作机械、播种机械和施肥机械正常作业。
② 大气压力的影响。有 26% 的调查意见表明，大气压力的高低，会对拖拉机或柴油机产生影响，但在山西省海拔高度范围内影响不明显。
③ 风力的影响。有 48% 的调查意见表明，风力较大时，影响播种机械、施肥机械、铺膜机械和植保机械正常作业。

④雨雪环境的影响。雨雪天，各种田间作业机械都不能正常工作且作业不能满足农艺要求。

⑤土壤条件的影响。有51%的调查意见表明，土壤坚实度高，机械入土困难，作业时牵引阻力增加，影响耕作机械、种植机械和施肥机械正常作业。

⑥作物条件的影响。小麦生长情况影响收获机作业效果的主要因素有作物品种自然高度、倒伏程度、草谷比、收获时作物的成熟度、穗幅差、产量以及种植密度等。有70%的调查意见表明，小麦作物条件影响收获质量。

3.1.2 玉米机械化作业适用性影响因素分析

从调查情况看，玉米种植过程作业机械适用性的主要影响因素如下。

①环境温湿度方面的影响。有38%的调查意见表明，土壤湿度较大时，会出现驱动轮打滑，影响耕作机械、播种机械和施肥机械正常作业。

②大气压力影响。大气压力的高低，在山西省影响不明显。

③风力影响。风力较大时，影响播种机械、施肥机械、铺膜机械和植保机械正常作业。有48%的调查意见表明，风力较大时，影响播种机械、施肥机械、铺膜机械和植保机械正常作业。

④雨雪环境的影响。雨雪天，各种田间作业机械都不能正常工作且作业不能满足农艺要求。

⑤土壤条件的影响。土壤坚实度较大时，会出现秸秆还田效果差或动力不足的现象，影响耕作机械、种植机械和施肥机械正常作业。

⑥作物条件的影响。作物条件影响玉米收获机作业效果的主要因素有作物品种、株高、结穗高度、行距、植株直径、种植密度、产量、下垂度、倒伏度及收获期的迟早等。有70%的调查意见表明，作物条件影响收获质量。

3.1.3 马铃薯种植作业机械适用性影响因素分析

从调查情况看，马铃薯种植过程作业机械适用性的主要影响因素如下。

①环境温湿度方面的影响。土壤湿度对机械的影响。土壤湿度较大时，会出现驱动轮打滑，影响耕作机械、播种机械和施肥机械正常作业，也影响马铃薯收获机械的正常作业，使马铃薯与泥土的分离不彻底。

②大气压力的影响。大气压力的高低，在山西省影响不明显。

③风力影响。风力较大时，影响植保机械、铺膜机和施肥机械正常作业。

④雨雪环境的影响。雨雪天，会出现驱动轮打滑，也会对土地碾压板结影响作物生长，各种田间作业机械都有影响不能正常工作且作业不能满足农艺要求。

⑤土壤条件的影响。土壤坚实度较大时，收获铲不易入土，会使力消耗过大，也影响耕作机械、种植机械和施肥机械正常作业。

⑥作物条件的影响。作物条件影响马铃薯收获机作业效果的主要因素有种植密度、产量、成熟期的早晚、行距杂草及秧蔓等。

3.2 按机具分类

3.2.1 耕作机械（深松犁、铧式犁、旋耕机）

对耕作机械作业效果影响的主要因素是土壤质地和土壤含水率。

① 土壤质地是黏土或黏壤土时，土壤坚实度高，相应的犁耕比阻也大，耕作阻力大牵引功耗高，耕作速度慢，作业效果不好；沙壤土则土壤坚实度低，犁耕比阻小。

② 土壤含水率低，则土壤坚实度大，犁耕比阻也大，牵引功率高，耕作碎土率低。土壤含水率过高则影响耕作机械的碎土率，容易出现驱动轮打滑。

3.2.2 播种机械

对播种机械作业效果影响的主要因素是土壤墒情或土壤含水率、秸秆还田效果，地块平整度。

① 土壤含水率过低，则土壤坚实度大，排种器入土困难，牵引阻力加大；土壤含水率过高容易使驱动轮打滑，排种器堵塞。土壤含水率过高或过低都会造成播种质量差，出苗不齐，影响产量。

② 秸秆还田效果差，地表杂草多，容易引起播种机拥堵或排种器堵塞。造成漏播或晾籽，出现缺苗断垄现象。

③ 地块平整度差，可引起播深差异较大，容易造成晾籽和播种不均匀，也能反映出播种机的仿形性能。

3.2.3 收获机械

对收获机械作业效果影响的主要因素是：作物长势、倒伏情况、种植密度、产量高低，作物含水率。

（1）小麦收获机

喂入量、籽粒含水率和茎秆含水率、草谷比、作物品种、自然高度、倒伏程度等是影响机器正常使用的重要因素。

① 喂入量是由作物亩产量、机器前进速度及割茬高度间接作用的，一般情况下机器应在设计喂入量附近工作，喂入量过高，会出现堵塞或性能下降，喂入量过低也会出现由于物料流过薄而产生脱不净等情况。

② 籽粒和茎秆含水率较高时往往是成熟早期或雨后收割，含水率过大往往会造成喂入量急剧加大，出现脱不净、清选不干净甚至堵塞等现象，含水量过小，会出现茎秆被打碎，造成清选负荷加大，清选性能下降。

③ 作物品种主要是指脱粒难易程度的影响。作物自然高度过高，往往要通过割茬高度调整喂入量，割茬过低会加大割台损失；倒伏严重会使割台损失加大、工作效率降低；产量过高影响草谷分离；作物含水率高，机器负荷增大，收割损失增大。

（2）玉米收获机

行距、株距、株高、结穗高度、倒伏程度、果穗下垂度、茎秆折弯率、籽粒含水率、茎秆（苞叶果柄）含水率、果穗直径、果穗长度、茎秆直径、产量、作物品种等，是影响机器正常使用的重要因素。

① 行距的影响。行距的适用性主要是由机器的设计参数决定的，也有些机器采用特

殊结构可实现不对行收获，但收获效果不是很理想。

②	株距及产量的影响。株距、株高及亩产量一般和机器的生产效率相关联的，株距小、秸秆高、产量过大的情况下，机器不能及时摘穗和输送，影响机器的工作效率。产量过高，也会造成功耗增加，机器不能正常工作甚至形成堵塞。

③	结穗高度的影响。结穗高度的影响是和割台允许下降幅度有关的，有些机型在摘滚下方配置立式还田机构，由于割茬高度不能降得很低，因而不能很好地适应较低的结穗高度。

④	果穗下垂度较大、茎秆折弯较多一般是收获晚期，果穗下垂后穗头部位较低，影响摘辊正常作业，同时由于小头冲下，很可能被夹在摘辊结合部造成堵塞，影响正常作业。而茎秆折弯多时也会造成处理不及时，形成堵塞或含杂过高。

⑤	作物含水率的影响。籽粒、茎秆含水率过高的影响一般是同步的，会造成籽粒破损、部件堵塞等，含水率过低，一般是收获晚期，果穗剥皮容易，但会出现籽粒损失加大。

⑥	果穗尺寸的影响。果穗直径大、果穗长度长和茎秆直径粗的影响也是同步的，会使输送不畅，摘辊变形等。

⑦	作物品种的影响。作物品种不同，耐旱程度和抵御自然灾害的程度也不同，会使剥皮难易程度不一致或抗倒伏程度不同，倒伏过于严重是一般机器比较难处理的情况，影响机器正常作业或增加收获损失。

喷灌机适用性评价用户调查法的研究[*]

周航捷　李武代　吴庆波[**]

（山西省农业机械质量监督管理站，山西太原　030027）

摘　要：喷灌机适用性评价是喷灌机推广鉴定中的一项重要评价内容，喷灌机适用性评价有多种方法，本文介绍了喷灌机适用性评价用户调查方法，并通过应用实例验证了该方法的可操作性与可行性。

关键词：喷灌机；适用性评价；用户调查法

Abstract：sprinkler suitability evaluation is an important content in the evaluation of sprinkler promotion appraisal，sprinkler applicability evaluation has a variety of methods，this paper introduces the applicability evaluation user survey method，sprinkler and operability of this method is verified by application examples and feasibility.

Key words：sprinkler；suitability evaluation；user survey

0　引言

农业机械适用性是指农业机械产品在当地自然条件、作物品种、农作制度条件下，具有保持规定特性和满足当地农业生产要求的能力。根据这一概念，喷灌机适用性影响因素包括：风速风向、地形坡度、土壤质地、作物种类条件 4 个因素，每个因素划分为 3 个水平，层次结构模型见图 1。适用性评价性能指标确定为喷灌均匀度系数、喷灌强度、雨滴打击强度。

1　抽样方法

① 确定抽样框，抽样框列表中除必要的用户信息外，还应包括用户使用的地形条件、土壤质地、种植作物种类等。

② 调查的样机或用户，应根据产品明示适用范围在抽样框中抽取，其数量应保证各

＊　基金项目：农业部公益性行业（农业）科研项目（项目编号：200903038）

＊＊　作者简介：吴庆波（1966—），男，山西太原，高级工程师，从事农机试验与鉴定，E-mail：wuqb0222@163.com

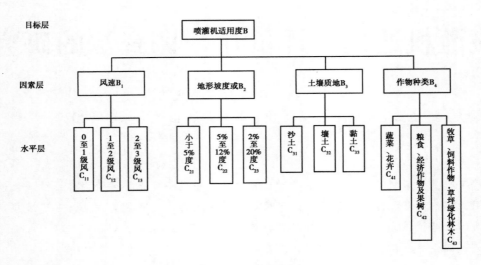

图1　喷灌机适用性评价层次结构模型

种地形坡度、土壤质地和作物种类均不少于 5 户。（各种地形坡度、土壤质地和作物种类视为独立事件，不考虑各种因素水平的不同组合情况，因为实际使用中的喷灌机都是在已知的地形坡度、土壤质地和作物种类条件下进行选型配置的，不会出现各种影响因素的动态变化）。

　　③ 抽样程序：可先按土壤质地各抽 5 户，共 15 户，检查 15 户中是否满足 3 种地形坡度和 3 种作物种类各 5 户，如果满足，完成抽样。如果不满足，继续抽样，直至满足为止。该抽样方法的抽样数量能够覆盖各种条件的最少用户为 15 户，最多为 35 户。

　　④ 企业销售产品的所有用户中土壤质地、地形坡度、作物种类中某种条件不满足 5 户时，该条件的用户全数抽样，没有某种条件的用户时，评价结论应对该条件进行限制。

2　调查方法

　　用户调查可采用实地调查、发函调查和电话询问调查 3 种方法。调查表见表 1。

表 1　喷灌机适用性评价用户调查表

用户名称			联系电话	
产品型号			产品名称	
生产企业			安装使用日期	
使用地点			系统压力	
喷头型号			喷嘴直径	
土壤质地	土壤质地条件		沙土 □　　壤土 □　　黏土 □		
	适用度	沙土	优 □　　良 □　　中 □　　较差 □　　差 □
		壤土	优 □　　良 □　　中 □　　较差 □　　差 □
		黏土	优 □　　良 □　　中 □　　较差 □　　差 □
作物类型	作物类型		蔬菜、花卉 □　　粮食、经济作物、果树 □ 牧草、饲料作物、草坪、绿化林木 □
	适用度	蔬菜、花卉类	优 □　　良 □　　中 □　　较差 □　　差 □
		粮食经济作物	优 □　　良 □　　中 □　　较差 □　　差 □
		牧草饲料作物	优 □　　良 □　　中 □　　较差 □　　差 □
喷灌期间风力	喷灌期间风力条件		0 ~ 1 级 □　　1 ~ 2 级 □　　2 ~ 3 级 □
	适用度	0 ~ 1 级	优 □　　良 □　　中 □　　较差 □　　差 □
		1 ~ 2 级	优 □　　良 □　　中 □　　较差 □　　差 □
		2 ~ 3 级	优 □　　良 □　　中 □　　较差 □　　差 □
地面坡度	地面坡度条件		0% ~ 5% 坡度 □　　5% ~ 12% 坡度 □　　12% ~ 20% 坡度 □
	适用度	0% ~ 5% 坡度	优 □　　良 □　　中 □　　较差 □　　差 □
		5% ~ 12% 坡度	优 □　　良 □　　中 □　　较差 □　　差 □
		12% ~ 20% 坡度	优 □　　良 □　　中 □　　较差 □　　差 □

3　评价模型研究

3.1　影响因素的权重分配研究

采用 Delphi（专家咨询）法确定适用性评价的权重系数（表 2）。

表 2 影响因素及权重分配表

影响因素			影响因素水平	
名称/符号	权重/符号		名称/符号	权重/符号
风力风向/B_1	0.3/S_1		0~1 级/C_{11}	0.4/S_{11}
			1~2 级/C_{12}	0.4/S_{12}
			2~3 级/C_{13}	0.2/S_{13}
地形坡度/B_2	0.2/S_2		<5 %/C_{21}	0.5/S_{21}
			6%~12 %/C_{22}	0.3/S_{22}
			13%~20 %/C_{23}	0.2/S_{23}
土壤质地/B_3	0.2/S_3		沙土/C_{31}	0.33/S_{31}
			壤土/C_{32}	0.34/S_{32}
			黏土/C_{33}	0.33/S_{33}
作物种类/B_4	0.3/S_4		蔬菜、花卉/C_{41}	0.1/S_{41}
			粮食、经济作物及果树/C_{42}	0.6/S_{42}
			牧草、饲料作物，草坪绿化林木/C_{43}	0.3/S_{43}

3.2 将所有用户对各影响因素水平所作的评价结果进行统计

3.3 对每一影响因素水平的用户评价结果按优、良、中、较差和差赋以指数，对应的指数为 5、4、3、2、1，记作 F_k

3.4 分别计算各影响因素水平 C_{ij} 的评价指数 E_{ij}，为所有调查用户对其评价指数的算术平均值

$$E_{ij} = \frac{1}{n} \sum_{k=1}^{n} F_k \qquad (式 1)$$

式中：

E_{ij}——各影响因素水平 C_{ij} 的评价指数；

n——该影响因素水平调查用户数；

F_k——第 k 个用户的评价指数。

3.5 计算各影响因素 B_i 的评价指数 E_i

$$E_i = \sum_{j=1}^{m} E_{ij} S_{ij} \qquad (式 2)$$

式中：

E_i——影响因素 B_i 的评价指数；

E_{ij}——影响因素水平 C_{ij} 的评价指数；

S_{ij}——影响因素水平 C_{ij} 的权重；

m——影响因素 B_i 的水平个数（这里 $m=3$）。

3.6 计算喷灌机适用性评价指数 E

$$E = \sum_{i=1}^{N} E_i S_i \ (式 3)$$

式中：

E——喷灌机适用性评价指数；

E_i——影响因素 Bi 的评价指数；

S_i——影响因素 Bi 的权重；

N——影响因素的个数（这里 $N=4$）。

3.7 根据适用性评价指数确定适用性评价结果。适用性评价指数与评价结果的对应关系见表3

表3　适用性评价指数与评价结果的对应关系

评价指数 E	E < 3	3≤E≤4	E > 4
评价结果	不适用	适用	适用性较好

4 用户调查评价方法的应用

对山西征宇喷灌有限公司生产的PKC-76型轻小型喷灌机进行抽样调查30个用户，用户调查结果见表4，适用性评价指数见表5。

表4　用户调查汇总表

影响因素	评价等级		调查内容		
风速风向适用程度	风速		0～1级	1～2级	2～3级
	适用程度选择户数/评价指数	优	1 / 5	0	0
		良	13 / 52	8 / 32	6/ 24
		中	5 /15	9 / 45	12 / 36
		较差	2 /4	4 /8	3/6
		差	0	0	0

（续表）

影响因素	评价等级		调查内容		
土壤质地 适用程度	土壤类型		沙土	壤土	黏土
	适用程度选择 户数/评价指数	优	3 /15	1 /5	0
		良	4 /16	5 /20	2 /8
		中	0	1 /3	4 /12
		较差	0	0	1 /2
		差	0	0	0
地形坡度 适用程度	坡度		<5%	6% ~ 12%	13% ~ 20%
	适用程度选择 户数/评价指数	优	5 /25	4 / 20	3 /15
		良	2 /8	3 /12	4 /16
		中	0	0	0
		较差	0	0	0
		差	0	0	0
作物种类 适用程度	作物种类		蔬菜、花卉	粮食、经济 作物及果树	牧草、饲料作物， 草坪绿化林木
	适用程度选择 户数/评价指数	优	0	2 /10	3 /15
		良	0	3 /12	3 /12
		中	5 /15	2 / 6	1 / 3
		较差	2 /4	0	0
		差	0	0	0

表 5　PKC-76 型轻小型喷灌机用户调查法适用性评价指数汇总表

测评因素	评价指数
风力风向适用性	$E_f = 3.35$
地形坡度适用性	$E_d = 4.61$
土壤质地适用性	$E_t = 3.86$
作物种类适用性	$E_z = 3.98$
PKC-76 型轻小型喷灌机综合适用性	$E_z = 3.89$

5　结论

对照表 3，PKC-76 型轻小型喷灌机适用性评价单项结论为：风力风向"适用"；地形坡度"适用性较好"；土壤质地"适用"；作物种类"适用"。综合结论为"适用"。与多年来社会反映基本一致。

谷物联合收割机田间性能试验
同步接样系统[*]

吴庆波[**]　高太宁　张玉芬　周航捷

（山西省农业机械质量监督管理站，山西太原　030027）

摘　要： 结合当前谷物联合收割机田间性能试验的实际状况，研制了一套用于谷物联合收割机田间性能试验的自动控制同步接样系统，解决了人工接样环节工作量大、强度高、环境恶劣、安全隐患大、测试精度低等难题。阐述了接样装置及控制系统的结构、组成及工作原理，根据试验结果对系统的精度进行了分析。

关键词： 谷物联合收割机；田间；性能试验；接样

0　引言

随着谷物联合收割机的不断推广使用，损失率等作业质量越来越得到机手和农民的普遍关注。早在 20 世纪 60 年代，许多欧美国家就开始运用传感器技术研究联合收割机损失监视器[1]，国外一些高端品牌作为附件使用，我国研究的单位和部门并不多，成型产品还很难见到。该监视器对机手操作有一定的指导意义，但用于评价谷物联合收割机的质量指标就不可取了，因为它显示的瞬时损失量与 JB/T5117—2006 规定的收获损失率概念不同，其测试精度以及传感器安装位置的局限性直接影响着监测结果。目前，田间性能试验通常还是采用人工的方法，将收割机通过测区时分离装置和清选装置的所有排出物，以及由籽粒升运器输送进入粮仓的谷粒分别收集起来，分类处理和称量，计算喂入量、损失率、破碎率和含杂率等性能指标。人工方法进行接样[2]，工作强度高，人员在出粮口、茎秆及颖糠排出口接样工作环境恶劣，同时存在很大的安全隐患，接样精度得不到保证。德国 TU Dresdn 德累斯顿工业大学研究的一种田间试验装置[3]（图 1），只适用于排草、排糠一致向后的机型，最大的问题是移动性差，很难适应跨区域不同条件的测试需求。目前我国谷物联合收割机的主流机型均为侧排草，据统计，2012 年全国保有量就超过 50 万台，检测机构每年开展田间性能检测的频次很多，研制一套用于谷物联合收割机田间性能试验的便携式接样及样品处理装置意义重大。

---

* 基金项目：农业部公益性行业（农业）科研项目（项目编号：200903038）

** 作者简介：吴庆波（1966—），男，山西太原，高级工程师，从事农机试验与鉴定，E-mail：wuqb0222@163.com

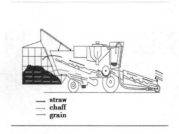

图 1 　德国 **TU Dresdn** 德累斯顿工业大学研究的一种田间试验装置

1　接样装置的结构

1.1　颖糠接样装置

颖糠接样装置由电机、悬挂框架、滑道移动杆件、链条、接样袋等组成（图2）。电机选用具有制动功能的工业减速电机；悬挂框架包括悬挂座及框架，四点悬挂的悬挂座焊接在框架的左、右纵杆上，用于将颖糠接样装置挂接在谷物联合收割机筛箱的后方，框架由前后横杆、左右纵杆焊接组成，框架上联接电机、链传动轴承座等；接样袋通过挂环与框架上的前横杆、左右滑道下的导杆、移动杆连接，接样袋可通过打开左右导杆上的蝶形螺母方便地取出；滑道固定在框架的左右纵杆下方，滑道中设置滑动轮，滑动轮与移动杆用螺丝固定连接；链条上固定着移动杆沿滑道直线往复运动，实现接样袋的打开、闭合。

1.2　籽粒接样装置

籽粒接样装置由悬挂架、籽粒箱体、导流装置、接样袋等组成（图3）。籽粒箱体由薄钢板焊接而成一个三通腔体，上腔体为籽粒入口，下腔体分为左、右两腔，为籽粒出口；导流装置由导流板、导流板轴、电机、联轴器、行程开关、行程开关拨片等组成；悬挂架可将籽粒接样装置方便地联接在粮仓上方的横向分布搅龙出粮口；接样袋可方便挂接在籽粒箱体的左、右腔出口。选取车用雨刮电机驱动籽粒接样导流板的正、反向旋转，完成籽粒接样装置在测试过程中接样开始、停止。

1.3　茎秆导流装置

目前国内主流谷物联合收割机排草口多为左侧布置，正好在驱动轮和尾轮中部，行进中人工接样安全隐患很大。为了实现便携式的设想，借鉴国外通行作法，在排草口设计安装一个通用性较强的简易导流装置，将排草口出来的排出物全部接取在一定长度和宽度的条形布上，根据事先设置的测区，取出规定区段上的物料即为排草口茎秆样品。

2　接样装置控制系统

接样装置控制系统由电源、微处理器、显示模块、无线遥控模块、继电器模块、传感器等组成。总电路采用收割机上12V蓄电池供电，微处理器和显示模块采用5V电压（利

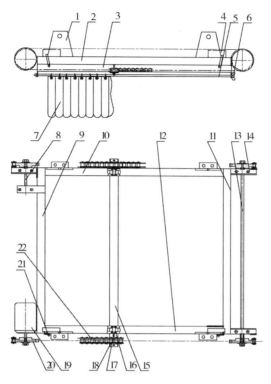

图 2 颖壳接样装置结构简图

1. 悬挂座；2. 框架；3. 滑道；4. 行程开关；5. 导杆；6. 蝶形螺母；7. 接样袋；8. 前链轮轴；9. 前横杆；10. 右纵杆；11. 后横杆；12. 左纵杆；13. 中间链轮轴；14. 轴承座；15. 移动杆；16. 滑动轮；17. 行程开关拨片；18. 链条专用联接附件；19. 电机；20. 链轮；21. 行程开关；22. 链条

用开关型降压稳压器将蓄电池的 12V 电源降至 5V）；微处理器，采用美国 Microchip 公司 PIC16F877A 单片机（256 字节 EEPROM 存储单元，有失电保存数据功能；三路 16 位定时器）；无线遥控模块，包括外置手持式无线遥控器和内置于主板上用于接收信号线路组成；显示模块，采用 12864 液晶显示屏；传感器，分别使用光电传感器、霍尔传感器和限位开关控制籽粒及颖糠接样装置的电机运行。

3　接样装置及控制系统工作原理

首先，打开电源开关，控制系统处于待机状态，收割机在测区前的稳定段正常作业时，按下遥控器上的"A"键，控制系统进入工作状态。当光电传感器感应到收割机进入测区（也可以用遥控器在机器经过测区第一根标杆时发出指令）时，将信号传递给微处理器控制籽粒接样装置和颖糠接样装置，电机正向运转，打开接粮翻板和颖糠接样袋，同

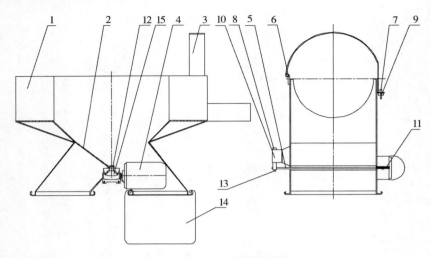

图3　籽粒接样装置结构简图

1. 籽粒箱体；2. 导流板；3. 悬挂架；4. 电机；5. 导流板轴；6. 合页；7. 丝杆；8. 行程开关拨片；9. 蝶形螺母；10. 行程开关；11. 联轴器；12. 导流板顶丝；13. 行程开关拨片顶丝；14. 接样袋

时微处理器中计时器开始计时（图4）。当接粮翻板完全打开时，籽粒接样装置上的霍尔传感器感应到与接粮翻板联动杆件固联磁铁的磁信号，给微处理器发出信号，控制接粮电机正向运转停止，同时，微处理器中计时器记录时间段 T1；当颖糠接样袋完全打开时，颖糠接样袋移动杆件触及限位开关，给微处理器发出信号控制颖糠接样电机正向运转停止，同时，微处理器中计时器记录时间段 T2，这时，籽粒接样装置和颖糠接样装置处于接样状态。

当光电传感器感应到收割机驶出测区（也可以用遥控器在机器经过测区第二根标杆时发出指令）时，将信号传递给微处理器，分别控制籽粒接样装置和颖糠接样装置电机反向运转，关闭接粮翻板和颖糠接样袋，同时微处理器计时器记录时间段 T3 和 T4。当接粮翻板完全关闭时，籽粒接样装置上的霍尔传感器感应到与接粮翻板联动杆件固联磁铁的磁信号，给微处理器发出信号控制接粮电机停止运转，微处理器中计时器记录时间段 T5；当颖糠接样袋完全关闭时，颖糠接样袋移动杆件触及限位开关，给微处理器发出信号控制颖糠接样电机停止运转，微处理器中计时器记录时间段 T6。当籽粒接样装置和颖糠接样装置全部处于关闭状态时，微处理器中计时器停止计时。微处理器自动存储接样各时间段数据，系统返回待机状态。

收割机继续走完排空区，分别取出籽粒接样装置和颖糠接样装置上的接样袋，收集两个标杆中间对应条形布上的茎秆样品，完成收割机一个测试行程的接样工作。

4　试验结果及精度分析

2013 年 6 月，分别选择福田雷沃国际重工股份有限公司生产的 4LZ-2.5E、4LZ-5E 型谷物联合收割机对该系统进行了安装和多次模拟测试，下表中选择了 4LZ-2.5E 型谷物联

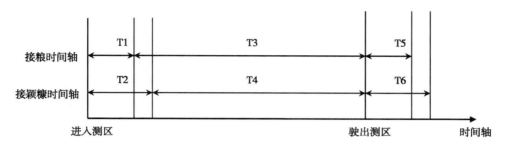

图4 时间采集示意图

T1-籽粒装置打开时间；T2-颖糠装置打开时间；T3-籽粒装置延时接样时间；T4-颖糠装
置延时接样时间；T5-籽粒装置闭合时间；T6-颖糠装置闭合时间

合收割机的 6 个测试行程（每个行程的接样时间 20s）的时间数据来分析接样系统的同步
性及重复精度。

表1 接样系统运行时间统计分析情况表

序号	项目	单位	检测值						
			1	2	3	4	5	6	平均
1	籽粒装置打开时间 T1	s	0.42	0.45	0.46	0.43	0.45	0.42	0.438
2	籽粒装置延时接样时间 T3	s	19.57	19.53	19.55	19.56	19.56	19.57	19.57
3	籽粒装置闭合时间 T5	s	0.43	0.45	0.43	0.44	0.44	0.46	0.442
4	颖糠装置打开时间 T2	s	0.56	0.58	0.54	0.55	0.56	0.52	0.552
5	颖糠装置延时接样时间 T4	s	19.44	19.41	19.47	19.45	19.44	19.47	19.45
6	颖糠装置闭合时间 T6	s	0.55	0.56	0.52	0.54	0.54	0.51	0.537
7	籽粒装置（开/闭）重复误差	s			0.04/0.03				
	颖糠装置（开/闭）重复误差	s			0.06/0.05				
8	接样打开时间同步误差	s	0.14	0.13	0.08	0.12	0.11	0.10	0.113
	接样关闭时间同步误差	s	0.12	0.11	0.09	0.10	0.10	0.05	0.095

① 籽粒接样装置的开闭时间重复误差分别为 0.04s 和 0.03s，颖糠接样装置的开闭时
间重复误差分别为 0.06s 和 0.05s，说明两个接样装置的传动运行稳定性较好。

② 颖糠接样装置的开闭时间比籽粒接样装置的开闭时间略长一些，主要原因一是颖
糠接样装置的开闭行程较大；二是颖糠接样装置电机具有断电制动功能，通电要预先解除
制动才能启动运转。这两个原因也是产生接样装置开闭同步性误差的主要成因。

③ 颖糠接样装置安装时前后有近 300mm 高度差，颖糠接样装置开启时，要克服高差
势能，时间比关闭时间略长一些。

5 结束语

开发田间性能试验同步接样系统的同时，也考虑了样品的便携式田间脱粒及清选处理，由此形成一整套便携式籽粒、茎秆及颖糠接样及处理装置，田间性能试验中大大减少了人员的投入，解决了人工环节工作量大、强度高、环境恶劣、安全隐患大、测试精度低等难题。系统可用于质量检测部门对产品性能实施监督，也能广泛应用于企业开发产品进行适用性研究的性能测试，有利于不断促进企业产品上质量、上水平，有效杜绝质量不过关的产品流向市场，切实维护好广大农民朋友的合法权益。

参考文献

[1] 李俊峰，介战. 联合收割机谷物损失测试研究探讨 [J]. 农机化研究，2007（12）：248-250.
[2] 介战. 我国谷物随机损失率测试展望 [J]. 农机化研究，2009（7）：5-9.
[3] 德国 TU Dresdn 德累斯顿工业大学联合收割机田间试验资料，2010（12）.

基于跟踪测评法的谷物联合
收割机适用性评价[*]

吴庆波^{**}　周航捷

（山西省农业机械质量监督管理站，山西太原　030027）

摘　要：本文基于跟踪测评方法评价谷物联合收割机在某个区域的适用性为目的，运用层次分析法和模糊评价理论，研究确立了适用性跟踪测评理论模型。通过对福田雷沃国际重工股份有限公司生产的4LZ-2.5型谷物联合收割机进行适用性跟踪测评，得出该机器在山西、山东及内蒙古等小麦区域的适用度为94.08%，区域适用性表现良好。

关键词：跟踪测评；谷物联合收割机；适用性

0　引言

　　近些年开展的"农业机械适用性评价技术集成研究"项目提出农业机械适用性评价的基本方法有四种：试验法、跟踪测评法、调查测评法和综合评价法。试验法是在明示的农业机械产品使用地区，选择若干有代表性的农业生产作业条件布点试验，利用试验检测结果评价农业机械适用性的方法。跟踪测评法是在明示的农业机械产品使用地区，选择若干有代表性的农业生产条件下对实际作业用户进行跟踪考核，利用考核结果评价农业机械适用性的方法。调查测评法是明示的农业机械产品使用地区，选择若干有代表性的农业生产作业条件下的一定数量的用户进行使用情况调查，利用调查结果评价农业机械适用性的方法。综合评价法是采用适用性试验测评法、跟踪测评法和用户调查测评法的交叉组合的结果来评价农业机械适用性的方法。

　　谷物联合收割机的适用性研究提出喂入量、籽粒含水率、草谷比、作物品种、自然高度、倒伏程度、泥脚深度7个影响因素和总损失率、含杂率和破碎率3个受适用性影响主要性能指标。比较"农业机械适用性评价技术集成研究"项目提出的4种评价方法，试验法评价相对精确度较好，但是执行难度是最大的。调查测评法执行难度最小，但是现实中由于机手机务常识、文化素质差异较大，会影响评价结果的准确性。另外，用户数量较少时，无法采用该方法。跟踪测评法可以由少量人员在不同时段，选择有代表性的区域，

---

　　*　基金项目：农业部公益性行业（农业）科研项目（项目编号：200903038）

　　**　作者简介：吴庆波（1966—），男，山西太原，高级工程师，从事农机试验与鉴定，E-mail：wu-qb0222@163.com

对谷物联合收割机在不同因素水平条件所表现的适用性，采用简易的评判标准进行评价。这种方法成本低，采用统一的评判标准，评价精度较高，另外，该方法可以较好地解决用户数量偏少时的适用性评价问题。

1　评价体系的建立

我们运用层次分析法（跟踪测评法评价谷物联合收割机适用性的层级关系见图 1）原理来建立谷物联合收割机适用性评价理论模型。

（1）目标层

某区域谷物联合收割机适用度。

（2）确定因素集

把 K + 1 层影响 K 层的各因素构成一个集合 U = ｛u_1，$u_2 \cdots u_n$｝。

（3）确定模糊评语集

V = ｛v_1，$v_2 \cdots v_m$｝ = ｛良好，较好，一般，较差，不适用｝，数量化表示为 V = ｛100，80，60，40，20｝。

（4）建立权重集（因素、水平或指标的权数）

a = ｛a_1，$a_2 \cdots a_n$｝。

（5）评判矩阵

根据集合 U 中各因素 U_i 分别对集合 V 中 V_j 的隶属度关系，构建评判矩阵 R。

$$R = \begin{bmatrix} r_{11} & r_{12} & \cdots & r_{1m} \\ r_{21} & r_{22} & \cdots & r_{2m} \\ \vdots & \vdots & \vdots & \vdots \\ r_{n1} & r_{n2} & \cdots & r_{mn} \end{bmatrix}$$

（6）模糊综合评价向量

$$Y = \alpha \otimes R = ｛y_1，y_2 \cdots y_m｝$$

如果 $\sum\limits_{i=1}^{m} y_i \neq 1$，对结果应进行归一化处理，最终达到 $\sum\limits_{i=1}^{m} y_i = 1$。

根据模糊综合评价向量结果，给出谷物联合收割机某区域适用性的评价结论。

2　确定权重

本文选择专家咨询权数法（特尔斐法）并结合层次分析法（AHP 法）确定的各因素层、指标层及水平层的权重见表 1 至表 3。

表 1　因素层的权重

评价因素	喂入量	籽粒含水率	草谷比	作物品种	自然高度	倒伏程度	泥脚深度
权重	0.40	0.20	0.08	0.13	0.07	0.07	0.05

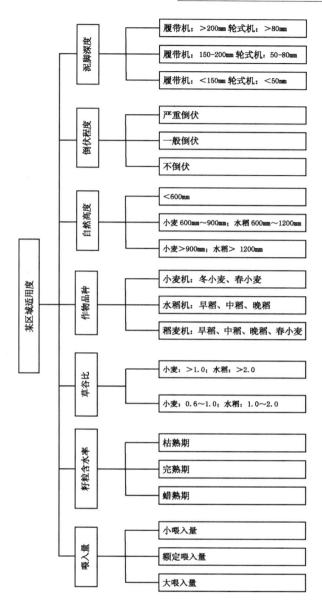

图 1　跟踪测评法评价谷物联合收割机

适用性的层级关系

表 2　指标层的权重

性能指标	总损失率	破碎率	含杂率
权重	0.72	0.19	0.09

表3　因素水平层的权重

喂入量	工况	大喂入量		中喂入量		小喂入量	
	权重	0.28		0.59		0.13	
籽粒含水率	工况	蜡熟期		完熟期		枯熟期	
	权重	0.25		0.55		0.20	
草谷比	工况	小麦: 0.6~1.0; 水稻: 1.0~2.0			小麦: >1.0; 水稻: >2.0		
	权重	0.72			0.28		
作物名称	稻麦机	工况	早稻	中稻	晚稻	冬小麦	
		权重	0.26	0.26	0.28	0.20	
	水稻机	工况	早稻		中稻		晚稻
		权重	0.34		0.32		0.34
	小麦机	工况	冬小麦			春小麦	
		权重	0.69			0.31	
自然高度	工况	小麦 >900mm 水稻 >1200mm		小麦 600~900mm 水稻 600~1200mm		<600mm	
	权重	0.17		0.65		0.18	
倒伏程度	工况	不倒伏: 0°~30°		中等倒伏: 30°~60°		严重倒伏: 60°~90°	
	权重	0.71		0.20		0.09	
泥脚深度	工况	履带式 <150mm 轮式 <50mm		履带式 150~200mm 轮式 50~80mm		履带式 >200mm 轮式 >80mm	
	权重	0.70		0.21		0.09	

3　跟踪测评过程及结论

　　2013年6月8日至9月5日，项目组在山西省、山东省、内蒙古等地分别选择3台在用的福田雷沃国际重工股份有限公司生产的4LZ-2.5型谷物联合收割机进行了适用性跟踪测评，测评范围内涉及冬小麦、春小麦不同作物，涉及不同成熟阶段的作物条件，涉及水田及旱田不同作物自然高度和泥脚深度作业条件，涉及不同程度的倒伏作物条件，也涉及不同产量、不同地区割茬农艺要求而必须面临的喂入量和草谷比变化的作业条件。选择考察的地点是我国冬小麦、春小麦的主要产区，作物品种在小麦产区也有足够的代表性。跟踪过程根据表4确定的简易性能指标统一评价标准，跟踪测评结果汇总情况见表5。

表4 性能指标评价标准

内容＼作物	影响因素							评价结果
	喂入量	籽粒含水率	草谷比	作物品种	自然高度	倒伏程度	泥脚深度	
小麦	损失籽粒每平方米少于0.3W粒，千粒破碎少于8粒，未见杂质					正常作业，效率下降标在称值20%以内	正常作业，效率下降在标称值20%以内	良好
水稻	损失籽粒每平方米少于0.8W粒，千粒破碎少于10粒，未见杂质							
小麦	损失籽粒每平方米介于（0.3~0.45）W粒，千粒破碎介于8~12粒，极少杂质					正常作业，效率下降在标称值20%~40%以内	正常作业，效率下降在标称值20%~40%以内	较好
水稻	损失籽粒每平方米介于（0.8~1.2）W粒，千粒破碎介于10~15粒，极少量杂质							
小麦	损失籽粒每平方米介于（0.45~0.6）W粒，千粒破碎介于12~16粒，少量杂质					只能单向作业，效率下降在标称值40%~60%以内	基本正常作业，效率下降在标称值40%~60%以内	一般
水稻	损失籽粒每平方米介于（1.2~1.6）W粒，千粒破碎介于15~20粒，少量杂质							
小麦	损失籽粒每平方米介于（0.6~0.75）W粒，千粒破碎介于16~20粒，较多杂质					只能单向作业，效率下降在标称值60%~80%以内	勉强正常作业，效率下降在标称值60%~80%以内	较差
水稻	损失籽粒每平方米介于（1.6~2.0）W粒，千粒破碎介于20~25粒，较多杂质							
小麦	损失籽粒每平方米超过0.75W粒，千粒破碎多于20粒，杂质量用户不可接受					不能正常作业	不能正常作业	不适用
水稻	损失籽粒每平方米超过2W粒，千粒破碎多于25粒，杂质量用户不可接受							

注：1. W为水稻或小麦的估计亩产量，单位 kg。

2. 损失籽粒应在随机选取以实际割幅为长度，面积为 $1m^2$ 的矩形框内收集。

表5 跟踪测评结果汇总表

因素	水平条件	适用性评价														
		山东					山西					内蒙古				
		良	较好	一般	较差	差	良	较好	一般	较差	差	良	较好	一般	较差	差
喂入量	小喂入量	3					2	1				2	1			
	中喂入量	2	1				2	1				3				
	大喂入量			1	2			1	2			2	1			
籽粒含水率	蜡熟期	1	2					2	1			1	2			
	完熟期	3					3					3				
	枯熟期	2	1				2	1				1	2			

（续表）

因素	水平条件	适用性评价														
		山东					山西					内蒙古				
		良	较好	一般	较差	差	良	较好	一般	较差	差	良	较好	一般	较差	差
草谷比	0.6~1.0	3					3					3				
	>1.0	2	1				2	1				3				
作物名称	冬小麦	2	1				3									
	春小麦											2	1			
自然高度	>900mm						1	2				3				
	600~900mm	3					3					3				
	<600mm	2	1				2	1				1	2			
倒伏程度	不倒伏	3					3					3				
	中等倒伏	2	1				3					2	1			
	严重倒伏		1	2				1	2						3	
泥脚深度	<50mm	3					3					3				
	50~80mm	2	1				2	1				1	2			
	>80mm		1	2				1	2					2	1	

备注　适用性评价栏内数字为评价"良好、较好、一般、较差、不适用"的样机数量。

3.1　运用跟踪测评理论模型进行适用性评价

3.1.1　喂入量等影响因素的适用性评价

根据表4中大喂入量、中喂入量、小喂入量水平条件下的评价适用性"良好，较好，一般，较差，不适用"的隶属度建立一级评判矩阵如下。

$$R_1 = \begin{bmatrix} \dfrac{3}{9} & \dfrac{4}{9} & \dfrac{2}{9} & 0 & 0 \\[2mm] \dfrac{7}{9} & \dfrac{2}{9} & 0 & 0 & 0 \\[2mm] \dfrac{7}{9} & \dfrac{2}{9} & 0 & 0 & 0 \end{bmatrix}$$

大喂入量、中喂入量、小喂入量水平权重向量：$a_1 = （0.28，0.59，0.13）$。

喂入量的适用性评价向量为：

$B_1 = \alpha_1 \otimes R_1 = （0.652, 0.285, 0.063, 0, 0）$

归一化后得喂入量适用性评价向量 $A_1 = （0.652，0.285，0.063，0，0）$。

同理：可以得到籽粒含水率、草谷比、作物品种、自然高度、倒伏程度、泥脚深度的适用性评价向量分别为：

$A_2 = (0.717, 0.256, 0.027, 0, 0)$

$A_3 = (0.938, 0.062, 0.028, 0, 0)$

$A_4 = (0.782, 0.218, 0, 0, 0)$

$A_5 = (0.863, 0.137, 0, 0, 0)$

$A_6 = (0.864, 0.064, 0.072, 0, 0)$

$A_7 = (0.821, 0.131, 0.048, 0, 0)$

3.1.2 该区域（山西、山东、内蒙古）的适用性评价

根据喂入量、籽粒含水率、草谷比、作物品种、自然高度、倒伏程度、泥脚深度的适用性评价向量 A_1、A_2、A_3、A_4、A_5、A_6、A_7 建立二级评判矩阵如下。

$$R_2 = \begin{bmatrix} 0.652 & 0.285 & 0.063 & 0 & 0 \\ 0.717 & 0.256 & 0.027 & 0 & 0 \\ 0.910 & 0.062 & 0.028 & 0 & 0 \\ 0.782 & 0.218 & 0 & 0 & 0 \\ 0.863 & 0.137 & 0 & 0 & 0 \\ 0.864 & 0.064 & 0.072 & 0 & 0 \\ 0.821 & 0.131 & 0.048 & 0 & 0 \end{bmatrix}$$

各因素组成的权重向量 $a_2 = (0.40, 0.20, 0.08, 0.13, 0.07, 0.07, 0.05)$。

依据跟踪测评法进行的适用性评价向量：

$B_2 = \alpha_2 \otimes R_2 = (0.743, 0.218, 0.039, 0, 0)$

归一化后可得依据跟踪考察法适用性评价向量：

$A_2 = (0.743, 0.218, 0.039, 0, 0)$

3.1.3 评价结论

分析跟踪测评法最终适用性评价向量，福田雷沃国际重工股份有限公司生产的 4LZ-2.5 型谷物联合收割机在山西、山东及内蒙古等小麦区域良好评价概率为 74.3%，较好评价概率为 21.8%，一般评价概率为 3.9%，没有较差和不适用的评价，也就是说适用性总体表现为良好。如果将"良好，较好，一般，较差，不适用"分别以"100，80，60，40，20"进行赋值，可以得到跟踪测评法评价福田雷沃国际重工股份有限公司生产的 4LZ-2.5 型谷物联合收割机在该区域区域的适用度为：

$$SYD = \frac{0.743 \times 100 + 0.218 \times 80 + 0.039 \times 60 + 0 \times 40 + 0 \times 20}{0.743 + 0.218 + 0.039 + 0 + 0} = 94.08\%$$

参考文献

[1] 王莲芬，许树柏. 层次分析法引论 [M]. 北京：中国人民大学出版社，1990.

[2] 刘博，焦刚. 农业机械适用性的评价方法 [J]. 农业机械学报，2006，37（9）：100-103.

内蒙古马铃薯收获机械应用现状分析[*]

侯兰在[1]　班义成[2]　田友谊[1]　王　强[1]

（1. 内蒙古农牧业机械试验鉴定站，内蒙古呼和浩特　010010；
2. 内蒙古农牧业机械推广站，内蒙古呼和浩特　010010）

摘　要： 马铃薯是内蒙古重要的高产粮蔬兼用优势作物，在全区农业生产中占有举足轻重的地位，种植面积逐年增加。由于马铃薯收获受季节和天气限制，收获期仅有十多天。因此，马铃薯收获机械的产品质量、产品在内蒙古地区的适用性对马铃薯收获起着至关重要的作用。本文介绍了马铃薯种植方式和种植机械的基本情况，马铃薯收获机械使用现状及存在的问题，提出了影响马铃薯收获机械作业质量的主要因素和适用于内蒙古的马铃薯收获机械。

关键词： 马铃薯；收获机械；现状

1　前言

　　马铃薯是内蒙古重要的高产粮蔬兼用优势作物，在全区农业生产中占有举足轻重的地位。由于内蒙古具有发展马铃薯生产的独特自然优势，生产的马铃薯口感好，营养丰富，且为绿色农产品，故受到全国消费者的喜爱，种植面积逐年增加。2012 年全区种植面积已达 68.12 万 hm^2，总产量约为 1 000 多万 t。由于马铃薯收获受收获季节和天气限制。内蒙古马铃薯收获期时间一般在十多天。10 月中旬开始霜冻，如马铃薯收获不及时，极易造成损失。因此，马铃薯收获机械的产品质量、产品在内蒙古地区的适用性对马铃薯收获起着至关重要的作用。但是，马铃薯收获除与马铃薯收获机械的产品质量有关外，还与马铃薯收获机械挖掘深度、茎秧状况、马铃薯品种、种植模式、土壤含水率和土壤类型等有着密切的关系。因此，根据马铃薯产地实际情况（茎秧状况、马铃薯品种、种植模式、土壤含水率和土壤类型等），正确选购马铃薯收获机械是十分重要的。

2　内蒙古马铃薯种植方式及种植机械的基本情况

　　马铃薯的种植情况

---

　*　农业部公益性行业（农业）科研专项经费项目（项目编号：200903038），内蒙古农牧业机械试验鉴定站马铃薯收获机适用性评价课题组

2.1 面积

内蒙古马铃薯种植面积逐年增加，特别是近年来，随着节水灌溉技术、种子工程技术、马铃薯种植收获机械在马铃薯种植业上的大量推广使用，内蒙古马铃薯种植面积种植面积逐年增加。其中，乌兰察布市的马铃薯种植面积最大为 26.7464 万 hm^2，并且 80% 为机械化作业。

2.2 种植模式

内蒙古马铃薯种植模式可以分为平作和垄作，平作又可分为传统旱作、机具播种；垄作又可分为小宽垄双行铺膜滴灌、大垄密植。

（1）平作

传统旱作：使用二铧犁开沟，人工播种，行距多为 350~400mm，株距为 40cm 左右，播深 8~12cm；干旱地产量为 750kg/亩，水浇地产量为 1 000kg/亩。

机播平作：由机具播种，行距一般为 40cm 左右，株距为 25~30cm，播深 8~12cm，干旱地产量为 750kg/亩，水浇地产量为 1 000kg/亩。

（2）垄作

小宽垄双行铺膜滴灌：由马铃薯播种机完成播种、铺膜、铺滴灌带等工序，其行距为 40~45cm，垄距 100~120cm，膜下为 2 行，不中耕，不培土。播种深度为 8~10cm。大垄密植：由机具播种，行距一般为 80~90cm，株距为 14~20cm，播深 8~12cm，亩株数为 3 500~4 000 株，浇灌方式为喷灌或滴灌，亩产量为 2 000~3 500 kg，一般为 2 500~3 000kg/亩。

2.3 内蒙古地区马铃薯的品种

内蒙古马铃薯的主要品种有克星一号、福瑞特、大西洋、夏坡蒂，其中克星一号种植面积最大。

2.4 种植机具的主要机型为两行和四行为主，其他为辅

3 内蒙古马铃薯收获机械使用现状及存在的问题

3.1 马铃薯收获机械使用现状

3.1.1 马铃薯技术要点和质量要求

马铃薯块茎成熟的标志是，植株茎叶大部分是由绿转黄，并逐渐枯萎，匍匐茎干缩，易与块茎分离；块茎表皮形成较厚的木柱层，块茎停止增重。但在气温过热，不能进一步生长，或为保证种薯质量，在茎叶未转黄时应收获。生长期较短地区的晚熟品种，在霜期来临时茎叶仍为绿色，在霜后要及时收获。收获前要先割秧，可用人工割，亦可用机械割或喷洒化学药剂。除去茎叶的马铃薯成熟得比较快，它的表皮变硬，水分减少，可减少马铃薯块茎的机械损伤。同时，可克服收获机作业过程中出现的缠绕，壅土，分离不清等现

象，以利于机械收获。内蒙古地区机械收获前，均采用机械杀秧。

3.1.2 质量要求（表1）

表1　马铃薯收获机械的性能质量要求

项　　目		质量指标	
		挖掘机	联合收获机
明薯率	（%）	≥96	／
伤薯率	（%）	≤1.5	≤2
破皮率	（%）	≤2	≤3
含杂率	（%）	／	≤4
损失率	（%）	／	≤4

3.1.3　内蒙古使用的马铃薯收获机械的主要机型

内蒙古使用的马铃薯收获机械的主要机型是国内的生产企业生产的，可以划分为两类。一类是配套动力为36.8kW以下，作业幅宽1 000mm、1 100mm、1 200mm，收获单行或小宽垄双行铺膜滴灌的马铃薯；另一类是配套动力为47.84kW以上，作业幅宽1 500～1 700mm，可以收获两行。

3.1.4　内蒙古马铃薯收获机械使用现状

马铃薯为地下产物，且是块茎繁殖，其收获受收获季节和天气限制。内蒙古收获期在9月下旬到10月初，时间一般在10～20天。10月中旬开始霜冻，如马铃薯收获不及时，极易造成损失。传统的人工收获马铃薯明薯率较低，整个收获过程费工费时，劳动强度大，且易受损害造成损失。因此，利用机械收获马铃薯，实现马铃薯及时收获，提高明薯率和降低损伤率极为重要，马铃薯收获也是内蒙古马铃薯生产的极为重要的环节。

内蒙古马铃薯收获主要有三种收获方式，一种是人工收获，人工挖掘或用拖拉机、牲畜带上犁翻地，人工拣拾。缺点是生产率低，损失率高，劳动强度大。二是马铃薯挖掘机械挖掘，即用拖拉机配带挖掘机（铲）进行挖掘，省去了人工刨挖，但需人工拣拾。收获过程为杀秧→挖掘→分离→铺放→人工分级→人工装袋。三是联合收获法，是用马铃薯联合收获机一次完成所有的收获作业项目，即集挖掘、分离、拣拾、清选一次完成作业。

由于马铃薯收获所需配套动力较大，一般使用大中型拖拉机。过去内蒙古以小型动力机械为主，长期以来，马铃薯收获机械难以推广使用。

近年来，内蒙古农机装备水平快速提高，机群结构进一步优化，在国家和自治区各级购置补贴资金投入的拉动下，全区农机总动力达到3 033.6万kW，拖拉机总台数达到101.5万台。其中，大中型拖拉机保有量超过小型拖拉机，达到51.4万量。为马铃薯收获机械的使用创造了条件。

由于配套动力的变化，马铃薯收获机械也由过去的配套动力小的小型挖掘机向配套动力大的大中型马铃薯挖掘机、联合收获机方向发展。目前，内蒙古共有马铃薯收获机械9 150台套，马铃薯的机收水平达到了39.4%。拥有量最大的盟市为乌兰察布市3 600台套，其马铃薯的机收水平达到了 80%。

3.1.5 内蒙古地区国外马铃薯收获机械使用现状

目前，在内蒙古地区使用的国外的马铃薯收获机械有 Grinun 公司生产的 GVR – 1700 悬挂式两行马铃薯收获机、RL – 1700 半悬挂式收获机、GT – 170 马铃薯收获机等，收获效率高、工作可靠、易于操控，且维护方便，使用寿命长。另外，比利时 AVR 公司生产的 esprit 系列机型、Allan 公司等生产的马铃薯联合收获机，自动化程度也比较高，在内蒙古的大型农场也有应用，但数量很少。

3.2 内蒙古马铃薯收获机械使用中存在的主要问题

3.2.1 国产机型

（1）故障多，可靠性差，使用寿命短

国产马铃薯收获机在使用时经常出现各种故障，如：轴承损坏、焊接开裂、悬挂架变形、输送链条断裂、传动部件损坏等，造成机具无法正常工作，可靠性较差，严重影响收获效率。一般机具使用寿命仅为 2 ~ 3 年，质量较好的机具为 4 年左右，使用寿命较短。而国外马铃薯收获机使用寿命长，一般情况下 5 年更换易损件即可继续使用。

（2）作业质量（性能指标）不稳定

小型机具作业质量不稳定，经常出现伤薯率高、挖不净等现象。

（3）零配件供货难，售后服务不及时

由于马铃薯生产企业规模较小，售后体制不健全，无法及时供给零部件，造成机具维修困难，耽误农时，使得马铃薯无法及时收获而造成损失。

（4）耕地整理少，作业条件艰难

内蒙古马铃薯种植地尚未清理鹅卵石，在收获中极易损坏马铃薯收获机。

（5）机具露天存放，风吹、雨淋、日晒极易造成零部件生锈、密封件老化、润滑油变质失效，使得机具使用寿命变短

3.2.2 进口机型

（1）价格高、使用量少

（2）零配件供货难，售后服务不及时，成本高

4 影响马铃薯收获机械作业质量的因素及推广应用情况分析

4.1 影响马铃薯收获机械作业质量的因素

按照《农业机械适用性评价技术集成研究》分项目任务书的要求，我站马铃薯收获机适用性评价课题组制定了《农业机械适用性评价技术集成研究马铃薯收获机适用性评价 2010 年度试验方案》，2010 年 10 月 12 ~ 30 日分别在呼伦贝尔市陈巴尔虎旗（简称陈旗）和包头市达茂旗进行了试验。在总结分析 2010 年试验结果的基础上又制定了《农业机械适用性评价技术集成研究马铃薯收获机适用性评价 2011 年度试验方案》，2011 年 9 月 17 ~ 26 日分别在陈旗和呼和浩特市武川县进行了试验。试验结果分析如下。

试验对影响马铃薯收获机械作业质量的主要因素挖掘深度、马铃薯茎秧状况、土壤含

水率、土壤坚实度、种植模式、机具质量水平、马铃薯不同品种进行了试验，结论为马铃薯收获机作业质量影响因素主要有：挖掘深度、茎秧状况、马铃薯品种、种植模式、土壤含水率和土壤坚实度、土壤类型六个因素。但考虑到马铃薯全程机械化的典型工艺中有杀秧这一工艺，也就是说在机收前必须经过机械杀秧或化学杀秧（除非茎秧已干枯，不影响收获时，可不杀秧），所以不再考虑茎秧状况这一因素。在对种植模式（垄作、平作）的分析中可看出平作的平均损失率和平均伤薯率都略高于垄作的，并不是特别明显，但考虑到马铃薯种植模式还包括宽窄行等，所以种植模式仍作为马铃薯收获机作业质量的一个影响因素。

经过 2010 和 2011 两年的试验发现马铃薯收获机作业质量影响因素是：挖掘深度、马铃薯品种、土壤坚实度、土壤含水率、种植模式、土壤类型共 6 个因素。

4.2　马铃薯收获机械推广应用情况

近年来，我站对在内蒙古地区使用的马铃薯收获机械进行了性能测试，走访用户、适用性调查，确定了 18 家企业生产的 32 种马铃薯收获机械适合在内蒙古地区推广使用，并进入了 2012 年内蒙古自治区农业机械推广支持目录。这些马铃薯收获机械已在内蒙古地区广泛使用，为内蒙古的马铃薯生产发挥巨大的作用。

5　建议

① 加大科技投入，实现自主创新
② 加大国际合作，关键技术、关键零部件实现全球采购
③ 加强农机的使用培训和售后服务，建立健全农机服务体系
④ 加强农田基本改造，为马铃薯作业机械创造良好的作业环境
⑤ 加强机具的适用性评价，实现不同使用条件，选用不同机具
⑥ 加强马铃薯产业的科学管理和合理规划，做好马铃薯产业整体水平的提高

青饲料收获机适用性影响因素分析与实证[*]

陈晖明[**] 王 强[***] 付 昱 苏日娜 周风林 班义成

（内蒙古农牧业机械化试验鉴定站，内蒙古呼和浩特 010010）

摘 要：本文旨在通过试验研究分析影响青饲料收获机适用性的显著性因素，试验方法依据 GB/T 10394.3—2002《饲料收获机 试验方法》[1]，通过对检测数据采用方差分析发现，影响青饲料收获机适用性的高度显著性因素有作物倒伏条件、植被覆盖量及植被类型及种植模式。

关键词：青饲料收获机；适用性研究；影响因素

Suitability Analysis of Influence Factors and Experiment on Forage Harvester

Chen Huiming，Wang Qiang，Fu Yu，Su Rina，Zhou Fenglin，Ban Yicheng

（Inner Mongolia Agriculture and Animal Husbandry Machinery Test Station，Hohhot 010018，China）

Abstract：This study's purpose is finding significant factors which impact forage harvester's applicability through some tests. The test methods are based on GB/T 10394.3—2002, the test methods of forage harvester. According to the variance analysis of the test data, the author finds that the significant factors which impact forage harvester's applicability uncommonly are crop's lodging conditions, vegetation coverage, vegetation types and planting patterns.

Key words：forage harvester；applicability research；influencing factor

---

 * 基金项目：农业部农业机械适用性评价技术集成研究（200903038）

 ** 作者简介：陈晖明（1961—）男，内蒙古人，内蒙古自治区农牧业机械试验鉴定站，高级工程师，（E-mail：chm-hhht@ sohu. com）

 *** 通讯作者：王强（1977—），男，内蒙古人，内蒙古自治区农牧业机械试验鉴定站，工程师，（E-mail：64043045@ qq. com）

0 引言

青饲料收获机的适用性是指青饲料收获机在当地自然条件、作物条件及种植农艺条件下，具有保持规定特性和满足当地农业生产要求的能力[2]。影响青饲料收获机适用性的因素有很多，而从这些因素中找出影响显著的主要因素对于评价青饲料收获机的适用性、指导生产企业进行合理生产、农民的正确选购都有着十分重要的意义，而本文正是通过进行大量的生产试验，对试验数据进行方差分析，从而得到对青饲料收获机适用性影响主要的因素。

1 材料与方法

1.1 试验样机

试验样机为新疆机械研究院股份有限公司生产的 9QSD-1200 青饲料收获机。

1.2 试验地

为考虑到地区适用性的实际情况，在内蒙古自治区境内选择了以东部、西部有代表性的种植青饲料的地区为试验点，因此确定了呼伦贝尔市的陈巴尔虎旗试验基地和呼和浩特市的和林试验基地，试验地以沙土为主，垄高 190～240mm，株距 240～300mm，垄高、行距、株距按 GB/T5262—2008《农业机械试验条件 测定方法的一般测定》[3]的要求测定，测定时间为 2010 年 9 月 20～28 日，2011 年 9 月 19～28 日。

1.3 试验仪器

试验所用仪器有电子天平（上海清春计量仪器有限公司）、钢直尺（天津市测量仪器二厂）、钢卷尺（哈尔滨普利森量具刃具有限公司）。

1.4 试验方法

损失率和割茬高度按照 GB/T 10394.3—2002《饲料收获机 试验方法》中 6.6.2 的规定进行测定，同时记录每个测区内机具发生堵塞的次数，作为衡量机具通过性的定量指标。

2 数据分析

2.1 对倒伏条件的分析（表1）

表1 不同倒伏条件下的试验结果

条件	损失率（%）	平均损失率（%）	机具堵塞次数	最低割茬高度（mm）	平均割茬高度（mm）
无倒伏	0.9	1.1	0	147	
	1.3		0	117	
	0.7		1	103	122.5
	0.5		0	123	
逆倒伏	2	2.6	3	97	
	3.5		2	127	
	2.4		3	167	137.3
	2.5		2	158	
顺倒伏	1.1	2.1	1	151	
	2.9		0	144	
	2.6		1	197	160.8
	1.9		1	151	

2.1.1 不同倒伏情况的损失率分析

（1）检验假设

不同倒伏程度对损失率没有显著影响。

备择假设：不同倒伏程度对损失率有显著影响。

（2）列出表2

表2 单因素方差分析中的数据结构

	无倒伏	逆倒伏	顺倒伏	合计	
1	0.9	2	1.1		
2	1.3	3.5	2.9		
3	1.7	2.4	2.6		
4	0.5	2.5	1.9		
$\sum_{j=1}^{n} Xij$	3.4	10.4	8.5	22.3	$(\sum X)$
n_i	4	4	4	12	(n)

（续表）

	无倒伏	逆倒伏	顺倒伏	合计	
$\overline{X}_i$	0.85	2.6	2.13	5.58	$(\overline{X})$
$\sum\limits_{j=1}^{n} Xij^2$	3.24	28.26	19.99	51.49	$(\sum\limits_{j=1}^{n} X_{ij}{}^2)$

（3）计算离均方差平方和

求校准系数（C）

$$C = \frac{(\sum X)^2}{n}$$

$$C = \frac{(22.3)^2}{12} = 41.44$$

求 $SS_{总}$：

$$SS_{总} = \sum_{i=1}^{n} \sum_{j=1}^{n} (X_{ij} - \overline{X})^2 = \sum X^2 - \frac{(\sum X)^2}{n} = \sum X^2 - C$$

$$SS_{总} = 51.49 - 41.44 = 10.05$$

求 $SS_{组间}$：

$$SS_{组间} = \frac{\sum_{i}^{n} (\sum_{j}^{n} X_{ij})^2}{n_i} - C$$

$$SS_{组间} = \frac{3.4^2 + 10.4^2}{4} - 41.44 = 6.55$$

求 $SS_{组内}$：

$$SS_{组内} = SS_{总} - SS_{组间}$$

$$SS_{组内} = 10.05 - 6.55 = 3.5$$

（4）列方差分析表

将上述结果汇总到表3内，再按要求计算出各个值，得出方差分析结果见表4。

表3 单因素方差分析表

总变异来源	SS	ν	MS	F 值
总变异	$\sum X^2 - C$	$n - 1$		
组间变异	$\dfrac{\sum_{i}^{n} (\sum_{j}^{n} X_{ij})^2}{n_i} - C$	$k - 1$	$\dfrac{SS_{组间}}{k - 1}$	$\dfrac{MS_{组间}}{MS_{组内}}$
组内变异	$SS_{总} - SS_{组间}$	$n - k$	$\dfrac{SS_{组内}}{n - k}$	

表 4   方差分析结果表

总变异来源	SS	v	MS	F
组间变异	6.55	2	3.28	8.43
组内变异	3.50	9	0.39	
总变异	10.05	11		

（5）确定 P 值

根据 $v_1 = 2$，$v_2 = 9$，查方差分析表得：$F_{0.01}$（2，9）$= 8.0215$，$P = 0.0086$；$F > F_{0.01}$（2，9），$P < 0.01$。

（6）判定结果

由于 $P < 0.01$，因此拒绝检验假设，接受备择假设，即不同倒伏条件对青饲料收获的损失率有高度显著性差异。

2.1.2   不同倒伏条件的机具通过性分析

运用试验的方差分析方法得到表 5。

表 5   方差分析结果表

总变异来源	SS	v	MS	F
组间变异	11.17	2	5.58	11.17
组内变异	2.50	9	0.28	2.50
总变异	13.67	11		

（1）确定 P 值

根据 $v_1 = 2$，$v_2 = 9$，查方差分析表得：$F_{0.01}$（2，9）$= 8.022$，$P = 0.0004$；$F > F_{0.01}$（2，9），$P < 0.01$。

（2）判定结果

由于 $P < 0.01$，因此，不同倒伏条件对机具通过性有高度显著性差异。

2.2   对植被状况的分析（表 6）

表 6   不同植被状况的试验结果

	植被覆盖量（kg/m^2）	损失率（%）	平均损失率（%）	堵塞次数
	0.36	4.2		3
	0.39	3.1		4
赖皮草	0.41	3.5	3.4	3
	0.32	2.8		2

（续表）

	植被覆盖量 （kg/m²）	损失率（%）	平均损失率（%）	堵塞次数
	0.21	0.5		0
	0.19	0.9		0
苋草	0.22	1.6	1.0	0
	0.27	1.1		1

2.2.1 不同植被状况下的损失率分析

运用试验的方差分析方法得到表7。

表7 方差分析结果表

总变异来源	SS	v	MS	F
组间变异	11.28	1	11.28	39.18
组内变异	1.73	6	0.29	
总变异	13.01	7		

（1）确定 P 值

查方差分析表得：$F_{0.01}$（1，6）= 13.75，P = 0.0007；$F > F_{0.01}$（1，6），P < 0.01。

（2）判定结果

由于 P < 0.01，因此，不同植被类型及其覆盖量对青饲料收获的损失率有高度显著性差异。

2.2.2 不同植被状况下的机具通过性分析

运用试验的方差分析方法得到表8。

表8 方差分析结果表

总变异源	SS	v	MS	F
组间变异	15.13	1	15.13	33.00
组内变异	2.75	6	0.46	
总变异	17.88	7		

（1）确定 P 值

根据 $v_1 = 1$，$v_2 = 6$，查方差分析表得：$F > F_{0.01}$（1，6），P < 0.01。

（2）判定结果

由于 P < 0.01，因此，不同植被类型及其覆盖量对机具通过性有高度显著性差异。

以上试验作物品种均是青贮玉米，农艺都是起垄种植。从方差分析的结果可看出不同植被状况对损失率、机具通过性指标都具有高度显著性差异。

2.3 对不同作物品种及种植模式的分析（表9）

表9 不同作物品种及种植农艺的试验结果

农艺	行距（mm）	株距（mm）	损失率（%）	平均损失率（%）	堵塞次数
	457	302	1.9		1
	451	305	2.5		2
紧凑型	462	305	5	2.6	0
	443	306	1.1		1
	640	261	0.4		0
	643	260	0.6		1
中间型	636	263	0.7	0.5	0
	631	262	0.4		0
	670	261	0.5		0
	678	260	0.4		0
平展型	672	263	0.8	0.9	0
	679	262	1.7		0

2.3.1 对不同作物品种及种植模式下损失率的分析

运用试验的方差分析方法得到表10。

表10 方差分析结果表

总变异来源	SS	v	MS	F
组间变异	10.22	2	5.11	4.78
组内变异	9.63	9	1.07	
总变异	19.85	11		

（1）确定 P 值

根据 $v_1 = 2$，$v_2 = 9$，查方差分析表得：$F_{0.01}$（2，9）＝ 8.022，$F_{0.05}$（2，9）＝ 4.256，P ＝ 0.039；$F_{0.05}$（2，9）＜F＜$F_{0.01}$（2，9），0.05＞P＞0.01。

（2）判定结果

由于 0.05＞P＞0.01，因此，不同作物品种及种植模式对损失率的影响介于显著和高度显著之间。

2.3.2　对不同作物品种及种植农艺条件下机具通过性的分析

运用试验的方差分析方法得到表 11。

表 11　方差分析结果表

总变异来源	SS	v	MS	F
组间变异	6.17	2	3.08	7.93
组内变异	3.50	9	0.39	
总变异	9.67	11		

（1）确定 P 值

根据 $v_1 = 2$，$v_2 = 9$，查方差分析表得：$F_{0.01}$（2，9）＝ 8.022，$F_{0.05}$（2，9）＝ 4.256，P ＝ 0.0103；$F_{0.05}$（2，9）＜F＜$F_{0.01}$（2，9），0.05＞P＞0.01。

（2）判定结果

由于 0.05＞P＞0.01，因此作物品种及种植模式对机具通过性的影响介于显著和高度显著之间。

3　总结

综合上述的分析，青饲料收获机适用性影响因素主要有：作物倒伏条件、植被类型及其覆盖量、作物类型及其种植模式（行株距）。

参考文献

［1］GB/T 10394.3—2002，饲料收获机 试验方法［S］.中国标准出版社，2002.

［2］NY/T 2082—2011，农业机械试验鉴定 术语［S］.中国标准出版社，2011.

［3］GB/T 5262—2008，农业机械试验条件 测定方法的一般测定［S］.中国标准出版社，2008.

［4］刘博，焦刚.农业机械适用性的评价方法［J］.农业机械学报，2006，37（9）：100 – 103.

［5］陈志英.农机适用性试验鉴定与评价初探［J］.农业机械，2007（12）：39 – 40.

［6］薛坚，李增嘉，刘煜，等.耙秸还田机械适应性的研究［J］.山东农业大学学报，1994（1）：65 – 69.

［7］刘文卿.试验设计［M］.北京：清华大学出版社，2002.

马铃薯收获机适用性影响因素分析与实证[*]

王海军[**]，曹　玉[***]

（内蒙古农牧业机械化试验鉴定站，内蒙古呼和浩特　010018）

摘　要：本文旨在通过试验研究分析影响马铃薯收获机适用性的显著性因素，试验方法依据 NY/T 648—2002《马铃薯收获机质量评价技术规范》[1]，通过对检测数据采用方差分析发现，影响马铃薯收获机适用性的显著性因素有挖掘深度、马铃薯品种、茎秧状况、土壤含水率、种植模式，而马铃薯成熟度只对马铃薯收获机的伤薯率有影响。

关键词：马铃薯收获机；适用性研究；影响因素

Suitability Analysis of Influence Factors and Experiment on Potato Harvester

Wang Haijun，Cao Yu

（*Inner Mongolia Agriculture and Animal Husbandry Machinery Test Station*，*Hohhot* 010018，*China*）

Abstract：This study analyzed test research of the significant factors impacting potato harvester applicability，the test methods based on the NY/T 648-2002 Potato harvester quality evaluation and technical specifications，the author adopted variance analysis of test data found that influencing potato harvester applicability of the significant factors were digging depth、potato variety、stalks situation、soil moisture content and different planting patterns，yet potato maturity grade only effected loss ratio injury rate of potato harvester.

Key words：potato harvester；applicability research；influencing factor

---

　*　基金项目：农业部农业机械适用性评价技术集成研究（200903038）

　**　作者简介：王海军（1973—）男，内蒙古人，内蒙古自治区农牧业机械试验鉴定站，高级工程师，E-mail：jdzzljdk@163.com

　***　通讯作者：曹玉（1987—），女，内蒙古人，内蒙古自治区农牧业机械试验鉴定站，硕士研究生，E-mail：imaucaoyu@126.com

0　引言

马铃薯收获机适用性是指马铃薯收获机在当地自然条件、作物品种和农作制度条件下，具有保持规定特性和满足当地农业生产要求的能力[2]。影响马铃薯收获机适用性的因素有很多，而找出这些因素中的显著因素对评价马铃薯收获机的适用性评价、生产企业合理生产、农民正确购买都有着十分重要的意义，而文章正是通过试验，对试验数据进行方差分析，从而找出这些影响因素。

1　材料与方法

1.1　试验样机

试验样机为中机美诺科技股份有限公司生产的 1 600 马铃薯收获机（配套动力不小于 58.8kW，收获行数为 2 行，适应行距为 800 ~ 900mm，挖掘宽度为 1 650mm，挖掘深度不小于 250mm）。

1.2　试验地

试验地为呼伦贝尔市陈巴尔虎旗和呼和浩特市武川县，试验地以沙土为主，垄高 190 ~ 240mm，行距 800mm，株距 240 ~ 300mm，垄高、行距、株距按 GB/T 5262—2008《农业机械试验条件 测定方法的一般测定》[3] 的要求测定，测定时间为 2010 年 9 月 20 ~ 28 日。

1.3　试验仪器

试验所用仪器有土壤含水率测定仪（杭州托普仪器有限公司）、电子天平（上海清春计量仪器有限公司）、钢直尺（天津市测量仪器二厂）、钢卷尺（哈尔滨普利森量具刃具有限公司）。

1.4　试验方法

损失率和伤薯率按照 NY/T 648—2002《马铃薯收获机质量评价技术规范》中 5.4.1 的规定进行测定。

2 数据分析

2.1 对挖掘深度的分析（表1）

表 1   不同挖掘深度的试验结果

挖掘深度	挖掘方式	损失率（%）	平均损失率（%）	伤薯率（%）	平均伤薯率（%）
25.1		12.8		4.1	
25.7		18.6		3.9	
27.0	深挖	12.1	14.8	5.2	4.5
25.8		15.6		4.7	
17.0		10.2		14.9	
17.0		13.1		12.3	
15.2	浅挖	13.6	12.3	10.7	12.3
16.8		12.1		11.2	
19.9		3.5		6.1	
20.4	正常	5.6		5.7	
21.2	挖掘	4.7	4.3	3.5	5.1
23.0		3.2		4.9	

2.1.1 不同挖掘深度的损失率分析

（1）检验假设

不同挖掘深度对损失率没有影响。

（2）列出表 2

表 2   单因素方差分析中的数据结构

	深挖	浅挖	正常		
	12.8	10.2	3.5		
	18.6	13.1	5.6		
	12.1	13.6	4.7		
	15.6	12.1	3.2	合计	
$\sum\limits_{j=1}^{n} Xij$	59.1	49.0	17.0	125.1	$\left(\sum X\right)$
n_i	4	4	4	12	(n)
$\overline{X_i}$	14.78	12.25	4.25	10.43	$(\overline{X})$
$\sum\limits_{j=1}^{n} Xij^2$	899.57	607.02	75.94	1 582.53	$\left(\sum\limits_{j=1}^{n} X_{ij}^{\,2}\right)$

（3）计算离均方差平方和

求校准系数（C）

$$C = \frac{\left(\sum X\right)^2}{n}$$

$$C = \frac{(125.1)^2}{12} = 1304.17$$

求 $SS_{总}$：

$$SS_{总} = \sum_{i=1}^{n}\sum_{j=1}^{n}(X_{ij} - \bar{X})^2 = \sum X^2 - \frac{\left(\sum X\right)^2}{n} = \sum X^2 - C$$

$$SS_{总} = 1582.53 - 1304.17 = 278.36$$

求 $SS_{组间}$：

$$SS_{组间} = \frac{\sum_{i}^{n}\left(\sum_{j}^{n} X_{ij}\right)^2}{n_i} - C$$

$$SS_{组间} = \frac{59.1^2 + 49.0^2 + 17.0^2}{4} - 1304.17 = 241.54$$

求 $SS_{组内}$：

$$SS_{组内} = SS_{总} - SS_{组间}$$

$$SS_{组内} = 278.36 - 241.54 = 36.84$$

（4）列方差分析表

将上述结果汇总到表 3 内，再按要求计算出各个值，得出方差分析结果见表 4。

表 3 单因素方差分析表

总变异来源	SS	v	MS	F 值
总变异	$\sum X^2 - C$	$n-1$		
组间变异	$\frac{\sum_{i}^{n}\left(\sum_{j}^{n} X_{ij}\right)^2}{n_i} - C$	$k-1$	$\frac{SS_{组间}}{k-1}$	$\frac{MS_{组间}}{MS_{组内}}$
组内变异	$SS_{总} - SS_{组间}$	$n-k$	$\frac{SS_{组内}}{n-k}$	

表 4 方差分析结果表

总变异来源	SS	v	MS	F 值
总变异	278.36	11		
组间变异	241.54	2	120.77	29.51
组内变异	36.84	9	4.09	

（5）确定 P 值

根据 $v_1 = 2$，$v_2 = 9$，查方差分析表得：$F > F_{0.01}$（2，9），$P < 0.01$。

（6）判定结果

由于 $P < 0.01$，因此，不同挖掘深度对损失率有高度显著性差异。

2.1.2 不同挖掘深度的伤薯率分析

运用试验的方差分析方法得到表 5。

表 5 方差分析结果表

总变异来源	SS	v	MS	F 值
总变异	166.69	11		
组间变异	151.16	2	75.58	43.81
组内变异	36.84	9	1.73	

（1）确定 P 值

根据 $v_1 = 2$，$v_2 = 9$，查方差分析表得：$F > F_{0.01}$（2，9），$P < 0.01$。

（2）判定结果

由于 $P < 0.01$，因此，不同挖掘深度对损失率有高度显著性差异。

以上试验马铃薯品种均是克新一号，农艺都是起垄种植，已杀秧，正常挖掘深度为 19 ～ 23mm，成熟中期。可看出深挖或浅挖的平均损失率都明显高于正常挖掘，由方差分析得到不同挖掘深度对损失率有高度显著性差异。由于浅挖时很多马铃薯被挖掘铲从中间切开，由方差分析得到不同挖掘深度对伤薯率有高度显著性差异。

2.2 对马铃薯茎秧状况的分析（表6）

表 6 不同茎秧状况的试验结果

茎秧状况	挖掘方式	损失率（%）	平均损失率（%）	伤薯率（%）	平均伤薯率（%）
		13.7		2.7	
		11.8		4.2	
未杀秧	正常	11.6	12.4	3.3	3.2
		12.4		2.5	
已杀秧	挖掘	3.4		5.6	
		5.6		5.4	
		4.7	4.4	5.1	5.8
		3.9		7.1	

2.2.1 不同茎秧状况下的损失率分析

运用试验的方差分析方法得到表 7。

表7 方差分析结果表

总变异来源	SS	v	MS	F 值
总变异	132.67	7		
组间变异	127.20	1	127.20	139.59
组内变异	5.47	6	0.91	

（1）确定 P 值

根据 $v_1 = 2$，$v_2 = 6$，查方差分析表得：$F > F_{0.01}$（1，6），$P < 0.01$。

（2）判定结果

由于 $P < 0.01$，因此，不同茎秧状况对损失率有高度显著性差异。

2.2.2 不同茎秧状况下的伤薯率分析

运用试验的方差分析方法得到表8。

表8 方差分析结果表

总变异来源	SS	v	MS	F 值
总变异	17.91	7		
组间变异	13.78	1	13.78	20.03
组内变异	4.13	6	0.69	

（1）确定 P 值

根据 $v_1 = 2$，$v_2 = 6$，查方差分析表得：$F > F_{0.01}$（1，6），$P < 0.01$。

（2）判定结果

由于 $P < 0.01$，因此，不同茎秧状况对损失率有高度显著性差异。

以上试验马铃薯品种均是克新一号，农艺都是起垄种植，正常挖掘，成熟中期。从方差分析的结果可看出，不同茎秧状况对损失率、伤薯率具有高度显著性差异。

2.3 对马铃薯成熟度的分析（表9）

表9 不同马铃薯成熟度的试验结果

茎秧状况	损失率（%）	平均损失率（%）	伤薯率（%）	平均伤薯率（%）	备注
	4.1		1.2		
	3.7		2.8		成熟
已干	4.2	4.1	2.0	2.0	晚期
枯	4.5		2.1		
已杀	5.3		4.7		
秧	3.9		3.6		成熟
	4.7	4.6	5.8	4.7	中期
	4.5		4.5		

2.3.1 不同马铃薯成熟度下损失率的分析

运用试验的方差分析方法得到表10。

表10 方差分析结果表

总变异来源	SS	v	MS	F 值
总变异	1.78	7		
组间变异	0.45	1	0.45	2.04
组内变异	1.33	6	0.22	

（1）确定 P 值

根据 $v_1 = 2$，$v_2 = 6$，查方差分析表得：$F < F_{0.01}$（1，6），$P > 0.01$。

（2）判定结果

由于 $P > 0.01$，因此，不同马铃薯成熟度对损失率没有显著性差异，不同可能由于试验误差所致。

2.3.2 不同马铃薯成熟度下伤薯率分析

运用试验的方差分析方法得到表11。

表11 方差分析结果表

总变异来源	SS	v	MS	F 值
总变异	89.1	7		
组间变异	17.52	1	13.78	22.12
组内变异	3.74	6	0.62	

（1）确定 P 值

根据 $v_1 = 2$，$v_2 = 6$，查方差分析表得：$F > F_{0.01}$（1，6），$P < 0.01$。

（2）判定结果

由于 $P < 0.01$，因此，不同马铃薯成熟度对伤薯率有高度显著性差异。

以上试验马铃薯品种均是克新一号，农艺都是起垄种植，正常挖掘，2011 年做试验时马铃薯已是成熟晚期，茎秧已干枯，不用杀秧，2010 年做试验时，马铃薯是成熟中期，茎秧青绿，所以要杀秧。从数据和方差分析，可看出成熟中期的平均损失率略高于成熟晚期，有可能是试验误差所致，而成熟中期的平均伤薯率比成熟晚期的高出 1 倍多。

2.4 对马铃薯不同品种的分析（表12）

表12　2011年不同马铃薯品种的试验结果

茎秧状况	损失率（%）	平均损失率（%）	伤薯率（%）	平均伤薯率（%）	品种
	1.7		3.8		
	0.6	3.2			荷15
已干枯	1.8	1.6	1.8	2.7	
	2.1		1.8		
	6.3		4.1		
	7.1		6.6		克新
	5.9	5.9	5.3	5.4	一号
	4.4		5.6		

2.4.1 不同马铃薯品种下的损失率分析

运用试验的方差分析方法得到表13。

表13　方差分析结果表

总变异来源	SS	v	MS	F 值
总变异	43.42	7		
组间变异	38.28	1	38.28	44.71
组内变异	5.14	6	0.86	

（1）确定 P 值

根据 $v_1 = 2$，$v_2 = 6$，查方差分析表得：$F > F_{0.01}$（1，6），$P < 0.01$。

（2）判定结果

由于 $P < 0.01$，因此，不同马铃薯品种对损失率有高度显著性差异。

2.4.2 不同马铃薯品种下的伤薯率分析

运用试验的方差分析方法得到表14。

表14　方差分析结果表

总变异来源	SS	v	MS	F 值
总变异	21.38	7		
组间变异	15.13	1	15.13	14.52
组内变异	6.25	6	1.04	

（1）确定 P 值

根据 $v_1 = 2$，$v_2 = 6$，查方差分析表得：$F > F_{0.01}$（1，6），$P < 0.01$。

（2）判定结果

由于 $P < 0.01$，因此，不同马铃薯品种对伤薯率有高度显著性差异。

以上试验农艺都是起垄种植，正常挖掘，成熟晚期。从数据和方差分析，可看出品种克新一号的平均损失率明显高于品种荷 15 的，而品种克新一号的平均伤薯率大约是品种荷 15 的 2 倍。

2.5 对马铃薯种植模式的分析（表 15）

表 15 不同种植模式的试验结果

茎秧状况	损失率（%）	平均损失率（%）	伤薯率（%）	平均伤薯率（%）	种植模式
	14.2		9.6		
	11.4		15.9		平作
已干枯	10.2	11.1	13.2	13.8	
	8.7		16.5		
	5.3		4.3		
	5.0		4.6		垄作
	4.9	5.0	5.3	4.5	
	4.7		3.7		

2.5.1 不同种植模式下的损失率分析

运用试验的方差分析方法得到表 16。

表 16 方差分析结果表

总变异来源	SS	v	MS	F 值
总变异	92.10	7		
组间变异	75.65	1	75.65	27.58
组内变异	16.46	6	2.74	

（1）确定 P 值

根据 $v_1 = 2$，$v_2 = 6$，查方差分析表得：$F > F_{0.01}$（1，6），$P < 0.01$。

（2）判定结果

由于 $P < 0.01$，因此，不同马铃薯种植模式对损失率有高度显著性差异。

2.5.2 不同种植模式下的伤薯率分析

运用试验的方差分析方法得到表 17。

表 17　方差分析结果表

总变异来源	SS	v	MS	F 值
总变异	202.94	7		
组间变异	173.91	1	173.91	33.63
组内变异	31.03	6	5.17	

（1）确定 P 值

根据 $v_1 = 2$，$v_2 = 6$，查方差分析表得：$F > F_{0.01}$（1，6），$P < 0.01$。

（2）判定结果

由于 $P < 0.01$，因此，不同马铃薯种植模式对伤薯率有高度显著性差异。

以上试验马铃薯品种均是克新一号，正常挖掘，成熟晚期。从图1的数据和方差分析，可看出平作的平均损失率和平均伤薯率都高于垄作的。

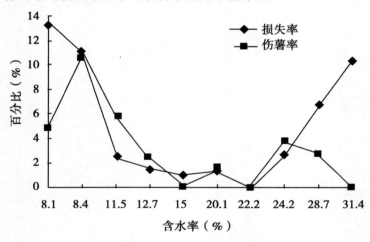

图1　不同土壤含水率的试验结果

2.6　对不同土壤含水率的分析

以上试验马铃薯品种均是克新一号，正常挖掘，成熟晚期，茎秧为已杀秧或已干枯。

从数据可看出土壤含水率从 8.1% 到 22.2%，损失率和伤薯率大致呈递减趋势；土壤含水率从 22% 到 31.4%，损失率呈递增趋势。而且，从数据还可看出土壤含水率较低时，损失率和伤薯率都较大；土壤含水率较大时损失率较大，由于马铃薯被泥土包围，伤薯率却变小了。

3　总结

综合上述的分析，马铃薯收获机适用性影响因素主要有：挖掘深度、茎秧状况、马铃薯成熟度、马铃薯品种、种植模式、土壤含水率等6个因素。

参考文献

［1］ NY/T 648—2002，马铃薯收获机质量评价技术规范 ［S］. 北京：中国标准出版社.

［2］ GB/T5262—2008，农业机械试验条件 测定方法的一般测定 ［S］. 北京：中国标准出版社.

［3］ NY/T2082—2011，农业机械试验鉴定 术语 ［S］. 北京：中国标准出版社.

［4］ 刘博，焦刚. 农业机械适用性的评价方法 ［J］. 农业机械学报，2006，37（9）：100－103.

［5］ 陈志英. 农机适用性试验鉴定与评价初探 ［J］. 农业机械，2007（12）：39－40.

［6］ 薛坚，李增嘉，刘焜，等. 耙秸还田机械适应性的研究 ［J］. 山东农业大学学报，1994（1）：65－69.

［7］ 刘文卿. 试验设计 ［M］. 北京：清华大学出版社，2002.

农业机械适用性评价中性能
试验法理论模型构建研究[*]

王　强　　班义成　　苏日娜　　周凤林　　陈晖明　　王海军　　侯兰在

（内蒙古自治区农牧业机械试验鉴定站，呼和浩特　010010）

摘　要：本文运用层次分析法（AHP）建立了农业机械适用性评价中性能试验法评价体系，并结合德尔菲法确定了适用性影响因素与水平以及受影响的性能指标与权重，采用性能试验方法和等级评价法来评定农业机械的适用性，由此构建了农业机械适用性评价中性能试验法理论模型，确定了农业机械适用性评价中性能试验法评价的具体操作方法。通过实证案例分析，该评价模型能够比较客观、真实地概括农业机械适用性的主要特征，具有可操作性，评价结果与实际情况吻合。

关键词：农业机械；适用性评价；性能试验法；理论模型；研究

Study on the Construction of Theoretical Model of Experimental Method of Agricultural Machinery Applicability Evaluation

Wang Qiang，Ban Yichang，Su Rina，Zhou Fenglin，
Chen Huiming，Wang Haijun，Hou Lanzai

（*Inner Mongolia Agriculture and Animal Husbandry Testing Station*，*Huhhot* 010010，*China*）

Abstract：In this paper，the evaluation system of experimental method of agricultural machinery applicability evaluation was established by using the analytic hierarchy process（AHP），and the influence factors and levels and performance index and weight were determined by Delphi method. The applicability of agricultural machinery was assessed by experimental method and evaluation method. At the same time，the e-valuation theoretical model of experimental method of agricultural machinery applicability evaluation was constructed，and the specific operation method of evaluation theoretical model of experimental method of agricultural machinery applicability evaluation was determined. Through the analysis of case study，the evaluation model can objectively

＊ 基金项目：2009 年公益性行业（农业）科研专项经费项目"农业机械适用性评价技术集成研究"
（项目编号：200903038）

true features, summarized applicability for agricultural machinery, maneuverability, and evaluation results are consistent with the actual situation.

Key words: Agricultural machinery; Applicability Evaluation; Performance Experimental method; Theoretical model; Study

0　引言

随着农业生产对农机产品需求的不断增加，新型农机产品不断出现，有力地促进了农业发展。但由于我国农机生产企业的经济实力和技术水平相对较低，一些农机产品开发研制后，未进行充分的适用性验证，就投入实际生产应用，导致部分农机不能有效适用农业生产的需要，不仅给农民用户造成经济损失，还影响农业生产[1]。

2004 年中央一号文件要求对农业机械适用性评价方法进行深入的研究，《中华人民共和国农业机械化促进法》更是将农业机械的适用性与先进性、安全性、可靠性共同提到了一个法律高度。我国对农业机械适用性研究起步比较晚，由于多年来现实条件的制约，具体实施困难较大，对农机适用性评价方法缺乏深入研究，仅仅局限于几种单机的适用性评价。目前我国尚无统一的农业机械适用性评价方法技术标准规范，影响了农业机械适用性评价工作的开展。

本文通过定性评价与定量评价相结合，理论与实践相合，对农业机械适用性评价中的性能试验法进行研究，采用层次分析法（AHP）、德尔菲法和等级评价法，构建了农业机械适用性评价中性能试验法评价理论模型，为农业机械试验鉴定部门的鉴定工作和制定适用的农业机械适用性评价技术标准规范提供了依据。

1　概念

1.1　农业机械适用性

农业机械适用性是指在一定的作业条件下，农业机械性能满足农艺要求的能力，即农业机械作业性能相对于作业条件的协调融合的程度。因此，农业机械的适用性是对应于一定的作业条件而言的，同一台机具在某种作业条件下适用，而在其他作业条件下未必适用，农业机械的适用性有其相对性和局限性[2,3]。根据文献[4]，农业机械适用性定义为：农业机械产品在当地自然条件、作物品种和农作制度条件下，具有保持规定特性和满足当地农业生产要求的能力。

1.2　农业机械适用性评价方法

农业机械适用性评价方法是通过对农业机械进行试验检测、使用情况调查、专家评议等途径，对机具的适用性能作出综合评定的方法[5]。通过实践和探索，农业机械适用性评价方法有以下几种：性能试验法、用户调查法、跟踪考核法和综合评定法。本文是针对农业机械适用性评价方法中性能试验法进行研究。

1.3 农业机械适用性评价中的性能试验法

性能试验法是在人为设定的作业条件下或选择一定具有代表性地块，对机具进行实地作业性能试验，检测分析机具对标准或农艺的满足程度，并通过数理统计技术分析机具在多种作业条件下使用时的关联度，并评价机具的适用性[6]。该技术科学，得出的结果置信度高。但需大量人力和财力，评价成本高。当希望机具在多种作业条件下使用时，需相应进行多种情况的试验。

以下是农业机械适用性评价中性能试验法理论模型的构建研究。

2 确定适用性影响因素与水平以及受影响的性能指标与权重的方法

2.1 适用性影响因素和水平的确定

影响农业机械适用性的因素可分为两类，一类是与作业有直接关系的作业环节因素，如地区自然条件、作物特征、农艺要求、土壤及地表条件、配套机具；另一类为保障作业的外部环境因素，如人文环境、经济环境、产业结构、服务等。

鉴于上述诸多因素影响着农业机械适用性以及这些因素在不断变化和区域差异较大，而且不同的适用性影响因素对各适用性性能（指标）的影响程度不一样，同一因素对不同机具的适用性的影响程度也不同，因此，本文只研究与性能试验相关的影响因素，将适用性影响因素分为 5 个准则性因素：即气象条件、地表条件、土壤条件、植被条件、作业对象。这 5 个准则性因素下面再划分若干个影响因素，如图 1 所示。

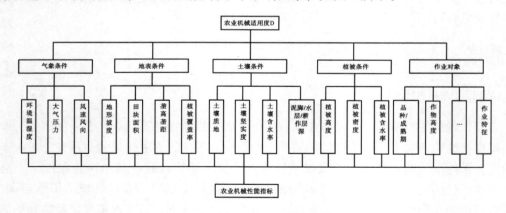

图 1 性能试验法的评价体系

确定影响农业机械适用性的因素和其水平方法有两类，一类是基于决策者的经验或偏好，通过对各个影响因素进行比较而确定重要性的方法，称为主观分析法，如专家调查法（Delphi 法）；另一类是基于影响因素的客观数据而进行确定的方法，称客观分析法，如试验法。试验法的结果置信度高，但需大量人力和财力，成本高。

专家调查法也称德尔菲法（Delphi 法），是一种采用通讯方式分别将所需解决的问题单独发送到各个专家手中，多次反复征询意见，并整理出综合意见，逐步取得比较一致的预测结果的决策方法。图 2 为德尔菲法的分析程序。其优点主要是简便易行，具有一定科学性和实用性，可以避免会议讨论时产生的害怕权威随声附和，或固执己见，或因顾虑情面不愿与他人意见冲突等弊病；同时也可以使大家发表的意见较快收敛，参加者也易接受结论，具有一定程度综合意见的客观性。

本理论模型的影响因素和其水平的确定采用德尔斐法，以匿名方式通过几轮函询征求专家们的意见，组织调查小组对每一轮的意见都进行汇总整理，作为参照资料再发给每一个专家，供他们分析判断，提出新的意见。如此反复，专家的意见渐趋一致，最后做出最终结论。水平可以定量描述，如含水率在 10% ~ 30%；也可以定性描述，如适用物料是谷草、稻草等。

2.2　受影响的农业机械性能指标的确定

农业机械适用性评价方法中性能试验法的评价指标体系由受因素影响的农业机械性能指标构成的。受影响的性能指标可能不止一个，因此，应设置多个性能指标，全面、综合地反映其适用性。各项指标组成一个有机的整体，构成了农业机械适用性评价的指标体系，显然该评价指标体系是一个多目标、多指标的综合体系。因此，农业机械适用性试验法评价应采用多指标综合评价方法，该法是把描述评价对象不同方面的多个指标的信息综合起来，得到一个综合指标，由此对评价对象做一个整体上的评判，并进行横向或纵向比较[7]。

本文采用层次分析法对农业机械适用性评价中的性能试验法评价体系进行构建。层次分析法（Analytic Hierarchy Process，AHP），是由美国著名运筹学家 Thomas L. Saaty 于 20 世纪 70 年代中期提出来的一种定性、定量相结合的、系统化、层次化的分析方法。它把复杂系统中的各种指标划分为相互联系的有序层次，形成多层次分析结构[8]。该方法是一种简便、灵活而又实用的多准则决策方法，是一种把定性分析与定量分析有机结合起来的较好的科学决策方法。

依据 AHP 的原理，对有关适用性评价的各指标要素进行分析，并按照隶属关系初步建立了农业机械适用性评价中性能试验法的通用有序递阶层次结构的评价体系（图 1）。该体系由四层结构构成：第一层为目标层，即评价目标，农业机械适用度 D；第二层为准则层，即对农业机械适用性具有重要影响的因素；第三层为影响因素层，是第二层的细化；第四层为指标层，是评价的具体内容，即农业机械性能指标。不同的农业机械具有不同的性能指标，因此，根据不同的机械以及其功能，按照科学性、主导性、独立性和可操作性原则设定性能指标。根据影响因素，采用德尔斐法确定受影响突出的性能指标。为了便于实际操作，每种机具可供选择的性能指标的个数不宜过多。

2.3　受影响的农业机械性能指标权重的确定

评价模型中权重是非常关键的参数，对评价结果起着至关重要的作用，不同的权重会得到不同的评价结果[9,10]。确定权重的方法一般有专家调查（德尔菲）法（图 2）、层次分析法、熵值法、模糊聚类分析法等。若单纯采用专家调查法会受专家主观意志影响较大；而单纯采用层次分析法又存在操作性较差的缺陷。

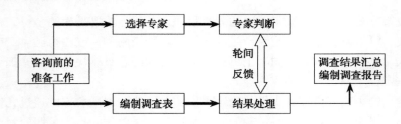

图 2　德尔菲法分析流程

　　为保证权重的客观、公正，本文采用专家调查法与层次分析法相结合来确定指标的权数，即采用德尔斐法征询相关领域内专家意见，同时结合层次分析法的分析计算，最终确定各评价指标的权重。具体操作步骤：按照专家对各个指标重要性的评分，构造判断矩阵，再进行层次单排序及其一致性检验，求解判断矩阵的最大特征值 λ_{max} 及其所对应的特征向量 W，W 经过标准化后，即为同一层次中相应元素对于上一层中某个因素相对重要性的排序指标（权重）。

2.3.1　构造判断矩阵

　　邀请相关领域内专家组成专家调查组，对各个评价指标重要性进行评分。采用 Saaty 的 1~9 及其倒数作为标度的方法构造判断矩阵。Saaty 等人用实验方法比较了在各种不同标度下人们判断结果的正确性，实验结果表明，采用 1~9 标度最为合适[11,12]。判断矩阵标度及含义如表 1 所示。

表 1　判断矩阵标度

标度	定义	说明
1	u_i 与 u_j 优劣（重要）相等	表示两个因素相比，具有同样重要性
3	u_i 稍优（重要）于 u_j	表示两个因素相比，一个因素比另一个因素稍微重要
5	u_i 优（重要）于 u_j	表示两个因素相比，一个因素比另一个因素明显重要
7	u_i 强烈优先（重要）于 u_j	表示两个因素相比，一个因素比另一个因素强烈重要
9	u_i 极端优先（重要）于 u_j	表示两个因素相比，一个因素比另一个因素极端重要
2，4，6，8	两相邻标度的中间值	上述两相邻判断的中间值
倒数	因素 i 与 j 比较的判断为 u_{ij}，则因素 j 与 i 比较的判断为 $u_{ji}=1/u_{ij}$	

　　将调查结果用 1~9 标度法表示，根据层次分析原理构造判断矩阵 A。设评价指标体系包括 n 个指标，参评专家有 s 人，根据标度转换后每个专家对 n 个指标的估价权数构造判断矩阵：

$$A_k = \begin{bmatrix} a_{11}^k & a_{12}^k & \cdots & a_{1n}^k \\ a_{21}^k & a_{22}^k & \cdots & a_{2n}^k \\ \vdots & \vdots & \vdots & \vdots \\ a_{n1}^k & a_{n2}^k & \cdots & a_{nn}^k \end{bmatrix}$$ （式1）

式中：k—— $k = 1,2,\cdots,s$

2.3.2 权重计算

用简单实用的方根法计算各指标权数的具体步骤如下。

第1步：计算判断矩阵 A_k 的每一行元素的积 M_i^k，公式为

$$M_i^k = \prod_{j=1}^{n} a_{ij}^k \; (i = 1,2\cdots n)$$ （式2）

第2步：求各行 M_i^k 的 n 次方根 $\omega_i^{k'} = \sqrt[n]{M_i^k}$ （式3）

第3步：对 $\omega_i^{k'}$ 作归一化处理，即得各指标的权数 $\omega_i^k = \dfrac{\omega_i^{k'}}{\sum\limits_{j=1}^{n} \omega_i^{k'}}$ （式4）

2.3.3 对判断矩阵进行一致性检验

层次分析法确定指标的权数时，为使专家对各指标的相对重要程度的判断协调一致，需要检验判断矩阵的一致性。

第1步：计算判断矩阵 A_k 的最大特征根 $\lambda_{\max}^k = \dfrac{1}{n}\sum\limits_{i=1}^{n}\dfrac{(A_k W^k)_i}{\omega_i^k}$ （式5）

式中：W^k 为权数向量，即
$W^k = (\omega_1^k,\omega_2^k\cdots\omega_n^k)'$
$(A_k W^k)_i$——向量 $A_k W^k$ 的第 i 个元素

第2步：计算衡量判断矩阵 A_k 偏离一致性的指标 $CI = \dfrac{\lambda_{\max}^k - n}{n - 1}$ （式6）

第3步：计算检验一致性的随机一致性比率 $CR = \dfrac{CI}{RI}$ （式7）

式中：RI——随机一致性标准值，见表2[13]。

表2 随机一致性检验表

n	1	2	3	4	5	6	7	$\cdots$
RI	0	0	0.58	0.90	1.12	1.24	1.32	

当 $CR < 0.1$ 时，一般认为判断矩阵 A_k 具有满意的一致性，否则需要调整判断值，直至通过一致性检验为止。

2.3.4 综合权数

综合各位专家的指标权数，计算同一层次上各指标的综合权数[14]为

$$\omega_i = \frac{1}{s}\sum_{k=1}^{s}\omega_i^k \; (i = 1,2\cdots n)$$ （式8）

2.4 对指标进行量化和无量纲化处理

在农业机械适用性评价指标体系中，各指标所代表的物理涵义不同，具有不同的计量单位，因此存在着量纲上的差异，即各评价指标具有不同的量纲和数量级。当各指标间的水平相差很大时，如果直接用原始指标值进行分析，就会突出数值较高的指标在综合分析中的作用，相对削弱数值水平较低指标的作用[15]。

因此，为了保证结果的可靠性，需要对原始指标数据进行标准化处理，将不同单位表示的指标进行转换，即无量纲化处理，以解决不同计量单位的指标之间的综合问题。无量纲化的指标转换，是对数据的标准化，也称作数据的标准化、规格化，它是通过数学变换来消除原始指标量纲影响，将不同量纲描述的实际指标值转化成无量纲的评价值的一种方法。这个评价值是一个相对数，它表明被评价对象的相对地位[16]。

无量纲化方法的选择应遵循客观性、简易性和可行性原则。本文采用等级评价法将不同量纲描述的实际指标值转化成无量纲的评价值，具体方法见4.2。

3 构建试验方案的方法

农业机械适用性各影响因素以不同程度对机具作业性能产生作用，最终以作业性能优劣表征适用性。而作业性能优劣则反映出对应因素的重要程度，即影响了各适用性影响因素的权重。因此，性能试验应具有一定的代表性，可根据选定的适用性影响因素的极限值上下限和中间水平，选定符合要求的作业条件，按照标准方法或明示的规程进行作业性能试验。且作业性能满足标准或规范要求时即视为该性能指标适用性评价通过。

3.1 试验条件

根据试验机具的功能，结合已经确定的影响因素，以及相关的技术标准选择相应的试验条件。

3.2 试验设计方法

试验设计方法包括全面试验法、优选法、正交设计、均匀设计等。由于农业机械的适用性受诸多因素影响，所以其试验方案设计可采用目前最流行的两种试验设计的方法：正交设计和均匀设计。由于正交试验设计的试验数至少为水平数的平方，所以它用于水平数不高的试验，而均匀设计适合于多因素多水平试验。

正交设计是利用事先制好的特殊表格——正交表来科学地安排试验，并进行试验数据分析的一种方法[17]。

均匀设计是由中国科学院应用数学所方开泰教授和王元院士于1978年提出的一种试验设计方法[18]。它是另一种部分实施的试验设计方法，可以用较少的试验次数，安排多因素、多水平的析因试验，是在均匀性的度量下最好的析因试验设计方法。它可以使试验点在试验范围内充分地均匀分散，不仅可大大减少试验点，而且仍能得到反映试验体系主要特征的试验结果。

试验方案设计过程如下。

① 明确试验目的，确定试验指标。本研究中试验指标为受影响的农业机械性能指标。

② 选择试验因素。根据专业知识和实际经验进行试验因素的选择，一般选择对试验指标影响较大的因素进行试验。本研究中的试验因素可通过本文中的 2.1 确定试验因素。

③ 确定因素水平。水平的确定包括两方面：水平个数的确定和各个水平数量的确定。根据试验条件和以往的实践经验，首先确定各因素的取值范围，然后根据试验的目的和性质，并结合正交表的选用来在此范围内确定适当的水平数和各个水平的数值。本研究中的因素水平可通过本文中的 2.1 确定。

④ 若选择正交设计，则选择正交表，排布因素水平，制定因素水平表。根据因素数、水平数来选择合适的正交设计表进行因素水平数据排布。若选择均匀设计，则选择相应的均匀设计表，排布因素水平。根据因素数、水平数来选择合适的均匀设计表进行因素水平数据排布。

⑤ 明确试验方案，进行试验操作。

4 评价指标的计算及评价标准

综合评价的方法很多，有总分评定法、综合指数法、功效系数法、等级评价法、模糊评价法、灰色关联度法等，每种评价方法都有各自不同的特点，同时也存在不同的优缺点[19,20]。综合各种不同方法的特点，并结合本文研究内容的实际情况，选用等级评价法作为评价农业机械适用性的评价方法。

等级评价法是将关于特别优良或特别劣等效果的表述加以等级性量化，从而将描述性关键事件评价法和量化等级评价法的优点结合起来[21]。行为描定等级评价法通常要求按照以下 5 个步骤来进行。

① 进行定位分析，获取关键事件，以便对一些代表优良绩效和劣等绩效的关键事件进行描述。

② 建立进行评价等级。一般分为 5~9 级，将关键事件归并为若干绩效指标，并给出确切定义。

③ 对关键事件重新加以分配。由另一组人员对关键事件作出重新分配，把它们归入最合适的绩效要素指标中，确定关键事件的最终位置，并确定出绩效考评指标体系。

④ 对关键事件进行评定。审核绩效考评指标登记划分的正确性，由第二组人员将绩效指标中包含的重要事件由优到差、从高到低进行排列。

⑤ 建立最终的工作绩效评价体系。

4.1 确定指标等级向量

4.1.1 确定等级向量 U

为了衡量农业机械适用性在每个指标中的好坏，可分为若干等级，并给每个等级以确定的分数，通常给在（0，1）之间，优者取高分，例如，按顺序分为 5 级，等级向量 $U = (0.9, 0.7, 0.5, 0.3, 0.1)^{\mathrm{T}}$。

4.1.2 确定权向量 B

每个指标在评议中所占分量不同，有的指标非常重要，有的指标却次要得多，为了体现这种差别，应在每个指标上加权，权向量为 $B = (b_1, b_2, b_3, b_4, b_5)^T$，它们应满足 $0 < b_i < 1$，$\sum_{i=1}^{5} b_i = 1$。

4.2 等级评价工作

将各评价指标按照确定的等级向量 U 和权向量 B 进行等级评价工作。

邀请多位专家进行等级评价，给每位专家发 1 张表格，要求专家对每个项目在每个指标下属于什么等级填写自己的意见，用"√"填在同意的等级处，如表 3 所示。

表 3　指标评价等级调查

指标	权数	评价等级				
		0.9	0.7	0.5	0.3	0.1
Y_1	ω_1					
Y_2	ω_2					
⋮	⋮					
Y_n	ω_n					

注：用"√"填在同意的等级处

4.3 综合评价工作

4.3.1 评价矩阵 R 的构建

将各位专家意见汇总，如表 4 所示。表中数字代表专家人数，即同一性能试验结果在某一指标下属于同一等级的专家人数。显然，每行数字之和为 s，这恰好是专家的总人数。

表 4　专家指标评价汇总

指标	权数	评价等级				
		0.9	0.7	0.5	0.3	0.1
Y_1	ω_1	s_1	s_2	0	0	0
Y_2	ω_2	0	s_3	s_4	0	0
⋮	⋮	⋮	⋮	⋮	⋮	⋮
Y_n	ω_n	0	0	s_m	s_k	0

用专家人数除以表中数字，可得评价矩阵 R。R 是 U 上的模糊集合，它表示了专家对农业机械评价的结果，该矩阵行数和列数分别等于指标与等级的个数，R 的每一行 $R_i = (R_{i1}, R_{i2}, R_{i3}, R_{i4}, R_{i5})$ 表示农业机械在指标 i 下，属于各个等级专家人数的百分比。

4.3.2 综合矩阵 F 的构建

将评价矩阵 R 与等级向量 U 相乘，按照矩阵乘法可得到综合评价向量 F 为：

$$F = (R \times U)^{\mathrm{T}} \qquad\qquad\qquad (式9)$$

F 的各分量表示农业机械在各指标上的得分。

4.4 评判结果 G 的得出

由于每个指标的权数不同，将综合评价向量 F 与权向量 B 相乘，可得到评判结果，即

$$G = F \times B \qquad\qquad\qquad (式10)$$

值得指出的是，由于评价矩阵 R 每行元素之和为 1，即 $\sum\limits_{k} R_{ik} = 1$。而等级向量 U 满足 $0 < U_k < 1$，因此综合评判向量 F 的任意分量 f_i 满足

$$f_i = \sum\limits_{k} R_{ik} U_k \leqslant \max\{U_k\} \sum\limits_{k} R_{ik} = \max\{U_k\}$$

即 f_i 满足 $0 < f_i \leqslant \max\{U_k\}$。又由权向量 B 满足 $\sum\limits_{i-1}^{5} b_i = 1$，因此

$$G = F \times B = \sum\limits_{i} f_i b_i \leqslant \max\{U_k\} \sum\limits_{i} b_i = \max\{U_k\}$$

即对任意一台农业机械的评价结果都是（0，1）中的一个实数。

4.5 适用度的计算方法

农业机械适用度 D 为：

$$D = \frac{\sum\limits_{i=1}^{n} G_i}{n} \qquad\qquad\qquad (式11)$$

式中：D 为适用度的综合分值；
G 为各次试验后的评价值；
n 为试验次数。

4.6 评价标准

根据产品（或单项）的适用度，按照表 5 对其适用性做出评价。

表 5　适用性评价标准

产品适用度	产品评价
≤30%	不适用
30% ~ 55%	适用性较差
50% ~ 70%	适用性一般
70% ~ 90%	适用性较好
>90%	适用性良好

5　适用性评价模型与评价方法验证

通过以下验证测试方案对上述农业机械适用性评价中性能试验法理论模型和评价方法进行验证。

5.1　试验机具

试验机具选用 9QSD—1200 青饲料收获机，其主要技术规格如表 6 所示。

表 6　9QSD—1200 青饲料收获机主要技术参数

项目		规格
割幅（mm）		1 200
结构型式		立式圆盘割台
挂接方式		后悬挂
配套动力（kW）		58.5~110
作业速度（km/h）		≤8
切碎机构	型式	盘式
	转子直径（mm）	800
	主轴转速（r/min）	1 000

5.2　影响因素和水平、受影响的性能指标和权重

邀请鉴定机构、推广部门、高校、生产企业、用户等方面的 11 位专家确定影响因素和水平如表 7 所示，受影响的性能指标和权重如表 8 所示。

表 7　影响因素和水平

影响因素	水平
作物倒伏程度	无倒伏、中等倒伏、严重倒伏
地表植被覆盖量（kg/m²）	≤0.3
	0.3~0.6
	≥0.6
种植模式（行距）（mm）	≤400
	400~600
	≥600

表 8 性能指标和权重

性能指标	权重
机具通过性	0.42
损失率	0.58

5.3 试验方案的设计

采用单因素组合试验方案，共在作物倒伏程度、地表植被覆盖量、行距 3 种影响因素 9 个水平下进行了 9 组试验。

5.4 试验结果的等级评价

试验结果的等级评价见表 9。

表 9 试验结果的等级评价

影响因素	水平	影响指标	实测值	等级评价值
作物倒伏程度	无倒伏	机具通过性	不堵塞	0.843
		损失率（%）	0.5	0.871
	中等倒伏	机具通过性	轻微堵塞	0.614
		损失率（%）	1.7	0.757
	严重倒伏	机具通过性	严重堵塞	0.300
		损失率（%）	3.5	0.414
地表植被覆盖量（kg/m²）	≤0.3	机具通过性	不堵塞	0.843
		损失率（%）	0.3	0.900
	0.3～0.6	机具通过性	轻微堵塞	0.614
		损失率（%）	2.5	0.729
	≥0.6	机具通过性	中度堵塞	0.414
		损失率（%）	4.6	0.300
种植模式（行距）（mm）	≤400	机具通过性	中度堵塞	0414
		损失率（%）	6.9	0.271
	400～600	机具通过性	轻微堵塞	0.614
		损失率（%）	2.1	0.729
	≥600	机具通过性	不堵塞	0.843
		损失率（%）	0.6	0.871
标准值	损失率≤3%；机具通过性：不堵塞或有轻微堵塞			

5.5 单项适用度计算结果

每一组试验的适用度计算结果以及单项结论见表10。

表10 单项适用度计算结果

影响因素	水平	单项适用度	单项结论
作物倒伏程度	无倒伏	0.86	适用性较好
	中等倒伏	0.70	适用性一般
	严重倒伏	0.37	适用性较差
地表植被覆盖量（kg/m²）	≤0.3	0.88	适用性较好
	0.3~0.6	0.68	适用性一般
	≥0.6	0.35	适用性较差
种植模式（行距）（mm）	≤400	0.33	适用性较差
	400~600	0.68	适用性一般
	≥600	0.86	适用性较好

5.6 验证结果

由（式11）可得9QSD—1200青饲料收获机综合适用度 $D = 0.63$，所以适用性评价结论为：适用性一般。

验证结论：评价青饲料收获机的适用性程度与实际生产情况相符，所以构建的农业机械适用性评价中性能试验法理论模型成立。

6 结论

农业机械的适用性是农业机械化工作中一个非常重要而又十分复杂的问题，是农业机械的基本性能，决定其能否满足农业生产需要。

① 本文运用层次分析法（AHP）建立了农业机械适用性评价中性能试验法评价体系，并结合德尔菲法确定了适用性影响因素与水平以及受影响的性能指标与权重，采用试验方法和等级评价法来评定农业机械的适用性，以上构建出了农业机械适用性评价中性能试验法理论模型。

② 利用构建出的农业机械适用性评价中性能试验法理论模型，通过对青饲料收获机的适用性的评价与结果分析得出：该评价模型能够客观、真实地概括农业机械适用性的主要特征，具有科学性和可操作性，评价结果与实际情况吻合，该模型成立。

③ 采用该模型可以得到量化直观的评价结果。该模型的构建研究为农业机械试验鉴定部门的鉴定工作和制定适用的农业机械适用性评价技术标准规范提供依据。

参考文献

［1］苍安国，史永刚，肖海洋，等．农业机械的适用性研究概述［J］．广东农业科学，2010（12）：148.

［2］谢宁生．农业机械的适用性研究简介［J］．江苏农机化，1994（2）：11－12.

［3］焦刚，刘博．农业机械适用性评价方法研究［J］．农机质量与监督，2004（3）：4－5.

［4］NY/T 2082—2011，农业机械试验鉴定术语［S］．中国标准出版社，2011.

［5］刘博，焦刚．农业机械适用性的评价方法［J］．农业机械学报，2006，37（9）：101.

［6］牛永环，刘博，焦刚，等．农业机械适用性研究的发展探讨［J］．农机化研究，2007（2）：13.

［7］段永瑞．数据包络分析——理论与应用［M］．上海：上海科学普及出版社，2006：2.

［8］郭启雯，才鸿年，王富耻，等．材料适用性评价指标体系构建研究［J］．材料工程，2009（9）：11.

［9］张天云，杨瑞成，陈奎．基于层次分析法确定工程材料评价指标的权重［J］．兰州理工大学学报，2007，33（2）：17－19.

［10］张天云，杨瑞成，任国军，等．基于相关系数的工程材料评价指标定量分析［J］．机械工程材料，2009，33（4）：97－100.

［11］朱文学，连政国，张玉先，等．谷物干燥性能指标权重的研究［J］．农业机械学报，2000，31（1）：73.

［12］Thomas L. Saaty. The Analytic Hierarchy Process［M］. McGraw Hill（Tx），1980.

［13］李荣平，李剑玲．多指标统计综合评价方法研究［J］．河北科技大学学报，2004，25（1）：86.

［14］李荣平，李剑玲．产业技术创新能力评价方法研究［J］．河北科技大学学报，2003，24（1）：13－18.

［15］马立平．统计数据标准化——无量纲化方法［J］．北京统计，2000（3）：34－35.

［16］钟霞，钟怀军．多指标统计综合评价方法及应用［J］．内蒙古大学学报，2004，36（4）：107.

［17］何少华，文竹青，娄涛．试验设计与数据处理［M］．长沙：国防科技大学出版社，2002：62.

［18］智翠梅．均匀设计及优化［J］．化工中间体，2007（3）：7.

［19］Hoshino S. Historical review of land applicability classification-on studies especially for the subjects of rural land-use plan in Japan. Transactions of the Japanese Society of Irrigation, Drainage and Reclamation Engineering. 1992, 157：105－117.

［20］Triantafilis J, Ward WT, McBratney AB. Land applicability assessment in the Namoi Valley of Australia, using a continuous model. Australian-Journal-of-Soil-Research. 2001, 39：2, 273－290.

［21］田金明．小麦免耕播种机适用性评价方法研究［D］．北京：中国农业大学，2009：31.

吉林省主要作物机械化生产方式调查[*]

邱晓竹　黄　梅

（吉林省农业机械试验鉴定站）

1　概述

为了更好地开展《农业机械适用性评价技术集成研究》（公益性行业（农业）科研专项经费资助）工作，了解吉林省不同区域农业生产方式和生产条件，调查各类农机在不同区域作业适用性方面存在的主要问题，分析农机作业适用性的影响因素等，开展了吉林省主要作物机械化生产方式调查。

1.1　调查范围

以吉林省农业机械化综合区划分区为基础，分4个调查区域。

Ⅰ区：东部长白山地区（主要是通化、白山地区）。

Ⅱ区（1）：中东部盆谷地区（主要是延边朝鲜族自治州）。

Ⅱ区（2）：中东部半山区（主要是吉林、通化地区）。

Ⅲ、Ⅳ区：中西部平原区（主要是长春、四平、松原、白城地区）。

1.2　调查内容

① 农业生产基本条件。包括调查范围内典型地域耕地的地形地貌、土壤质地、田块面积、田间道路、环境温度、降水量、海拔高度等。

② 主要作物基本特征。包括调查范围内典型地域主要种植的农作物种类、栽培模式、作物的基本特征、生产方式、农艺要求（涉及耕、种、管、收、收获后处理等环节）。

③ 主要农业机械使用情况。包括调查范围内典型地域所使用的农业机械种类、配套动力范围、使用效果等情况。

1.3　调查方法

采取采访座谈、实地测量、查阅档案资料相结合的方式进行。调查人员走访了县市农

＊ 基金项目：2009 年公益性行业（农业）科研专项经费项目"农业机械适用性评价技术集成研究"（项目编号：200903038）

业、农机、气象、区划、县志办等相关部门的专业技术人员，也调查了农机大户和种田高手。被调查的对象具有一定的代表性。

2 调查结果分析

2.1 调查结果总体情况

本次调查从 2011 年 6 月末至 8 月中旬，共调查敦化市、和龙市、舒兰市、榆树市等 25 个县（市）的 125 个乡镇，1 098 个调查点。其中，有 711 个调查点种植玉米，占所调查总数的 64.75%；252 个调查点种植水稻，占所调查总数的 22.95%；117 个调查点种植大豆，占所调查总数的 10.66%；18 个调查点种植马铃薯，占所调查总数的 1.64%（表 1）。

表 1　区域（县市）生产方式调查点汇总统计表　　　单位（调查点数）

区域（县市） \ 生产方式		玉米生产	水稻生产	大豆生产	马铃薯生产
Ⅰ区（东部长白山地区）	敦化市			45	
	安图县	27		18	
	抚松县	45			
	江源区	45			
	靖宇县	27		18	
	小计	144		81	
Ⅱ区（1）（中东部盆谷地区）	和龙市	9	36		
	汪清县			36	
	图们市	36			
	龙井市		36		
	珲春市	45			
	小计	90	72	36	
Ⅱ区（2）（中东部半山区）	舒兰市	18	27		
	永吉县	36	9		
	磐石市	27	18		
	梅河口市		45		
	柳河县	27	18		
	小计	108	117		

（续表）

区域（县市）	生产方式	玉米生产	水稻生产	大豆生产	马铃薯生产
Ⅲ、Ⅳ区（中西部平原区）	榆树市	36	9		
	农安县	36			9
	前郭县	27	18		
	公主岭市	45			
	梨树县	45			
	镇赉县	27	18		
	乾安市	45			
	洮南市	36	9		
	通榆县	45			
	长岭县	27	9		9
小计		369	63		18
合计		711	252	117	18
占所调查总数的百分比		64.75%	22.95%	10.66%	1.64%

2.2 各区域自然情况

Ⅰ区东部长白山地区：地形复杂，以台地和中山为主，占全省面积的40%。长白山地区一般由小型不规则地块拼接而成，平均地块面积0.11~1.3hm²，个别地块不到0.01hm²。土壤的类型也有很大的差异，以黏壤土为主，兼有少量沙壤土、粉壤土和壤土。不同的土壤质地也导致了其犁耕比阻和土壤坚实度差异很大，调查结果显示该区域犁耕比阻为30~80kPa；0~10cm的土壤紧实度为660~700kPa，10~20cm的土壤紧实度为700~750kPa。该区主要种植玉米和大豆。

Ⅱ区（1）中东部盆谷地区：主要以延边朝鲜族自治州为中心，覆盖6市2县，山地占全州总面积的54.8%，高原占6.4%，谷地占13.2%，河谷平原占12.3%，丘陵占13.3%。整体地势西高东低，自西南、西北、东北三面向东南倾斜，以珲春一带为最低。整个地貌呈山地、丘陵、盆地3个梯度，山岭多分布在周边地带，丘陵多分布在山地边沿，盆地主要分布在江河两岸和山岭之间。地块面积为0.13~0.6hm²。土壤的类型也有很大的差异，以沙壤土为主，兼有少量黏壤土、壤土。调查结果显示该区域犁耕比阻为30~80kPa；0~10cm的土壤紧实度为600~900kPa，10~20cm的土壤紧实度为1 000~1 500kPa。该区主要种植玉米、水稻和大豆。

Ⅱ区（2）中东部半山区：是吉林省山区与平原的过渡地带，多为丘陵，地块大小不一，在0.07~10.67hm²，旱田大，水田小。土壤质地为黏壤土、沙壤土和壤土，犁耕层在15～20cm，犁耕比阻40～80kPa。该区主要种植玉米和水稻。

Ⅲ、Ⅳ区：中西部平原地区，地处松辽平原黄金玉米带上，是吉林省的重要的粮食种植区域，耕地连片，地块大，大多数坡度在6°以下，地块一般都在3～6hm²，土壤质地多为黏壤土，土壤耕性良好，犁耕层在18～25cm，犁耕比阻在30～70kPa。该区主要种植玉米和水稻，也有部分地方种植马铃薯。

2.3 各区域主要作物机械化水平

各区域主要作物机械化水平指使用机械的调查点占所调查点总数的百分比（表2）。

表2 各区域主要作物机械化生产情况汇总表

机械化生产水平 区域及作物		机播 （插、栽）	机收	秸秆处理情况	根茬处理情况
Ⅰ区 （东部长白 山地区）	玉米	19%	0%	83%焚烧；16%还田	44%旋耕灭茬
	大豆	70%	31%	56%焚烧；14%还田	56%旋耕灭茬
Ⅱ区（1） （中东部 盆谷地区）	玉米	89%	31%	48%回收；42%还田	100%旋耕灭茬
	水稻	65%	40%	33%焚烧；17%还田	
	大豆	100%	50%	100%做燃料	50%旋耕灭茬
Ⅱ区（2） （中东部 半山区）	玉米	20%	33%	32%焚烧；47%做燃料	38%旋耕灭茬； 49%不处理
	水稻	46%	46%	41%做燃料；21%还田	
Ⅲ、Ⅳ区 （中西部 平原区）	玉米	88.5%	17.5%	26.5%还田；32%回收	93%旋耕灭茬
	水稻	74%	79%	36%做燃料；32%还田	
	马铃薯	0%	0%	60%焚烧；40%做燃料	

调查显示以下几个特点。

（1）中东部盆谷地区整体机械化水平较高

玉米、水稻、大豆机播（插）水平分别为89%、65%、100%；机收水平分别为31%、40%、50%；100%的玉米根茬和50%的大豆根茬采用旋耕灭茬；42%的玉米秸秆和17%的水稻秸秆被部分还田。

（2）中西部平原区水稻机械化水平最高

水稻机插、机收水平分别为74%和79%；秸秆处理为32%部分还田，36%做燃料。

（3）东部山区和中东部半山区玉米生产机械化水平较低

东部山区玉米机播、机收水平分别为19%和0%；秸秆利用率也很低，83%被焚烧。玉米根茬旋耕灭茬率不到50%。

（4）适用机型的发展空间仍很大

适合山区和半山区的小型玉米播种机和收获机、马铃薯栽植机和收获机都有较大发展空间；中西部平原区的玉米收获机保有量和机收水平还应有较大程度提高。

2.4 生产条件影响分析

（1）调查结果显示生产条件（温湿度、雨雪、土壤等）对农业机械作业效果有一定影响

以中西部平原地区玉米生产为例，50%的调查对象认为温湿度对收获机械影响大，其次对耕整地机械影响也较大（图1）；46%的调查对象认为雨雪对耕整地机械影响大；其次对收获机械影响也较大（图2）；42%的调查对象认为土壤对耕整地机械有影响，其次对播种机械影响也较大（图3）。

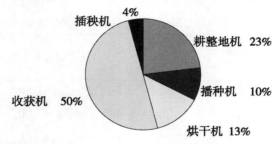

图1　温湿度对各类机械影响程度

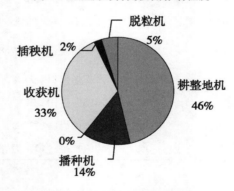

图2　雨雪对各类机械影响程度

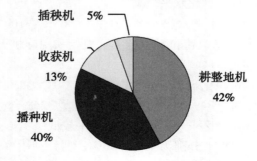

图3　土壤质地对各类机械影响程度

（2）调查结果还显示不同的自然情况对不同的机械作业效果也不同

以玉米机械化水平最高的中东部盆谷地区和水稻机械化水平最高的中西部平原地区为例分析，33%的调查对象认为对种植效果影响的关键因素是土壤墒情，其次是种子质量（图4）。

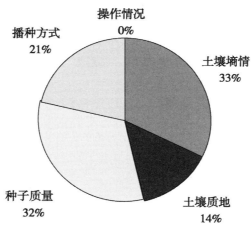

图4　对玉米种植效果影响的关键因素

37%的调查对象认为对玉米收获机收获效果影响的关键因素是作物成熟度，其次是作物含水率（图5）。

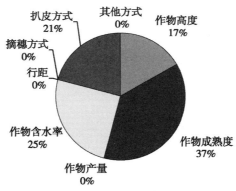

图5　对玉米机收效果影响的关键因素

29%的调查对象认为对水稻种植效果影响的关键因素是土壤质地和秧苗质量（图6）。

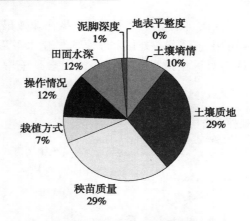

图 6 对水稻种植效果影响的关键因素

3 结束语

以上调查是抽样调查，调查结果不能完全、准确地概括吉林省主要农作物机械化生产方式，但具有一定代表性。对农机化各区域的土壤质地、田块面积、田间道路、环境温度、降水量、农作物种类、栽培模式、生产方式、农艺要求（涉及耕、种、管、收、收获后处理等环节）、使用的农业机械种类、效果等信息都进行了统计汇总，因此，对农机科研机构、生产企业今后的研制方向和开发新产品都有现实意义；同时也给管理部门决策提供了数据支撑和参考依据。

旋耕深松灭茬起垄机适用性影响因素及性能指标的研究*

翟坤程　邸晓竹　张永智　李　立

（吉林省农业机械试验鉴定站，吉林长春　130062）

摘　要： 2004 年实施的《中华人民共和国农业机械化促进法》中明确提出农业机械试验鉴定机构应当公布具有适用性、安全性、可靠性的农业机械产品的检测结果，为农民和农业生产经营组织选购先进适用的农业机械提供信息。就安全性和可靠性而言已有较完善的技术标准。而对适用性的定量判定还是空白。本文提出了旋耕深松灭茬起垄机适用性的影响因素，确定了该机适用性的性能指标及权重，为下一步评价方法的研究奠定了基础。

关键词： 适用性；影响因素；性能指标

0　引言

所谓农业机械的适用性是指在一定的作业条件下农业机械性能满足农艺要求的能力，也可以说是农业作业性能对于作业条件的协调融合的程度，是对应于一定的作业条件而言的，有其相对性和局限性。由于我国地域广阔，各地的自然条件、生态环境、作物品种、耕作制度等差别较大，一种农业机械在这个区域适用，在另一个区域可能就不适用。由于影响农业机械适用性的因素很多，变量大，研究难度大，因此，对农业机械适用性的定量研究一直也是一个空白。

2004 年实施的《中华人民共和国农业机械化促进法》中明确提出，农业机械试验鉴定机构应当公布具有适用性、安全性、可靠性的农业机械产品的检测结果，为农民和农业生产经营组织选购先进适用的农业机械提供信息。就安全性和可靠性而言，研究较充分，已建立起较完善的技术标准体系，这样对农业机械适用性的研究就显得更为迫切。为此农业部农业机械试验鉴定总站牵头承担了《农业机械适用性评价技术集成研究》（公益性行业（农业）科研专项经费项目 项目编号：200903038）工作，吉林省农业机械试验鉴定站作为参加单位承担了其中旋耕深松灭茬起垄机适用性的研究工作。

---

*　基金项目：2009 年公益性行业（农业）科研专项经费项目"农业机械适用性评价技术集成研究"（项目编号：200903038）

1　旋耕深松灭茬起垄机是目前广泛使用的联合整地机械

旋耕深松灭茬起垄机是近几年发展起来的旋耕联合作业机械，一次进地可同时完成深松、灭茬、旋耕、起垄等多项复式作业，从而克服了传统单项作业而造成的重复进地、浪费能源、土地板结等不利因素，是深受农民欢迎的联合耕整地作业机具，被广泛应用于玉米等旱田种植区域。已列入 2009—2011 年度《国家支持推广的农业机械产品目录》的旋耕、灭茬（深松、起垄）联合整地机有几十种，生产企业主要分布在江苏、黑龙江、吉林、河北、内蒙古、甘肃、山东、江西等省（区）。

从 2011 年吉林省农业机械适用性影响因素调查结果看，玉米根茬的处理方式主要是旋耕灭茬。在吉林省的中西部平原区和中东部盆谷地区，采用机械旋耕灭茬方式整地的分别占 93% 和 100%，可见农民使用旋耕、灭茬（深松、起垄）联合整地机的广泛程度。

2　研究方法的确立

农业机械适用性的影响因素很多，且由多层级多目标构成，是一种内在关系比较复杂的层级网络系统，难以建立起定量理论模型和方法进行评价，为此，笔者认为采用经验分析法、实地调查法对农业机械适用性的感知信息数量化，进行模糊评价是解决农业机械适用性评价的简便有效方法。

2.1　经验分析法

2.1.1　机具构造、工作原理分析

旋耕深松灭茬起垄机工作部件主要是：旋耕刀、灭茬刀、深松铲、培土铲。各工作部件的形状不同，作业效果也不一样。如旋耕刀片可分为凿形刀、弯刀、直角刀和弧形刀。凿形刀前端较窄，有较好的入土能力，能量消耗小，但易缠草，多用于杂草少的菜园和庭院。弯刀的弯曲刃口有滑切作用，易切断草根而不缠草，适于水稻田耕作。直角刀具有垂直和水平切刃，刀身较宽，刚性好，容易制造，但入土性能较差。弧形刀的强度大，刚性好，滑切作用好，通常用于重型旋耕机上。而灭茬刀主要是锤片式，利用高速旋转时的惯性力来打碎根茬、硬土块或草皮层。同时碎土质量还与机具作业速度和进给量有关。

2.1.2　机具作业对象分析

旋耕灭茬深松起垄作业既要切碎、松动土壤又要粉碎作物根茬。从土壤因素看，不同地域的土壤条件，其土壤质地、容重、坚实度、含水率、抗剪强度等都不相同，当然作业效果也不同。由于各地农艺要求不一样，其垄距、垄顶宽、作物根茬密度、根茬直径、根茬高度、根茬含水率等也各不相同，当然作业效果也不同。

2.1.3　统计分析

将列入吉林省支持推广目录的 28 种旋耕深松灭茬起垄机的参数和性能试验数据进行了汇总（表1）。笔者认为，耕深、深松深度、灭茬深度这 3 个性能指标意义不大，它们只反映了机具的实际作业值，没有可比性。耕深稳定性、根茬粉碎率、深松深度稳定性、垄高合格率是表述性能水平值，具有可比性。经分析发现，以上 4 项指标受土壤含水率、

土壤坚实度影响较明显，且有一定的相关性。为直观明了，笔者利用 Excel 制作了土壤含水率、土壤坚实度分别与耕深稳定性、根茬粉碎率、深松深度稳定性、垄高合格率的散点图（图 1 至图 8），具体为土壤含水率在 20%～30% 时，根茬粉碎率与土壤含水率成正比，变化范围在 30% 左右。土壤坚实度在 200～600kPa 时，根茬粉碎率与土壤坚实度成反比，变化范围在 30% 左右。土壤含水率在 20%～30% 时，垄高合格率与土壤含水率成正比，变化范围在 30% 左右。土壤坚实度在 250～500kPa 时，垄高合格率与土壤坚实度成反比，变化范围在 20% 左右。土壤含水率在 20%～30% 时，耕深稳定性与土壤含水率成正比，变化范围在 10% 左右。土壤坚实度在 250～500kPa 时，耕深稳定性与土壤坚实度成反比，变化范围在 10% 左右。土壤含水率在 20%～30% 时，深松深度稳定性与土壤含水率成正比，变化范围在 10% 左右。土壤坚实度在 250～500kPa 时，深松深度稳定性与土壤坚实度成反比，变化范围在 10% 左右。

表 1 旋耕深松灭茬起垄联合整地机参数、试验数据汇总表

序号	工作幅宽（mm）	作业速度（m/s）	土壤坚实度（kPa）	土壤含水率（%）	根茬粉碎率（%）	垄高合格率（%）	耕深（mm）	耕深稳定性（%）	深松深度（mm）	深松深度稳定性（%）	灭茬深度（mm）
1	2 800	1.9	644	25.1	91.00	100.0	127.6	97.7	211.1	96.7	87.6
2	3 250	2.2	644	25.1	92.00	100.0	132.7	98.0	219.6	96.0	85.6
3	1 400	1.4	644	25.1	91.00	100.0	127.5	97.7	214.1	96.3	89.0
4	2 000	0.89	1201	30.0	90.00	95.0	160.0	94.0	250.0	93.0	90.0
5	3 500	0.77	425	12.1	81.30	95.0	148.0	91.5	230.0	93.1	106.0
6	1 400	0.8	425	12.1	77.00	95.0	136.0	92.2	215.0	93.8	97.0
7	2 100	0.75	425	12.1	80.30	95.0	165.0	90.8	215.0	92.7	106.0
8	2 800	0.77	425	12.1	79.40	100.0	130.0	91.3	219.0	94.8	104.0
9	1 400		839	34.3	90.30	100.0	130.0	92.9	255.0	87.1	113.0
10	2 100		839	34.3	92.80	80.0	174.0	92.0	276.0	95.6	128.0
11	2 000	0.8～1.3	376	22.8	76.00	100.0	125.0	98.0	215.0	98.0	84.0
12	1 400		376	22.8	93.00	100.0	132.0	98.0	231.0	98.0	82.0
13	2 500		376	22.8	94.00	100.0	128.0	99.0	210.0	98.0	88.0
14	2 000		376	22.0	82.00	95.0	176.0	94.2	202.0	94.9	87.0
15	3 250		376	22.0	81.00	90.0	176.0	93.4	202.0	95.1	85.0
16	3 250		376	22.0	82.00	100.0	175.0	99.1	205.0	99.5	89.0
17	2 500		346	22.0	78.00	90.0	176.0	93.4	202.0	99.0	93.0
18	1 800	1.3～1.9	854	23.6	89.00	100.0	184.0	94.0	258.0	95.3	112.0
19	2 100	0.5～1.6	474	20.7	71.40	83.3	141.0	83.9	222.0	92.6	82.0

（续表）

序号	工作幅宽 （mm）	作业速度 （m/s）	土壤坚 实度 （kPa）	土壤含 水率 （%）	根茬粉 碎率 （%）	垄高 合格率 （%）	耕深 （mm）	耕深 稳定性 （%）	深松深度 （mm）	深松深度 稳定性 （%）	灭茬深度 （mm）
20	2 600	0.5 ~ 1.6	475	20.7	72.14	90.9	139.0	92.5	206.0	90.2	81.0
21	2 800	0.8 ~ 2.2	474	20.7	72.00	81.8	139.0	91.1	211.0	89.9	82.0
22	4 200	0.5 ~ 1.6	474	20.7	72.00	81.8	139.0	91.1	211.0	89.9	82.0
23	4 800	0.5 ~ 1.6	474	20.7	72.00	81.8	139.0	91.1	211.0	89.9	82.0
24	2 000	2 ~ 5	276	17.0	83.00	100.0	130.0	94.0	210.0	97.0	130.0
25	2 400	3 ~ 5	277	17.3	83.00	100.0	130.0	95.0	210.0	97.0	90.0
26	1 200	4 ~ 6	854	23.6	83.80	100.0	154.0	97.7	256.0	94.0	106.0
27	1 400		850	23.1	93.00	95.0	132.0	98.0	231.0	98.0	88.0
28	2 000		850	23.1	76.00	100.0	125.0	98.0	215.0	98.0	84.0

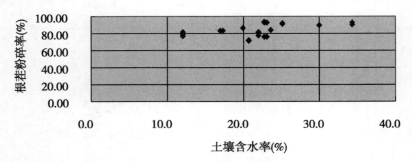

图1　根茬粉碎率与土壤含水率关系

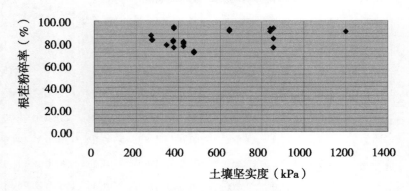

图2　根茬粉碎率与土壤坚实度关系

2.2　现场调查及发函调查法

2.2.1　对机具使用者进行生产条件影响调查

2001 年在吉林省农业机械适用性影响因素调查中对机具使用者进行了生产条件影响

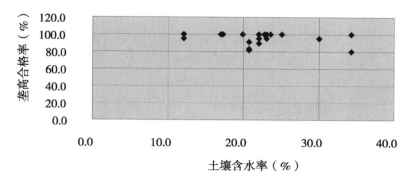

图 3　垄高合格率与土壤含水率关系

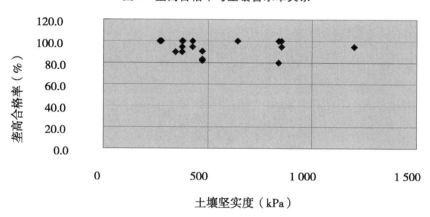

图 4　垄高合格率与土壤坚实度关系

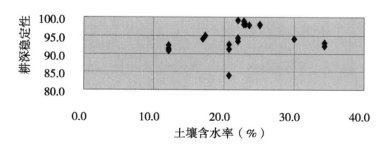

图 5　耕深稳定性与土壤含水率关系

调查。共调查 25 个县（市）的 125 个乡镇的 1 125 个农户。其中，中西部平原地区主要种植玉米，调查结果具有一定的代表性。调查结果显示：23% 的用户认为土壤湿度对耕整地机械有影响；42% 的用户认为不同土壤类型对耕整地机械有影响。即影响耕整地作业质量与土壤含水率、土壤类型及土壤坚实度等因素关系密切。

2.2.2　对机具生产者进行机具适用性影响因素调查

　　2011 年 4 月编制了调查表，向四平市农丰乐机械制造有限公司等 40 余家企业发送征

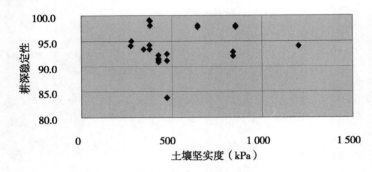

图 6　耕深稳定性与土壤坚实度关系

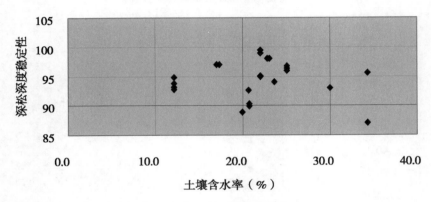

图 7　深松深度稳定性与土壤含水率关系

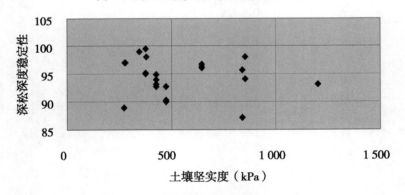

图 8　深松深度稳定性与土壤坚实度关系

求意见表，就土壤条件中（面积、土壤坚实度、土壤质地、垄距、垄高、土壤绝对含水率、根茬密度、地形坡度、地表起伏状况、前茬作物），气候条件中（环境温度、环境湿度、风速、天气情况）14 个影响因素征求意见。回函的汇总统计结果显示，影响因素集中在土壤坚实度、土壤含水率、地表坡度、根茬密度等。

2.2.3　对机具主产和主销区域的试验鉴定机构的调研

　　主要到辽宁省、黑龙江省、河北省、内蒙古自治区、甘肃省、山东省等农机试验鉴定站了解对旋耕深松灭茬起垄机的鉴定情况，咨询技术人员对适用性影响因素和受影响因素影响的作业性能指标的确定。调查结果与经验分析法大致相同。

3 结论

3.1 影响因素的确定

根据以上分析及调查确定旋耕深松灭茬起垄机适用性影响因素为土壤（包括土壤质地、土壤坚实度、土壤含水率）、植被（包括根茬密度、根茬直径、根茬高度、根茬含水率）、地貌（包括地表坡度、垄距、垄宽）。

3.2 影响因素权重的确定

在向机具生产企业和有关鉴定机构调研时，除了征求影响旋耕深松灭茬起垄机作业质量因素外，还进行了影响因素权重大小的排序调查。课题组对调查结果进行了汇总、筛选、处理，结果详见表 2。

表 2　影响因素、权重分级表

一级因素	二级因素及权重		三级因素及权重	
	因素	权重	因素	权重
联合整地机适用度	土壤	0.45	土壤质地	0.15
			壤坚实度	0.15
			土壤含水率	0.15
	植被	0.35	根茬密度	0.11
			根茬直径	0.06
			根茬高度	0.07
			根茬含水率	0.11
	地貌	0.20	坡度	0.05
			垄距	0.08
			垄顶宽	0.07

3.3 受影响的作业性能指标的确定

JB/T 8401.2—2007《旋耕联合作业机械 旋耕深松灭茬起垄机》标准中规定的主要作业性能指标有：耕深、耕深稳定性、灭茬深度、根茬粉碎率、深松深度、深松深度稳定性、垄高合格率、垄顶宽合格率、垄间距合格率。专家对上述 9 个指标进行测评排序，取前 4 位，最后确定影响旋耕深松灭茬起垄机适用性的作业性能指标为耕深稳定性；根茬粉碎率；深松深度稳定性；垄高合格率 4 个指标，这也与前述统计分析结果相吻合。

3.4 性能指标权重的确定

权重值是通过专家打分，根据统计平均法确定的，即根据所选择的各位专家对各项评价指标所赋予的相对重要性系数分别求其算术平均值，计算出的平均数作为各项目的权重。（表3）

表3 性能指标权重表

性能指标	耕深稳定性	根茬粉碎率	深松深度稳定性	垄高合格率
权重值	0.22	0.29	0.21	0.28

参考文献

[1] 刘博，焦刚. 农业机械适用性的评价方法 [J]. 农业机械学报，2006（6）：100 – 103.

[2] 牛永环，刘博，焦刚，等. 农业机械适用性研究的发展探讨 [J]. 农机化研究，2007（2）：12 – 14.

[3] 谢宁生. 农业机械的适用性研究简介 [J]. 江苏农机化，1994（2）：11 – 14.

[4] 陈志英. 农机适用性试验鉴定与评价初探 [J]. 农业机械，2007（12）：39 – 40.

旋耕深松灭茬起垄机适用性评价方法的研究[*]

邸晓竹^{**}　翟坤程^{***}　黄　梅^{****}　陈树才^{****}　芦　毅^{****}

（吉林省农业机械试验鉴定站，吉林长春　130062）

摘　要：选择试验性评价方法作为旋耕深松灭茬起垄机适用性的评价方法，通过统计分析和专家打分，确定了试验项目和试验项目权重值；确定了适用度计算数学模型，进行了试验验证。结论为用适用度定量评价旋耕深松灭茬起垄机适用性与用户定性评价旋耕深松灭茬起垄机适用性相一致。

关键词：旋耕；灭茬；起垄机；适用性；评价

Rotary Tillage Subsoiling Stubble Ridger Applicability Evaluation Method Research

Di xiaozhu，Zhai kuncheng，Huangmei，Chen shucai，Lu yi

（*Jilin Province agricultural machinery test station identification*，*Jilin*，*Changchun* 130062）

Abstract：the test evaluation method of rotary tillage subsoiling stubble ridger as the applicability of the evaluation methods，through statistical analysis and expert evaluation，determined the test items and the weight values；determining the applicability of calculation mathematical model，test. Conclusion：the applicability of quantitative evaluation of tillage subsoiling stubble ridger applicability and user qualitative evaluation of subsoiling stubble rotary tillage and ridging machine is consistently applied.

Key words：combined soil-working machine；adaptability；evaluation method

---

* 基金项目，科技部 2009 年公益性行业（农业）科研专项经费项目（项目编号：200903038）

** 邸晓竹（1956—），女，吉林长春人，研究员，工学学士，E-mail：dixiaozhuzi@163.com，电话：0431-87988285　13404330643

*** 翟坤程（1963—），女，吉林长春人，研究员，工学学士

**** 黄梅（1961—），女，朝鲜族，吉林长春人，研究员，工学学士

**** 陈树才（1958—），男，吉林长春人，研究员

**** 芦毅（1972—），女，吉林长春人，高级工程师

0　引言

　　农业机械适用性评价是农业机械推广鉴定八项内容之一。过去尽管有很多人从不同的角度对农业机械适用性进行过研究，但到目前为止还没有形成完整的理论体系，尚不能支撑我们定量地开展农业机械的适用性评价，只能通过用户调查做出定性的评价。《农业机械适用性评价技术集成研究》是科技部批准的 2009 年公益性行业（农业）科研专项经费项目（项目编号：200903038），主要对农业机械适用性评价进行研究。农业部农业机械试验鉴定总站为牵头单位，吉林省农业机械试验鉴定站为 11 家参与研究单位之一。吉林省农业机械试验鉴定站承担的"旋耕深松灭茬起垄机适用性评价方法的研究"主要是以旋耕深松灭茬起垄机为研究对象，确定评价方法，建立数学模型，进行试验验证，为"农机适用性评价技术理论模型研究""农机适用性评价通用技术规则研究"等子课题的研究提供分析依据、数据支撑。同时也是制定农业行业标准"NY/T XXXXX—2012 旋耕深松灭茬起垄机适用性评价方法"而进行的基础研究。

1　研究机型的确定

　　目前，作为整地联合作业机械主要有：旋耕深松灭茬起垄机（JB/T 8401.2—2007《旋耕联合作业机械　旋耕深松灭茬起垄机》）和深松整地联合作业机（JB/T10295—2001《深松整地联合作业机》）。

　　从《2012—2014 年国家支持推广的农业机械产品目录（公示稿）》看，深松整地联合作业机有 20 余种产品。旋耕深松灭茬起垄机有 40 多种产品，20 余家企业生产。其中，具有旋耕深松灭茬起垄 4 项作业功能的有 10 种产品，具有旋耕、深松、灭茬、起垄中任意 3 项作业功能的有 11 种产品，仅有两项作业功能的有 24 种产品（表 1）。

　　从 2012 年吉林省支持推广的农业机械产品目录申报材料统计结果看，深松联合整地机有 4 种产品。旋耕深松灭茬起垄机有 55 种产品，其中，具有旋耕深松灭茬起垄四项作业功能的有 28 种产品，具有旋耕、深松、灭茬、起垄中任意 3 项作业功能的有 22 种产品，仅有两项作业功能的有 4 种产品（表 1）。因此，选择量大面广的旋耕深松灭茬起垄机为研究对象。

表 1　目录表

机　型	作业功能	产品数量	
		国家目录	吉林省目录
四联合	旋耕、深松、灭茬、起垄	10	28
三联合	旋耕、灭茬、起垄	9	18
	其他	2	5
两联合	旋耕、灭茬	22	2
	其他	2	2

2　评价方法的选择

选择性能试验法。即在不同的试验地点，对同一生产厂家的同一种规格型号的机具进行选定的作业性能试验，根据对作业效果影响的重要程度将试验结果进行加权统计，最后按数学模型计算，由此来定量判定该机具在某区域的适用程度。

2.1　试验项目的确定

2.1.1　根据 JB/T 8401.2—2007《旋耕联合作业机械　旋耕深松灭茬起垄机》所列作业性能指标，初步确定能反映旋耕、深松、灭茬、起垄四项作业功能的耕深、耕深稳定性、灭茬深度、根茬粉碎率、深松深度、深松深度稳定性、垄高合格率、垄顶宽合格率、垄间距合格率 9 个项目作为试验项目。

2.1.2　对以上 9 个项目征求专家意见以及通过对 55 种旋耕深松灭茬起垄机试验条件和试验结果的统计分析[1]，最后确定耕深稳定性、根茬粉碎率、深松深度稳定性、垄高合格率 4 个项目作为试验项目。

耕深稳定性（gw）：用耕深稳定性反映旋耕作业的适用程度。

根茬粉碎率（gf）：用根茬粉碎率反映灭茬作业的适用程度，即合格根茬的质量占总根茬质量的百分数（合格根茬的长度≤5cm）。

深松深度稳定性（sw）：用深松深度稳定性反映深松作业的适用程度。

垄高合格率（gh）：用垄高合格率反映起垄作业的适用程度。即合格垄高数占测定垄数的百分数（合格垄高为当地农艺要求的垄高±3cm）。

以上四个项目按 JB/T 8401.2—2007《旋耕联合作业机械旋耕深松灭茬起垄机》和 GB/T 5668—2008《旋耕机》的规定试验、计算。

2.2　试验项目权重值的确定

在一个确定的试验点，农艺要求及各影响因子相对确定，因此，在选定一个试验点后，该次试验的条件因子可看成是一个整体，在试验数据处理时，只需对试验的各项目赋予权重值。

权重值通过专家打分，根据统计平均数法确定。

统计平均数法（Statistical average method）是根据所选择的各位专家对各项评价指标所赋予的相对重要性系数分别求其算术平均值，计算出的平均数作为各项目的权重。

专家初评。设计了性能指标权重调查表，由吉林省农业机械试验鉴定站课题组成员及部分专业人员填写调查表，初步统计后给出四个评价项目的权重值范围，并提交给各位专家赋值（专家分别来自大学、科研、管理、推广、鉴定等部门，共 34 人）。

回收专家意见。将各位专家的调查表收回，将明显不合理的调查表剔除，计算专家给出权数的均值和标准差。专家打分时采用满分 1 分制，即所有评价项目的权重值之和等于 1。

经计算，均值的离差在控制的范围之内，即可以用均值确定权重数。

具有旋耕、灭茬、深松、起垄 4 种作业功能的机具权重见表 2。

表 2　四联合机权重

项目	耕深稳定性权重（Qgw）	根茬粉碎率权重（Qgf）	深松深度稳定性权重（（Qsw）	垄高合格率权重（Qgh）
权重值	0.22	0.29	0.21	0.28

如果机具作业性能为三联合或二联合，则不包括的项目的权重值平均分给其他项目。例如，旋耕灭茬起垄三联合机权重就是将深松深度稳定性权重（Qsw）值平均分给耕深稳定性权重（Qgw）、根茬粉碎率权重（Qgf）和垄高合格率权重（Qgh），见表 3；旋耕灭茬二联合机权重就是将深松深度稳定性权重（Qsw）和垄高合格率权重（Qgh）值平均分给耕深稳定性权重（Qgw）和根茬粉碎率权重（Qgf），见表 4。

表 3　三联合机权重

项目	耕深稳定性权重（Qgw）	根茬粉碎率权重（Qgf）	垄高合格率权重（Qgh）
权重值	0.29	0.36	0.35

表 4　二联合机权重

项目	耕深稳定性权重（Qgw）	根茬粉碎率权重（Qgf）
权重值	0.465	0.535

2.3　数学模型的确定

基于田间作业机具在作业时，影响机具作业性能的条件因子都是相互关联的，并不是独立存在的现实，比如，要研究土壤含水率对机具作业性能的影响，无法做到在土壤含水率发生变化时，其他条件因子能保持不变，也就无法确定机具作业性能的变化是哪个条件因子的变化引起的，可把作业或试验的所有条件因子看成是一个整体，虽然影响机具作业性能的条件因子是一直变化的，但就一次具体的作业而言，这些条件因子又是确定不变的。比如，一次作业在土壤含水率是多少，土壤坚实度是多少，什么样的配套动力，什么样的地表状况下完成，所有这些条件都是已知而确定的，研究在这一个整体化的条件因子下，机具的作业性能对质量标准或农艺要求的满足程度，或叫符合程度。然后通过 n 次试验，可以获得机具在 n 个整体化的条件因子下，其作业性能对质量标准或农艺要求的满足程度，用数学统计的方法分析这些满足程度的数据，得到一个该机具对不同条件因子适应能力和符合程度的评价，我们把它叫做该机具对不同条件的适用度，简称适用度[2]。适用度应体现其 2 个特性，即整体水平和离散性，用平均值 Y 表示整体水平，用变异系数 V 表示离散性；建立对适用度 D 的数学期望：$D = Y + V$ (1)

由于变异系数的期望方向与平均值的期望方向相反，所以取负值，则

$$D = Y - V \tag{2}$$

式中：

D——适用度；

Y——n 次试验机具适用度平均值；

V——n 次试验机具适用度变异系数。

$$Y = \frac{\sum_{i=1}^{n} Yi}{n} \qquad (3)$$

$$Yi = gwi \times Ggw \div gfi \times Qgf \div swi \times Qsw \div ghi \times Qgh \qquad (4)$$

$$V = \frac{Z}{Y} \qquad (5)$$

$$Z = \sqrt{\frac{\sum_{i=1}^{n} (Yi - Y)^2}{n - 1}} \qquad (6)$$

式中：

Yi——第 i 次试验机具适用度；

n——试验次数；

Z——n 次试验机具适用度标准差。

3 试验样机、试验次数和地点的确定

3.1 试验样机的确定

试验用样机可以是生产企业成品库里的合格产品，也可以是企业近期内销售的由用户使用的产品。每个试验点试验用样机数量为一台。各试验点试验用样机可以不是同一台样机，但样机型号必须一致。

3.2 试验次数和地点的确定

把每一次性能试验看作是一个样本，那么试验次数的确定也就是样本量的确定，样本量用 n 来表示。置信水平为 90%，绝对误差限为 5% 时，计算样本量 n = 5。

试验地点应在企业提供的该机具的主要销售范围或预期的主要销售区域内，按不同作业条件和农艺要求抽取。所选择的试验用地应在当地有一定的代表性。试验时各条件因子应按机具的明示使用范围和试验点的农艺要求进行确定，不必人为创造一些极限试验条件。

4 试验过程

通过性能试验，评价由四平农丰乐机械制造有限公司生产的 1GTN-250 综合耕整机的适用性。根据生产厂家提供的用户信息，按不同作业条件和农艺要求进行了随机抽样，最后确定的试验地点为：公主岭市二十家子镇西地村、大安市四棵树乡腰围子村、农安县三岗乡安乐村、东丰县三合乡中心村 11 组、长春市双阳区双营乡庞家村。

试验用样机为近期销售到当地的在用机器。试验结合用户的使用进行，所有作业条件

按当时的自然状况进行测量，试验数据汇总见表5、图1至图6。

试验结束后，分别计算每个质量指标在各试验点对标准要求或农艺要求的符合程度。表6是5个试验点的项目符合程度，表7是加权后项目符合程度。

表5 试验数据汇总表

序号	试验地点	配套动力 (kW)	作业速度 (m/s)	土壤质地	土壤坚实度 (kPa)	土壤含水率 (%)	根茬粉碎率 (%)	垄高合格率 (%)	耕深 (mm)	耕深稳定性 (%)	深松深度 (mm)	深松深度稳定性 (%)	灭茬深度 (mm)
1	公主岭市二十家子镇	66.2	0.91	壤土	412	18.3	89.3	90	138.5	94.9	/	/	91
2	大安市四棵树乡	66.2	0.68	沙土	611	12.4	80.2	90	192.6	96.4	271.7	95.2	115
3	农安县三岗乡	88.2	0.72	壤土	444	19.7	95.0	95	150.0	93.5	249.0	95.9	98
4	东丰县三合乡中心村	66.2	0.79	壤土	342	19.4	96.1	95	152.5	95.0	/	/	119
5	长春市双阳区双营乡	88.2	1.20	壤土	456	18.0	90.8	85	120	96.3	/	/	95

表6 项目符合程度

项目符合程度	试验点 i				
	1	2	3	4	5
耕深稳定性（gwi）,%	94.9	96.4	93.5	95	96.3
根茬粉碎率（gfi）,%	89.3	80.2	95.0	96.1	90.8
深松深度稳定性（swi）,%	95.0	95.2	95.9	95.0	95.0
垄高合格率（ghi）,%	90.0	90.0	95.0	95.0	85.0

表7 加权后项目符合程度

加权项目符合程度	试验点 i				
	1	2	3	4	5
gwi × Qgw,%	20.88	21.21	20.57	20.9	21.19
gfi × Qgf,%	25.9	23.26	27.55	27.87	26.33
gfi × Qgf,%	19.95	19.99	20.14	19.95	19.95
ghi × Qgh,%	25.2	25.2	26.6	26.6	23.8
Yi,%	91.93	89.66	94.86	95.32	91.27

由（式4）得：

$Y_1 = 91.93\%$；$Y_2 = 89.66\%$；$Y_3 = 94.86\%$；$Y_4 = 95.32\%$；$Y_5 = 91.27\%$

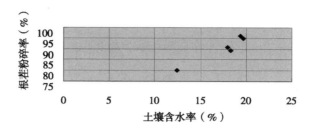

图1　根茬粉碎率与土壤含水率关系

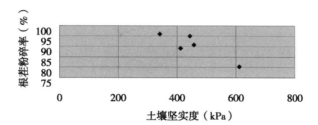

图2　根茬粉碎率与土壤坚实度关系

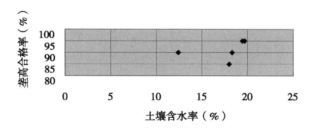

图3　垄高合格率与土壤含水率关系

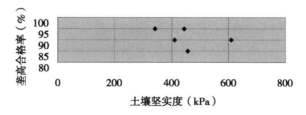

图4　垄高合格率与土壤坚实度关系

由（式3）得：

$Y = 92.61\%$

由（式6）、（式5）、（式2）得：

$Z = 2.417\%$ ；$V = Z/Y = 2.61\%$ ；$D = 90\%$

该机具的适用度为90%，按适用度与评价结果的对应关系看，评价结果为适用（表8）。

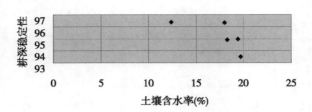

图 5　耕深稳定性与土壤含水率关系

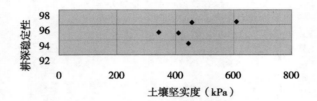

图 6　耕深稳定性与土壤坚实度关系

表 8　适用度与评价结果对应关系[3]

适用度	D≤20%	20% < D≤40%	40% < D≤60%	60% < D≤80%	80% < D≤100%
评价结果	不适用	较不适用	基本适用	较适用	适用

5　结论

①　耕深稳定性、根茬粉碎率、深松深度稳定性、垄高合格率 4 个项目是旋耕深松灭茬起垄机适用性评价性能试验法最佳试验项目。

②　项目的权重值确定合理。从图 1 至图 6 试验数据散点图看，在壤土状态下，根茬粉碎率随土壤含水率增大而提高；随土壤坚实度增大而降低；变化范围在 7% 左右。垄高合格率也随土壤含水率增大而提高；随土壤坚实度增大而降低；变化范围在 10% 左右。而耕深稳定性和深松深度稳定性随土壤含水率和坚实度变化幅度较小，不到 3%。根茬粉碎率受土壤质地影响较大，壤土效果明显好于沙土。

③　用适用度定量评价旋耕深松灭茬起垄机适用性与用户定性评价旋耕深松灭茬起垄机适用性相一致。

注［1］［2］［3］：本文引用了吉林省农机试验鉴定站 农机适用性课题组对"旋耕深松灭茬起垄机适用性影响因素研究"的研究结论、甘肃省农机试验鉴定站 农机适用性课题组对"性能试验评定方法"的研究结论和农业部农业机械试验鉴定总站 农机适用性课题组对"农业机械适用性评价通用技术规则"的研究结论。

玉米收获机适用性影响因素及性能指标的研究[*]

黄　梅[1]　李盛春[1]　宋继忠[2]　潘连启[1]　张德科[2]　李　立[1]

（1. 吉林省农业机械试验鉴定站，吉林长春　130062；

2. 山东省农业机械试验鉴定站，山东济南　250100）

摘　要： 2004 年实施的《中华人民共和国农业机械化促进法》中明确提出，农业机械试验鉴定机构应当公布具有适用性、安全性、可靠性的农业机械产品的检测结果，为农民和农业生产经营组织选购先进适用的农业机械提供信息。就安全性和可靠性而言已有较完善的技术标准。而对适用性的定量判定还是空白。本文提出了玉米收获机适用性的影响因素，确定了该机适用性的性能指标及权重，为下一步评价方法的研究奠定了基础。

关键词： 玉米；收获机；适用性；影响因素；性能指标

Corn Harvest Machine Influence Factors and the Applicability of the Performance Indexes of Research

Huang Mei[1]，Li Shengchun[1]，Song Jizhong[2]，Pan Lianqi[1]，Zhang Deke[2]，Li Li[1]

（1. JiLin agricultural machinery test appraisal station，JiLin ChangChun 130062；

2. ShanDong agricultural machinery test appraisal station，ShanDong JiNan 250100）

Abstract： 2004 years of the implementation of the law of the People's Republic of agricultural mechanization promotion law "put forward in agricultural machinery test appraisal organ shall make public safety，reliability，applicability is the agricultural machinery products inspection results，for farmers and agricultural production and operation organizations of choose and buy is advanced agricultural machinery to provide information. Just for security and reliability have relatively perfect technical standards. And the applicability of quantitative determination or blank. This paper puts forward the corn harvest machine the influence factors of applicability，determine the applicability of the machine performance index and weight，evaluation methods for the next step to lay the

---

* 基金项目：2009 年公益性行业（农业）科研专项经费项目"农业机械适用性评价技术集成研究"（项目编号：200903038）

foundation.

Key words：Corn；Harvest machine；Applicability；Influencing factors；Performance inde

0 引言

农业机械的适用性是指在一定的作业条件下农业机械性能满足农艺要求的能力，也可以说是农业作业性能对于作业条件的协调融合的程度，是对应于一定的作业条件而言的，有其相对性和局限性[1]。我国幅员辽阔，各地的自然条件、生态环境、作物品种、耕作制度和农民收入、文化素质水平等农业生产条件都有一定的差异，甚至差异很大，制约着农机适用性的体现，一种农业机械不可能适用于全国各个区域的农业生产条件[2]，也就是说大多数的农业机械产品，在使用中有一定的区域性限制。由于影响农业机械适用性的因素很多，变量大，研究难度大，因此对农业机械适用性的定量研究一直也是一个空白。

农业机械的适用性是农业机械化工作中一个非常重要而又十分复杂的问题，是农业机械的基本性能，决定着农业机械能否满足农业生产需要，增加农民收入。2004 年实施的《中华人民共和国农业机械化促进法》中明确提出，农业机械试验鉴定机构应当公布具有适用性、安全性、可靠性的农业机械产品的检测结果，为农民和农业生产经营组织选购先进适用的农业机械提供信息。就安全性和可靠性而言，研究较充分，已建立起较完善的技术标准体系，这样对农业机械适用性的研究就显得更为迫切。为此农业部农业机械试验鉴定总站牵头承担了《农业机械适用性评价技术集成研究》［公益性行业（农业）科研专项经费项目 项目编号：200903038］工作，吉林省农业机械试验鉴定站和山东省农业机械试验鉴定站承担了其中玉米收获机适用性的研究。

1 研究机型的确定

玉米收获机基于动力配置可分为四种类型：悬挂式、牵引式、自走式、玉米割台[3]。

悬挂式玉米联合收获机：即与拖拉机配套使用的玉米联合收获机，它可提高拖拉机的利用率，机具价格也较低。但是受到与拖拉机配套的限制，作业效率较低。目前国内已开发有单行、双行、三行等产品，分别与小四轮及大中型拖拉机配套使用，按照其与拖拉机的安装位置分为正置式和侧置式，一般多行正置式背负式玉米联合收获机不需要开作业工艺道。

自走式玉米收获机：即自带动力的玉米联合收获机，该类产品国内目前有三行、四行、五行，其特点是工作效率高，作业效果好，使用和保养方便，但其用途专一。国内现有机型摘穗机构多为摘穗板—拉茎辊—拨禾链组合结构，秸秆粉碎装置有青贮型和粉碎两种。

玉米割台：玉米割台又称玉米摘穗台，玉米割台的使用是与麦稻联合收获机配套作业，扩展了现有麦稻联合收获机的功能，这类机具一般没有果穗收集功能，将果穗铺放在地面。

牵引式玉米收获机：牵引式玉米联合收获机是由拖拉机牵拉作业，所以在作业时由拖拉机牵引收获机再牵引果穗收集车，配置较长，转弯、行走不便，主要应用在大型农场。

综上所述，研究及试验机型以悬挂式玉米联合收获机为主、自走式玉米联合收获机为辅，收获行数为自走式三行、四行和悬挂式二行（以下简称背负式）的果穗（籽粒）收获机。

2 研究过程

2.1 研究方法的建立

影响玉米联合收获机适用性的影响因素很多，且由多层级多目标构成，是一种内在关系比较复杂的层级网络系统，中国农业大学的适用性评价体系研究中的技术适应性的层级确定，适合玉米联合收获机适用性影响因素及性能指标层级的建立与研究，在此基础上采用经验分析法筛选并提出影响因素及相关性能指标，用实地调查法、性能试验法对所提出的影响因素和性能指标的合理性进行验证，用层次分析法做最后的确定。

2.2 提出影响因素及相关性能指标

根据中国农业大学的适用性课题组研究的技术适应性的层级指标：机器性能指标、作物要求指标、耕地要求指标、种植要求指标、作业质量指标，在此基础上对所涉及的因素进行经验法分析，将不相干的因素去除，性能指标中生产率不加入考虑，整理影响因素对性能指标整体的相关程度。

影响因素排列顺序为：成熟度15%、作物含水率13%、作物品种13%、作物产量13%、果穗大小10%、作物倒伏率8%、果穗下垂率5%、行距5%、植株折弯率5%、风速5%。

受影响的性能指标为：总损失率、籽粒破碎率、果穗含杂率、籽粒含杂率、秸秆粉碎长度合格率。

将初步的影响因素提交调研、验证，并考虑其他因素的影响。

2.3 调查验证

2.3.1 对机具生产者的调查

2010年，向40个相关生产企业发送了玉米收获机性能及影响因素调查表和机具适用性分布调查表，重点对初步提出的影响因素征求意见。回函汇总统计初步排序结果为：行距、作物高度、果穗下垂、作物成熟度、植株折弯率、作物含水率、倒伏率。

从调查的结果看，各自所占的比例差别不大，但是对课题组初次提交的影响因素的范围及影响程度有很大差异，去除了作物品种、作物产量、果穗大小、风速的影响；增加了作物高度。从企业销售的反馈情况看，不同地域对适用性影响的主要因素有所不同。如东北的成熟度、含水率、行距、种植方式等；华北的行距、垄高、倒伏等；其他地区的地块、地形、倒伏、行距、结穗最低高度、种植方式、含水率等。

2.3.2 对机具使用者（或农户）的调查

2011年对吉林省和山东省进行了玉米生产方式的调查，调查面覆盖两省各县镇，接触1 800个农户。从两省调查可以看出，种植模式及行距，对收获作业的影响很大（表1）。与企业不同的是，倒伏、果穗下垂及作物弯折对玉米收获机的影响不大。根据调查结果进行综合分析，去掉极小因素，影响玉米收获机械适用性的主要因素为：作物成熟度、作物含水率、行距、作物高度、作物倒伏率。

表1　影响程度调查汇总

	作物成熟度	作物含水率	行距	作物高度	倒伏率
吉林省 560 户	37%	29%	16%	15%	3%
山东省 1 320 户	34%	21%	34%	11%	0%

2.3.3　对机具主产和主销区域的试验鉴定机构的调研

主要到河南、河北、山东、山西、内蒙古、甘肃、黑龙江和吉林省（区）农机试验鉴定站了解对玉米收获机的鉴定情况，咨询技术人员对适用性影响因素和受影响因素影响的作业性能指标的确定。调查结果与课题组初步提出的大致相同。

2.3.4　调查综合结论

综合生产企业和农户的调查、专家及课题组的研究，影响玉米收获机适用性的因素主要集中在：行距、作物高度、作物倒伏率、作物成熟度、作物含水率、作物品种、植株折弯率、果穗下垂率。考虑到果穗下垂率、植株折弯率只是企业提出的影响因素，确定时将其除去。

初步结论：影响玉米收获机适用性的主要因素为行距、作物高度、作物倒伏率、作物成熟度、作物含水率。

2.4　性能试验分析相关性

性能试验分布在山东、河北、河南、北京、黑龙江、吉林等省（市），试验条件有一定的区别。

所有试验均是在部级推广大纲要求的条件下完成，试验地点不同，机具型号相同，从结果看，单个因素对主要性能指标的影响并不显著，在试验中看不出其相关性，散点图不成规律。单以调研中影响因素比较重要的籽粒含水率与总损失率的散点关联图为例（图1至图3）。

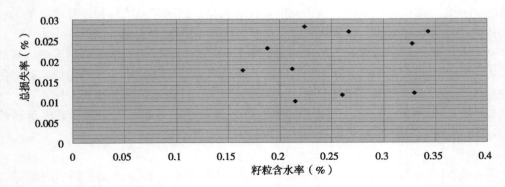

图1　二行背负式果穗收获机（吉林省 12 个试验点）含水率与总损失率的关系

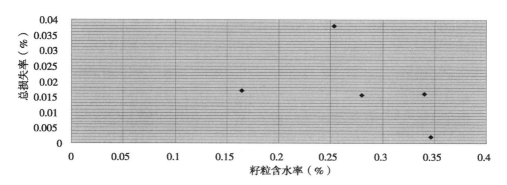

图 2   二行背负式果穗收获机（吉林、山东、黑龙江等 5 个试验点）
含水率与总损失率的关系

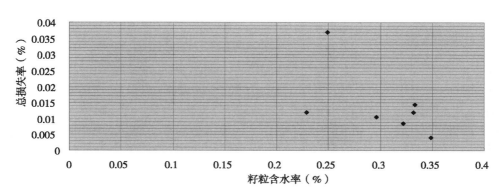

图 3   四行自走式果穗收获机（山东、黑龙江、吉林、
河北等 7 个试验点）含水率与总损失率的关系

试验证明，玉米收获机在作业时，所有影响机具收获性能的影响因素都是相互关联的，并不是独立存在的，比如，我们要研究籽粒含水率对收获性能的影响，就无法保证在籽粒含水率发生变化时，其他的如作物高度、作物倒伏率、作物成熟度等因素能保持不变，因此就无法确定性能指标的变化是哪个因素的变化引起的。所以说，由玉米收获机适用性的主要影响因素行距、作物高度、作物倒伏率、作物成熟度、作物含水率等的整体变化，引起总损失率、籽粒破碎率、果穗（籽粒）含杂率的变化。

3   结论

3.1   影响因素的确定

3.1.1   根据以上分析及调查确定，影响玉米收获机适用性的主要因素为：行距、作物高度、作物倒伏率、作物成熟度、作物含水率。

3.1.2   二级因素备选方案为：收获时机、种植方式、作物品种、倒伏程度。

3.2 受影响的作业性能指标的确定

在 GB/T 21962—2008《玉米收获机械 技术条件》中规定的主要作业性能指标有：总损失率、籽粒破碎率、生产率、果穗含杂率、籽粒含杂率、苞叶剥净率、秸秆粉碎长度合格率等。作为玉米收获机械，适用性的评价应针对机具不同的功能及共性与受因素影响的作业性能指标进行研究。组织专家对上述 7 个指标进行了测评排序，取前 3 位，最后针对不同功能的机具确定影响玉米收获机适用性的作业性能指标。

3.2.1 不含秸秆粉碎还田功能的玉米收获机性能指标

总损失率、籽粒破碎率、含杂率（果穗或籽粒）。

这也与前述调查、统计、分析结果相吻合。可适用于果穗（籽粒）收获机的评定。

3.2.2 含秸秆粉碎还田功能的玉米收获机性能指标

总损失率、籽粒破碎率、秸秆粉碎长度合格率。适用于果穗收获机的评定。

3.3 权重的确定

为了反映因素的重要程度，权重值采用层次分析法确定。层次分析法（Analytic H ierarchy Process，AHP）是一种较好的权重确定方法。它是把复杂问题中的各因素划分成相关联的有序层次，使之条理化的多目标、多准则的决策方法，是一种定量分析与定性分析相结合的有效方法[4]。因此，特邀请部分具有玉米收获机科研、生产、推广、鉴定、使用等方面经验丰富的单位或专家，参与本次适用性评价指数权重测评。对于调查的数据，通过运用 yaAHP 软件完成，处理结果直接由软件用 PDF 格式导出。分全部数据全部参与评价、15 位专家组成的专家组评价、工厂及用户评价三种方式来进行，取得专家判断矩阵加权几何平均值。

调查得来的数据矩阵，轻微不一致的由软件自动调整后参与评价，严重不一致的，剔除，不参与评价。最终结果见表 2 至表 5。

表 2　果穗收获机二级因素及权重

备选方案	权重
收获机	0.1973
种植方式	0.4014
作物品种	0.1194
倒伏程度	0.2818

表 3　果穗收获机（不含还田功能）性能指标权重表

集结后判断矩阵——适用性；对总目标的权重：1.0000

适用性	总损失率	籽粒破碎率	果穗含杂率	权重
总损失率	1.0000	7.3500	8.5768	0.7629
籽粒破碎率	0.1361	1.0000	6.9413	0.1881
果穗含杂率	0.1166	0.1441	1.0000	0.0491

表4　籽粒收获机（不含还田功能）性能指标权重表

集结后判断矩阵——适用性；对总目标的权重：**1.0000**

适用性	总损失率	籽粒破碎率	籽粒含杂率	权重
总损失率	1.0000	3.5424	6.4620	0.6559
籽粒破碎率	0.2823	1.0000	6.0453	0.2760
籽粒含杂率	0.1548	0.1654	1.0000	0.0681

表5　果穗收获机（含还田功能）性能指标权重表

集结后判断矩阵——适用性；对总目标的权重：**1.0000**

适用性	总损失率	籽粒破碎率	秸秆还田质量	权重
总损失率	1.0000	4.1330	7.0800	0.7146
籽粒破碎率	0.2420	1.0000	2.5220	0.1967
秸秆粉碎长度合格率	0.1412	0.3965	1.0000	0.0887

参考文献

［1］牛永环，刘博，焦刚，等．农业机械适用性研究的发展探讨［J］．农机化研究，2007（2）：12－14.

［2］GB/T 21962—2008.玉米收获机械 技术条件［S］．北京：中国标准出版社，2008.

［3］陈志英．农机适用性试验鉴定与评价初探［J］．农业机械，2007（12）：39－40.

［4］常建娥，蒋太立．层次分析法确定权重的研究［J］．武汉理工大学学报（信息与管理工程版），2007（1）：43－44.

耕整机适用性影响因素研究[*]

应文胜　文　宁[1]

（四川省农业机械鉴定站，成都　610031）

摘　要： 耕整机适用性评价是耕整机推广鉴定工作的一项重要内容，而适用性影响因素是适用性评价的先决条件。目前研究基础薄弱。本文认为应该从实际出发，依据耕整机的推广应用中影响其推广的各类因素，通过专家、推广人士和用户多个角度运用科学的调查统计学原理，进行系统地研究，并为适用性评价找出主要的影响因素。

关键词： 推广鉴定；适用性评价；影响因素；调查统计

近年来，传统耕牛已基本退出了耕整地的历史舞台。耕整机（6kW以下用于水田、旱田（土）的犁耕作业）相对微耕机推广量相差巨大，究竟是什么制约了耕整机的推广使用？耕整机是否应继续推广应用，享受国家有关的补贴政策？我们应当加快对耕整机适用性进行研究。四川省农业机械鉴定站承担了农业部《农业机械适用性评价技术集成研究》课题中的"耕整机适用性评价技术方法"研究。农业机械推广鉴定的一项重要内容是适用性评价，耕整机推广鉴定工作也不能回避适用性评价，适用性评价要有章可行，必须对适用性评价方法进行研究，而国内相关研究领域尚属空白，研究基础十分薄弱，而耕整机适用性影响因素是其适用性评价的先决条件。

1　耕整机适用性影响因素初步分析

按影响因素的不同影响程度，可以分出主要影响因素和次要影响因素，土壤类型、土壤含水率、土壤紧实度、田块大小、道路条件、田间植被、前茬作物、地表平整度、坡度、气温、气压等，这些因素都在不同程度上可能影响着耕整机的适用性，受影响的性能指标可能有耕深、燃油消耗率、立垡率、回垡率、耕深稳定性、碎土率、工作幅宽、植被覆盖率和生产率等，下面列举部分分析（表1）。

1.1　土壤类型

土壤类型对耕深及耕深稳定性、作业小时生产率、立垡率及回垡率、燃油消耗率产生

---

* 基金项目：公益性行业（农业）科研专项经费项目"农业机械适用性评价技术集成研究"（200903038）

影响。

（1）土壤类型对耕深影响分析

耕整机对不同土壤类型土壤耕作时，对耕深会造成一定的影响，黏壤土较干硬时，很难达到设计耕深，而对沙壤土而言，影响会小一些。

（2）土壤类型对耕深稳定性影响分析

耕整机对不同土壤类型土壤耕作时，对耕深会造成一定的影响，但在土壤类型和土壤含水率相对一致的土壤情况下，耕深稳定性不受耕深大小而出现大的变化。

（3）土壤类型对生产率的影响分析

耕整机对不同土壤类型土壤耕作时，对耕深和耕作速度都会产生影响，相应影响了生产率。

（4）土壤类型对立垡、回垡的影响分析

耕整机对不同土壤类型土壤耕作时，黏壤土易形成片垡，从而易于出现立垡和回垡，而对沙壤土而言，垡片易碎，立垡不易形成。

（5）土壤类型对燃油消耗率的影响分析

土壤类型偏黏性土壤耕作阻力大，燃油消耗率一般而言会增大，但用户对此并不敏感。

（6）土壤类型对碎土率的影响分析

土壤类型偏黏性土壤不易碎，碎土率偏低，但标准规定值很低，易于达到，用户对此亦不敏感。

1.2 土壤含水率

土壤含水率对耕深及耕深稳定性、作业小时生产率、立垡率及回垡率产生影响。

（1）土壤含水率对耕深影响分析

耕整机对不同土壤含水率土壤耕作时，对耕深会造成一定的影响，黏壤土较干硬时，很难达到设计耕深，而对沙壤土而言，影响会小一些。

（2）土壤含水率对耕深稳定性影响分析

耕整机对不同土壤含水率土壤耕作时，对耕深会造成一定的影响，但在土壤类型和土壤含水率相对一致的土壤情况下，耕深稳定性不受耕深大小而出现大的变化。

（3）土壤含水率对生产率影响分析

耕整机对不同土壤含水率土壤耕作时，对耕深和耕作速度都会产生影响，生产率也就受到了影响。

（4）土壤含水率对立垡、回垡的影响分析

耕整机对不同土壤含水率土壤耕作时，水分适宜的黏壤土易形成片垡，从而易于出现立垡，相反则不易形成。

（5）土壤含水率对燃油消耗率的影响分析

单土壤含水率对燃油消耗率影响不大，用户对此也不敏感。

1.3 土壤紧实度

土壤紧实度对耕深及耕深稳定性、作业小时生产率、立垡率及回垡率产生影响。

（1）土壤紧实度对耕深影响分析

耕整机对不同紧实度土壤耕作时，对耕深会造成一定的影响，土壤紧实度较大时，很难达到设计耕深。

（2）土壤紧实度对耕深稳定性影响分析

耕整机对不同土壤紧实度土壤耕作时，对耕深会造成一定的影响，但在土壤紧实度相对一致的土壤情况下，耕深稳定性不受耕深大小而出现大的变化。

（3）土壤紧实度对生产率影响分析

耕整机对不同土壤紧实度土壤耕作时，对耕深和耕作速度都会产生影响，生产率也就受到了影响。

（4）土壤紧实度对立垡、回垡的影响分析

耕整机对不同紧实度土壤耕作时，对立垡率高低没有直接关系。

（5）土壤紧实度对燃油消耗率的影响分析

土壤紧实度大的土壤耕作阻力大，燃油消耗率一般而言会增大，但用户对此并不敏感。

（6）土壤紧实度对碎土率的影响分析

土壤紧实度大的土壤不易碎，碎土率偏低，但标准规定值很低，易于达到，用户对此亦不敏感。

1.4 田块大小

田块大小对耕深及耕深稳定性、立垡率及回垡率不会直接产生影响，但会影响生产率。

1.5 地表平整及坡度

地表平整及坡度对耕深及耕深稳定性、立垡率及回垡率影响很小，对机手操作会产生一定影响，因此也会一定程度上影响生产率。

1.6 前茬作物及耕前植被

前茬作物及耕前植被对耕深及耕深稳定性、作业小时生产率、立垡率及回垡率产生影响。

（1）前茬作物及耕前植被对耕深影响分析

耕整机对不同前茬作物及耕前植被土壤耕作时，对耕深会较大的影响，主要是根茬增加了耕作的阻力。

（2）前茬作物及耕前植被对耕深稳定性影响分析

耕整机对不同前茬作物及耕前植被土壤耕作时，对耕深稳定性也会造成一定的影响，主要是因根茬在田间分布不均匀而导致其影响。

（3）前茬作物及耕前植被对生产率影响分析

耕整机对不同前茬作物及耕前植被土壤耕作时，对耕深和耕作速度都会产生相应影响，从而影响生产率。

（4）前茬作物及耕前植被对立垡、回垡的影响分析

耕整机对不同前茬作物及耕前植被土壤耕作时，形成片垡、出现立垡的情况不尽相同。

此外，以上因素对植被覆盖率、工作幅宽的影响不大，用户对此亦不敏感。

2　耕整机适用性影响因素研究方法选择

2.1　试验法

通过试验法确定适用性影响因素可信度很高，但难度很大。

假定影响因素有 12 个，将其全面纳入评价体系，每个影响因素仅按 3 个水平开展评价，如果全面试验，共应做 3^{12} 次试验，显然这在大量的农机产品适用性评价工作中是不可取的方案。

假定将上述 12 个影响因素精简为四个主要因素，同时每一因素按 3 水平设计见表 1，针对每一因素交互影响的特点，应进行 $3^4 = 81$ 次试验，利用成熟的正交试验方法进行试验设计，见表 2，也必须进行 $L_9(3^4)$ 共 9 次试验。

表 1　主要影响因素和水平

水平	土壤类型	含水率	土壤紧实度	植被
1	沙壤土	<10%	<800kPa	<0.5kg/m²
2	轻黏土	10%~25%	800~1 500kPa	0.5~1.5kg/m²
3	重黏土	>25%	>1 500kPa	>1.5 kg/m²

表 2　正交试验表

No.	1	2	3	4
1	1	1	1	1
2	1	2	2	2
3	1	3	3	3
4	2	1	2	3
5	2	2	3	1
6	2	3	1	2
7	3	1	2	2
8	3	2	1	3
9	3	3	2	1

但这一方案是寻找最佳水平组合，并不是发现某些特定因素在特定水平下交互影响的不符合特性，显然不是适用性评价的合理方案。

目前，一个耕整机推广鉴定工作的工作量一般在 3 ~ 5 个工作日。假定按上面的试验方案，一次试验工作如果按 1 个小时，但其试验的准备和等待试验条件的具备可能是一天或若干天，有的情况可能一年之中也难以满足试验条件，这无疑使我们的适用性评价工作陷于困境。

对耕整机有一定了解的机手都知道，并不是所有可能的因素都对耕整机的使用产生很大影响，而一旦找出少量主要的影响因素，必将大大简化我们对耕整机适用性评价的难度。

2.2　用户调查法

通过对一定量的用户开展调查，简单易行，但由于用户受其文化程度和认识的局限性影响，对事物的理解不一定深刻而准确，有的用户甚至没有耐心，很多时候会因为对术语的理解不清，调查者通过解释引导，往往难免将被调查对象的思维带入了调查者的认识和经验中，因此这些调查可信度不高。

2.3　德尔菲法

德尔菲法本质上是一种反馈匿名函询法。其大致流程是在对所要预测的问题征得专家的意见之后，进行整理、归纳、统计，再匿名反馈给各专家，再次征求意见，再集中，再反馈，直至得到稳定的意见。

德尔菲法的特点，分别是匿名性、多次反馈、小组的统计回答。德尔菲法的好处在于被调查人是熟悉调查对象的专家，他们不受引导和干扰，专家意见具有高度的独立性，专家群体因有专业知识和相关经验，判断较为科学和准确，通过一定数量的专家评判后统计分析易于接近事物的真实情况，对意见不集中甚至分歧较大的部分还要通过多次征求意见，最终趋于统一的认识，这个方法通过大量的试验和实践证明科学有效。

综上所述，德尔菲法比较适合耕整机适用性影响因素的研究分析。

3　耕整机适用性影响因素研究分析

3.1　选择评定专家

选择在对耕整机行业熟悉的农艺、推广、管理、鉴定、耕整机生产企业、用户等专家，每个领域的专家不少于 1 人，共 10 人。

3.2　设计耕整机适用性影响因素重要程度专家打分表（表 3）、适用性影响因素德尔菲法评定表（表 4）

3.3　实施步骤

① 为了让专家充分了解耕整机适用性影响因素评定的目标和方法，需向专家提供有

关耕整机适用性材料和相应的表格，如耕整机适用性影响因素的研究方案、耕整机相关标准和鉴定大纲。

表3　耕整机适用性影响因素重要程度专家打分表

影响因素		重要程度打分 （0~9分）	受影响的指标	受影响程度打分 （0~9分）
类	因　素			
土　壤	YS1 ⋮		ZB1 ⋮	
地形及田块	YN1 ⋮			
农　艺	YD1 ⋮			
⋮	YP1 ⋮			

备注　请根据你的经验给出相应分值，0代表此因素无影响，9代表此因素影响最高，根据程度选择0~9之间的数值

表4　适用性影响因素德尔菲法评定表

需评议的影响因素 （Y）		评议专家意见（ZJ）										得分	得分率
		ZJ1	ZJ2	ZJ3	ZJ4	ZJ5	ZJ6	ZJ7	ZJ8	ZJ9	…		
土壤（S）	YS1 ⋮	…	…	…	…	…	…	…	…	…	… 		
地形与田块（N）	YN1 ⋮	…	…	…	…	…	…	…	…	…	… 		
农艺（D）	YD1 ⋮	…	…	…	…	…	…	…	…	…	… 		
⋮	YP1 ⋮	…	…	…	…	…	…	…	…	…	… 		
受影响的性能指标	ZB1 …												

备注　0代表此因素无影响，9代表此因素影响最高，根据程度选择0~9的数值

② 发放耕整机适用性影响因素重要程度专家打分表（表3），由专家对影响因素的重要程度进行打分。

③ 收回此表格，按适用性影响因素德尔菲法评定表（表4）进行汇总统计分析，统计结果有两项或两项以上得分率在80%以上，视为意见统一，否则将第一次的统计结果

和耕整机适用性影响因素权重专家咨询表再次发送给专家，进行第二次评分，回收第二次评分结果进行统计分析，直至专家意见统一，得出主要影响因素和受影响的主要性能指标。

　　④ 发放耕整机适用性影响因素权重专家咨询表，由专家分别对主要影响因素和受影响的主要性能指标的权重评分，回收耕整机适用性影响因素权重专家咨询表，并进行汇总，确定各自权重。

3.4　研究结果

　　经 10 位专家两轮打分，第二轮对个别因素的打分分歧较大的提出，进入第二轮打分，分歧较小。最终统计分析如下图（图 1，图 2）。耕整机适用性影响因素中土壤紧实度、土壤类型、土壤含水率、田间植被得分率较高，分别为 88.9%、86.7%、74.4% 和 41.1%，其他因素得分率均较低，在耕整机适用性评价中应当重点关注土壤紧实度、土壤类型、土壤含水率三个因素，适当兼顾田间植被这个因素。受影响的主要性能指标耕深、耕深稳定性和生产率得分率高，分别为 87%、85%、86%。

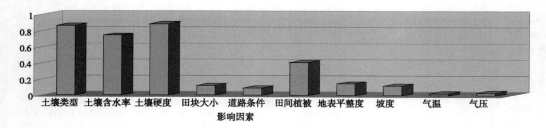

图 1　耕整机适用性影响因素德尔菲法得分率

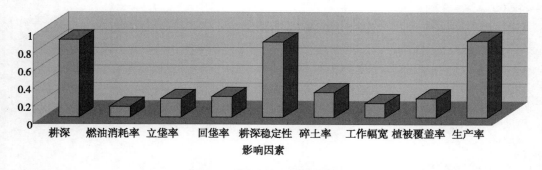

图 2　受影响的主要性能指标

参考文献

［1］《中华人民共和国农业机械化促进法》2004 年 11 月 1 日起施行．

［2］NY/T 1645—2008，谷物联合收割机适用性评价方法［S］．北京：中国标准出版社，2008．

［3］JB/T 9803.1，耕整机技术条件［S］．北京：中国标准出版社．

［4］DG/T 004—2012，农业机械推广鉴定大纲　耕整机［S］．北京：中国标准出版社，2012．

耕整机适用性评价技术方法研究[*]

应文胜　曾贵华　雷丹

（四川省农业机械鉴定站，成都市　610031）

摘　要：耕整机适用性评价是耕整机推广鉴定工作的一项重要内容，而适用性评价方法的选择是适用性评价的前提条件。本文通过比较多种评价方法，认为从耕整机实际出发，应当选择综合评价法对耕整机适用性进行评价。

关键词：推广鉴定；适用性评价；评价方法；综合评价法

1　概述

近年来，耕整机作为 6kW 以下的用于水田、旱田（土）的犁耕、整地作业的整地机械[1,2]，受国家持续补贴政策的刺激影响，在我国丘陵、山区得到了较大发展，传统耕牛已基本退出了耕整地的历史舞台。但调查研究表明，耕整机受其配套机具仅能实现犁耕作业的局限，在丘陵山区推广量远远低于微耕机，究其原因是犁耕后还得经过整地作业，相对微耕机多出一道环节，这正是用户对农业机械适用性的合理选择。

"耕整机适用性评价技术方法研究"是农业部《农业机械适用性评价技术集成研究》课题的一个重要组成部分。

2　耕整机适用性评价方法选择

2.1　目前农业机械适用性可采用的评价方法简介

2.1.1　适用性试验测评方法

在规定的作业条件下，针对可能受到这些作业条件影响的主要性能指标进行测试，通过数理统计原理分析机具在多种作业条件下使用时的关联度，进而评价机具保持规定特性和满足当地农业生产要求能力的一种评价方法。

2.1.2　适用性跟踪测评方法

通过抽取样机或是选择已被用户购买的机具进行实地正常作业，对机具的作业情况进

---

* 基金项目：2009 年公益性行业（农业）科研专项经费项目"农业机械适用性评价技术集成研究"（项目编号：200903038）

行跟踪考核，以评价机具保持规定特性和满足当地农业生产要求能力的一种评价方法。

2.1.3 适用性调查测评方法

通过确定机具的适用性显著影响因素和受影响的机具特性，利用数学统计原理建立理论模型，按照规定的调查数量和调查要求，采用多种调查方式了解机具在日常作业中保持规定特性和满足当地农业生产要求的情况，利用统计分析的方法对调查结果进行量化以评价机具在实际使用过程中适用性的一种方法。

2.1.4 适用性综合测评方法

根据被测产品的适用性特性，采用试验测评法、跟踪测评法、调查测评法的交叉组合，测评所选择方法共同关注的受适用性影响的测评项目，依据被测项目的适用性评价结果评价机具适用性的一种方法。

2.2 耕整机适用性评价选择采用综合测评法

2.2.1 耕整机适用性的众多影响因素

按影响因素的不同影响程度，可以分出主要影响因素和次要影响因素，土壤比阻、土壤类型、土壤含水率、土壤硬度、田块大小、道路条件、田间植被、前茬作物、地表平整度、坡度、气温、气压等，这些因素都在不同程度上影响着耕整机的适用性，即耕整机耕作时耕深、耕深稳定性、生产效率等指标能否达到现行标准的要求。

2.2.2 采用单一的试验测评法或跟踪测评或用户调查测评的局限性分析

（1）单一采用试验测评法的局限性分析

假定将耕整机所有可能的影响因素全面纳入评价体系，每个影响因素仅按 3 个水平开展评价，如果全面试验，共应做 3^{12} 次试验，显然这在大量的农机产品适用性评价工作中是不可取的方案。

通过专家咨询，可以将上述 12 个影响因素精简为四个主要因素（这四个因素最终综合反映土壤比阻的大小，在实际评价中土壤比阻无法量化各种不同作业条件的差异特点，因此这里不选择它作为评价因素），同时每一因素按 3 水平设计见表 1，针对每一因素交互影响的特点，应进行 $3^4 = 81$ 次试验，利用成熟的正交试验方法进行试验设计，必须进行 $L_9(3^4)$ 共 9 次试验。

表 1　主要影响因素和水平

水平	土壤类型	含水率	土壤紧实度	前茬作物与植被
1	沙壤土	<10%	<800kPa	<0.5kg/m²
2	轻黏土	10%～25%	800～1 500kPa	0.5～1.5kg/m²
3	重黏土	>25%	>1 500kPa	>1.5 kg/m²

但这一方案是寻找最佳水平组合，并不是发现某些特定因素在特定水平下交互影响的不符合特性，显然不是适用性评价的合理方案。有的试验条件一年之中也难以满足，这无疑使我们的适用性评价工作陷入困境，全面的试验尽管其可信度很高，但不易于取得试验数据，因而难以实现。

（2）单一测评法的局限性分析

单一采用跟踪测评法或用户调查法同样要受各类区域、纷繁复杂作业条件的限制，不易寻求到合理全面的跟踪对象，跟踪测评是依附于农户耕整地作业过程，无法涵盖特定作业条件之外的情形，尽管跟踪测评的时间和精力花费很大，但可反映出的适用性评价素材却非常有限。单一用户调查也同样难以评价耕整机适用性，由于用户选择应符合随机性原则，用户的文化、技能、认识水平参差不齐，受认识局限性的影响，多数用户仅能定性评价，很难对适用性进行精准定量性评价，因此可信度较低。

显然，采用单一跟踪测评法或用户调查测评法，具有很大的风险性。

（3）综合测评法的独特优势和科学性

采用试验测评法、跟踪测评法、调查测评法的交叉组合，从不同侧面进行测评，可以大幅度降低试验测评法的试验次数，可以利用跟踪法的随机性掌握实际生产的多类情况，还可利用一定用户量的定性认识来弥补试验测评法和跟踪测评法未能涵盖的更多情况，综合测评法最大限度地发挥了各类方法的长处，克服了单一方法的不足，避免了测评可能出现的偏差和遗漏，大大降低了评价的风险。

综上所述，耕整机适用性评价应当选择综合测评法。

3 运用综合测评法对耕整机适用性评价

在选择了综合评价方法后，根据 GB/T 5262—2008《农业机械试验条件　测定方法的一般规定》进行层次分解（图1），并建立初步的数学模型。

3.1 综合评价模型的运用

对于评价农业机械适用性，其影响因素具有复杂性和多样性的特点，精确化能力的降低造成对系统描述的模糊性，运用模糊手段来处理模糊性问题，将会使评价结果更真实、更合理。模糊综合评价模型的建立须经过以下步骤。

（1）给出备择的对象集

这里即为各农业机械适用度。

（2）确定指标集

即把能影响评价农业机械适用性的各因素构成一个集合。

（3）建立权重集

由于指标集中各指标的重要程度不同，所以要对一级指标和二级指标（甚至更多级指标）分别赋予相应的权数。

（4）确定评语集

评价集设为 $v = \{v_1$（适用性强），v_2（适用性较强），v_3（适用性一般），v_4（适用性较差），v_5（不适用）$\}$，数量化表示为 $v = \{100，90，80，70，60\}$。

（5）找出评判矩阵

$R = (r_{ij}v)_{n \times m}$，首先确定出 U 对 v 的隶属函数，然后计算出适用性评价指标对各等级的隶属度 u_{ij}。

（6）求得模糊综合评判集

即普通的矩阵乘法，根据评判集得终评价结果，给出农业机械适用性优劣的结论。

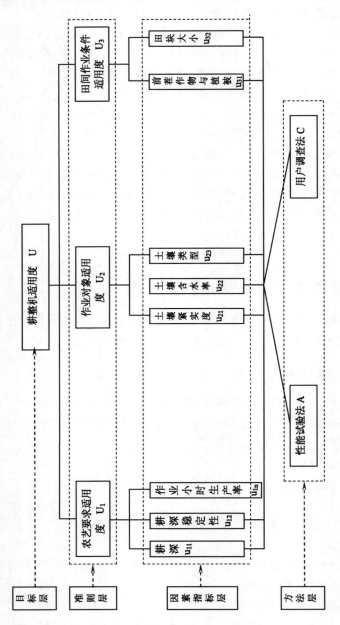

图1　1Z51－81型耕整机适用性综合评价分解图

对任一因素指标的获得可以通过性能试验法、跟踪测评法、用户调查法等方法中的一种或多种，但对部分因素指标可能存在仅需一种方法便可以获得的情况，这时可视为另两种方法的指标隶属度为零。

3.2 构建评价因素集合

在农业机械适用度指标构成体系中，评价对象因素集合为

$U = \{U_1, U_2, U_3\}$ （式1）

$U_1 = \{u_{11}, u_{12} \cdots u_{1n}\}$

$U_2 = \{u_{21}, u_{22} \cdots u_{2n}\}$

$U_3 = \{u_{31}, u_{32} \cdots u_{3n}\}$

3.3 建立评价集

评价集 V 是评价等级的集合，针对农业机械适用度评价指标体系，建立评价集为

$V = \{V_1, V_2, V_3\}$ （式2）

= {适用性强，适用性较强，适用性一般，适用性较差，不适用}

根据评价集 V，进行临界值的设立：90~100 为适用性强，80~90 为适用性较强，70~80 为适用性一般，60~70 为适用性较差，小于 60 为不适用。

数量化表示为 $V = \{100, 90, 80, 70, 60\}$。

3.4 确定指标权重

由于 U 中各个因素对农业机械适用度的影响程度不同，需要对每个因素赋予不同的权重。本文运用层次分析法（AHP）求得不同层次指标的权重。采用 1~9 标度法。由各专家分别构造判断矩阵，然后由平均值得到最后的判断矩阵（表2）。根据最终确定的判断矩阵首先进行层次单排序及其一致性检验，求解判断矩阵的最大特征值 λmax 及其所对应的特征向量 W，W 经过标准化后，即为同一层次中相应元素对于上一层中某个因素相对重要性的排序指标（权重）。

表2 判断矩阵标度含义

标度	含义
1	表示两个因素相比，具有同样重要性
3	表示两个因素相比，一个因素比另一个因素稍微重要
5	表示两个因素相比，一个因素比另一个因素明显重要
7	表示两个因素相比，一个因素比另一个因素强烈重要
9	表示两个因素相比，一个因素比另一个因素极端重要
2，4，6，8	上述两相邻判断的中值
倒数	因素 i 与 j 比较的判断 u_{ij}，则因素 j 与 i 比较的判断 $u_{ji} = 1/u_{ij}$

进行层次单排序与一致性检验时，判断矩阵的一致性指标 C_I 为

$C_I = (\lambda max - N) / (N-1)$ （式3）

随机一致性比率 C_R 为

$$C_{R=} = C_I/R_I \qquad\qquad （式4）$$

式中：N 为判断矩阵的阶数；R_I 为随机一致性指标，各阶数判断矩阵所对应的 R_I 见表 3。

表3 R_I 值

阶数	1	2	3	4	5	6	7	8	9
R_I	0	0	0.580	0.901	1.120	1.240	1.320	1.410	1.450

若 $C_R < 0.10$，则认为判断矩阵满足一致性检验；否则，需重新构造判断矩阵，直到一致性检验通过。经过层次单排序以及一致性检验，可确定出指标层的权重。

利用同一层次所有层次单排序的结果，可以计算本层次所有元素对上一层次而言重要性的权值，即层次总排序。$C_R < 0.10$ 时，认为层次总排序满足一致性，得到准则层的权重。不同层次的因素指标权重可表示如下。

准则层权重为

$$A = （a_1, a_2, a_3, a_4, a_5, a_6）, \sum_{i=1}^{6} ai = 1 \qquad\qquad （式5）$$

因素指标层权重为

$$A_i = （a_{i1}, a_{i2}\cdots a_{in}）, \sum_{j=1}^{n} aij = 1 \ (i=1, 2, 3, 4, 5, 6) \qquad （式6）$$

3.5 确定因素权重

建立判断矩阵，按 AHP 法计算出各因素的权重如表 4 所列。

表4 各评价因素指标权重

准则层	准则层权重 A	因素指标层	指标层权重 Ai	单项相对总目标权重
农艺要求适用度 U_1	0.4046	耕深 u_{11}	0.4374	0.1770
		耕深稳定性 u_{12}	0.3873	0.1567
		作业小时生产率 u_{13}	0.1753	0.0709
作业对象适用度 U_2	0.4861	土壤紧实度 u_{21}	0.5568	0.2706
		土壤含水率 u_{22}	0.1670	0.0812
		土壤类型 u_{23}	0.2763	0.1343
田间作业条件适用度 U_3	0.1093	前茬作物与植被 u_{31}	0.5652	0.0618
		田块大小 u_{32}	0.4348	0.0475

3.6 确定各评价指标隶属度

在进行模糊综合评价前应先确定各评价指标的隶属度，对于难以用数量表达的指标，如土壤类型、前茬作物与植被、田块大小等，采用模糊统计法来确定隶属度（表5）。模糊统计方法是让参与评价的专家（或用户）按事先给定的评价集 V 给各个评价指标划分等级，再依次统计各个评价指标 uij 属于各个评价等级 Vq（q = 1，2，3，4，5）的频数 nijq，由 nijq 可以计算出评价因素隶属于评价等级 Vq 的隶属度 u_{ij}^q。如果聘请 n 个专家（或用户），则 u_{ij}^q 为

$$u_{ij}^q = nijq/n \qquad\qquad\qquad （式7）$$

表5　评价因素指标获得方法

准则	因素指标	评价因素指标获得方法	
		性能试验法	用户调查法
农艺要求	耕深 u_{11}	✓	
	耕深稳定性 u_{12}	✓	
	作业小时生产率 u_{13}	✓	
作业对象	土壤紧实度 u_{21}		✓
	土壤含水率 u_{22}		✓
	土壤类型 u_{23}		✓
田间条件	前茬作物与植被 u_{31}		✓
	田块大小 u_{32}		✓

3.7　以1Z51-81型耕整机为例进行模糊综合评价

性能试验测试结果及对应的评价结果见表6，用户测评等级赋分值见表7。

表6　性能试验测试结果及对应的评价结果

性能试验测试结果			评价分值	单项评价
耕深（cm）	耕深稳定性	作业小时生产率（hm^2/h）		
$A_1 - 1 \leqslant S \leqslant A_1 + 1$	$S \geqslant 85\%$	$S \geqslant A2$	100	适用
$A_1 + 1 < S \leqslant A_1 + 1.1$ $A_1 - 1 < S \leqslant A_1 - 0.9$	$83.5\% \leqslant S < 85\%$	A2（1% ~20%）$\leqslant S <$ A2（1% ~10%）	90	较适用
$A_1 + 1.1 < S \leqslant A_1 + 1.2$ $A_1 - 1.1 < S \leqslant A_1 - 1.0$	$82\% \leqslant S < 83.5\%$	A2（1% ~30%）$\leqslant S <$ A2（1% ~20%）	80	基本适用
$A_1 + 1.2 < S \leqslant A_1 + 1.3$ $A_1 - 1.2 < S \leqslant A_1 - 1.3$	$81.5\% \leqslant S < 82\%$	A2（1% ~20%）$\leqslant S <$ A2（1% ~30%）	70	不太适用
$S < A_1 - 1.3$ $S > A_1 + 1.3$	$S < 81.5\%$	S < A2（1% ~30%）	60	不适用

表7　用户测评等级赋分值

用户评价项目	评价分值	用户单项评价
土壤紧实度	100	适用
土壤含水率	90	较适用
土壤类型	80	基本适用
前茬作物与植被	70	不太适用
田块大小	60	不适用

通过对1Z51-81型耕整机四川省丘陵3次不同作业对象和田间条件下的性能试验评价结果（表8）和15个专家用户调查结果（表9）。计算出1Z51-81型耕整机各评价因素的隶属度如表10所列。

表8　三次性能试验评价汇总表

因素指标	适用性影响程度	第一次	第二次	第三次	频数	同级分值	单项评价值（3次平均值）
耕深标准（15±1）cm	适用 v_1	15.5	14.5		0.67	200	
	较适用 v_2			13.5	0.33	90	
	基本适用 v_3						97.00
	不太适用 v_4						
	不适用 v_5						
耕深稳定性标准≥85%	适用 v_1			85..2%	0.33	100	
	较适用 v_2	83.80%	84.00%		0.67	180	
	基本适用 v_3						93.00
	不太适用 v_4						
	不适用 v_5						
作业小时生产率标准≥0.04hm²/h	适用 v_1						
	较适用 v_2	0.038		0.037	0.67	180	
	基本适用 v_3		0.035		0.33	80	87.00
	不太适用 v_4						
	不适用 v_5						

表 9 用户测评结果汇总表

因素指标	适用性影响程度	频数	同级分值	单项评价值 （15 次平均值）
土壤紧实度 u_{21}	适用 v_1	0.6	900	
	较适用 v_2	0.2	270	
	基本适用 v_3	0.2	240	94.00
	不太适用 v_4			
	不适用 v_5			
土壤含水率 u_{22}	适用 v_1	0.4667	700	
	较适用 v_2	0.3333	450	
	基本适用 v_3	0.2	240	92.67
	不太适用 v_4		1 390	
	不适用 v_5			
土壤类型 u_{23}	适用 v_1	0.6	900	
	较适用 v_2	0.2667	360	
	基本适用 v_3	0.1333	160	94.67
	不太适用 v_4	0	1 420	
	不适用 v_5	0		
前茬作物与植被 u_{31}	适用 v_1	0.4	600	
	较适用 v_2	0.4	540	
	基本适用 v_3	0.2	240	92.00
	不太适用 v_4	0	1 380	
	不适用 v_5	0		
田块大小 u_{32}	适用 v_1	0	0	
	较适用 v_2	0.1333	180	
	基本适用 v_3	0.2667	320	74.00
	不太适用 v_4	0.4667	490	
	不适用 v_5	0.1333	120	

表10　各评价因素指标隶属度

因素指标	等级				
	1	2	3	4	5
耕深 u_{11}	1.00	0	0	0	0
耕深稳定性 u_{12}	0.67	0.33	0	0	0
作业小时生产率 u_{13}	0	0.67	0.33	0	0
土壤紧实度 u_{21}	0.60	0.20	0.20	0	0
土壤含水率 u_{22}	0.47	0.33	0.20	0	0
土壤类型 u_{23}	0.60	0.27	0.13	0	0
前茬作物与植被 u_{31}	0.40	0.40	0.20	0	0
田块大小 u_{32}	0	0.13	0.27	0.47	0.13

根据一级模糊综合评价模型，计算出指标层的评价向量为

$$D_1 = A_1 R_1 = (0.4374,\ 0.3873,\ 0.1753) \times \begin{vmatrix} 1 & 0 & 0 & 0 & 0 \\ 0.67 & 0.33 & 0 & 0 & 0 \\ 0 & 0.67 & 0.33 & 0 & 0 \end{vmatrix}$$

$$= (0.6969\quad 0.2453\quad 0.0578\quad 0\quad 0)$$

同理可得

$D_2 = (0.5783\ 0.2411\ 0.1807\ 0\ 0)$

$D_3 = (0.2261\ 0.2826\ 0.2304\ 0.2044\ 0.0565)$

对准则层各指标进行二级模糊综合评价，得出

$B = [0.5878\ 0.2473\ 0.1364\ 0.0223\ 0.0062]$

$S = B \times CT = [0.59\quad 0.25\quad 0.14\quad 0.02\quad 0.06] \times [95\ 85\ 75\ 65\ 30]\ T = 90.90$

由此可以判定1Z51-81型耕整机适用度结论"适用性强"。

4　耕整机适用性评价法的实际运用

在推广鉴定工作实际中，应当对耕整机综合评价法进行适当简化，如果评价结果基本一致，则不必按以上程序进行。如果将各评价因素的测评结果与其适用性影响程度（权重）直接相乘后相加如下。

1Z51-81型耕整机适用性评价综合指数 = ∑单项评价值×单项相对总目标的权重 = 92.78

比较两个途径所得出的评价值，相差不超过5%，评价结论仍为"适用性强"。

5　结语

本文依据51-81型耕整机在四川省的使用情况调查，建立了适用度综合评价指标体系，并运用多级模糊综、综合评价方法对适用度进行判别。通过分析表明，多级模糊综合

评价方法运用到耕整机适用度评价中，能够很好地解决评价指标以及评价等级判定的模糊性问题，评价结果能够客观地反映耕整机适用度的水平。多级模糊综合评价方法的关键是指标权重以及隶属度的确定，这在很大程度上依赖所聘请专家的经验。在实际运用中可直接采用单项评价值与单项相对总目标权重计算得出评价指数。

参考文献

［1］JB/T 9803.1—1999，耕整机技术条件［S］.1999.

［2］DG/T 004—2012，农业机械推广鉴定大纲 耕整机［S］.2012.

影响采茶机适用性的因素分析[*]

邓晓明　许甦康　左学中

（四川省农业机械鉴定站，成都　610031）

摘　要：适用性作为评价农业机械整体性能的重要指标，能够正确引导用户的购买，减少企业和用户的损失，有利于农业机械的推广应用，对行业和社会经济效益有着明显的促进作用。本文在分析影响采茶机适用性各种因素的基础上，建立了影响采茶机适用性因素的评价体系，并利用数学统计法分析出影响采茶机适用性的主要因素。

关键词：采茶机；适用性；影响因素

0　引言

适用性、可靠性和安全性是评价农业机械的三个重要指标。《中华人民共和国农业技术推广法》中明确规定"推广农机产品，应当进行适用性试验"；《中华人民共和国农业机械化促进法》中进一步明确了"农业机械进行适用性、可靠性和安全性鉴定，对其做出评价并公布结果，为农民购买先进适用的农业机械提供信息。"由此可见适用性在评价农业机械性能指标中的重要性。

由于采茶机在中国使用时间还相对较短，其原有的传统评价模式主要是基于产品标准规定条件下的检测结果，远不能适应我国地域辽阔、作物品种多、加工工艺及采茶方式多样性强的特殊要求，所以对于采茶机的适用性影响因素及适用性评价方法的研究到目前为止还没有形成完整的理论体系。研究采茶机适用性影响因素是建立采茶机适用性评价方法的前提。本文在分析影响采茶机适用性各种因素的基础上，建立了采茶机适用性主要影响因素评价体系，并利用数学计算方法计算出影响采茶机适用性因素比重。

1　采茶机适用性影响因素

采茶机适用性是指适应不同地区茶树品种、栽培条件、农艺要求所具备的性能。由于评价适用性的主体是用户，所以在前期数据收集的过程主要通过对采茶机用户、生产企业

---

　* 基金项目：公益性行业（农业）科研专项经费项目"农业机械适用性评价技术集成研究"（200903038）

与经销商、农机管理与推广部门进行调研的方式，初步总结出了影响采茶机适用性的因素主要有以下几点。

茶叶品种。茶叶品种对机采的适用性主要体现在鲜叶摘采的精度要求和摘采后茶树的再生力和株形上[1]。鲜叶摘采的精度是根据茶叶品种来确定的。对于部分要求较高的名优茶，由于其原料是芽尖，机器采摘达不到制作要求，所以机采对这类茶叶不适用，例如，信阳毛尖。

茶园的地形地貌、园间道路的通过性能是决定选择采茶机机型的关键因素。一般来说，目前我国茶叶种植区域推广使用较多的有单人和双人采茶机，根据调查了解，单人采茶机一般在山区、丘陵地区适用，双人采茶机则比较适合平原或地势较平缓的浅丘地带的茶园使用。

蓬面整齐程度。树冠形状对茶叶产量的影响，各地的研究结果，不甚一致，有的以弧形产量为高，有的则以水平形产量为高，但一般差异不大显著。从劳动强度、采摘工效考虑，弧形树冠便于机采。因此，一般认为灌木型茶树，宜采用弧形树冠；小乔木型茶树，则可用水平形树冠。如果茶树树冠不平整，发芽不整齐，生长势不旺盛，往往影响机采的效果，而且也会影响茶叶的质量。

蓬面宽度。蓬面宽度是影响采茶机作业效率和茶叶采收质量的主要因素。由于茶树蓬面宽窄不一，单人采茶机需来回采收三次，最多四次，影响了采摘效率和茶叶的采收质量。

蓬面高度。蓬面高度是影响操作者工作强度和作业质量的重要因素。问卷调查发现，机采茶树树冠的高度一般以 60～90cm 为宜，过高或过低都不便机械操作。如树高超过 1m，则应进行深修剪。

根据调研还发现其他一些影响采茶机适用性的因素：如采茶机的重量、手把振动、茶叶导风管的风量等因素也影响采茶机使用与作业性能，与操作者的劳动强度密切相关。

2 采茶机适用性影响因素评价体系

通过对采茶机用户发放调查表的方式，统计出影响采茶机适用性的首要因素、重要因素和次要因素，分别赋予 3 类因素合理的权重值，建立了采茶机适用性影响因素评价体系。

2.1 影响采茶机适用性三类因素统计

2.1.1 对影响采茶机适用性首要因素的统计结果

对影响采茶机适用性首要因素的统计结果如图 1 所示。

可见，影响采茶机适用性首要因素依次为：蓬面整齐程度 S_1（40%）、蓬面高度 S_2（20%）、蓬面宽度 S_3（15%）、茶树行间通过性能 S_4（15%）、茶树品种 S_5（10%）。

2.1.2 影响采茶机适用性重要因素

对影响采茶机适用性重要因素的统计结果如图 2 所示。

由图 2 可知，蓬面高度 Z_1、蓬面宽度 Z_2、漏采率 Z_3、机器噪声 Z_4、机器振动 Z_5 这几

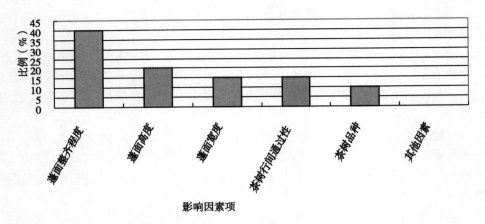

图 1   影响采茶机适用性首要因素统计

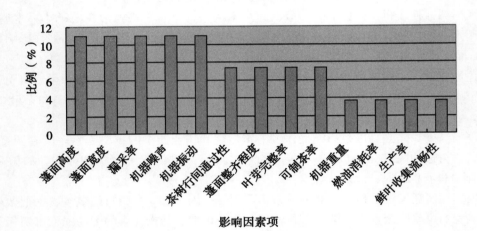

图 2   影响采茶机适用性重要因素的统计

项因素占重要因素的比例最大，茶树行间通过性 Z_7、蓬面整齐程度 Z_8 等因素占重要因素的比例较小。

2.1.3   影响采茶机适用性次要因素

对影响采茶机适用性次要因素的统计结果如图 3 所示。

由图 3 可知，影响采茶机适用性次要因素所占比例从高至低为：茶树行间通过性 C_1（25%）、蓬面宽度 C_2（18.8%）、茶树品种 C_3（18.8%）、蓬面高度 C_4（18.8%）、燃油消耗率 C_5（12.5）、蓬面整齐程度 C_6（6.25%）。

2.2   问卷结果处理

从以上问卷统计的数据可以大致看出影响采茶机适用性的一些重要因素、主要因素和次要因素。为了使调查问卷显示的结果更加直观，采用数理统计方法再对以上数据进行处理。

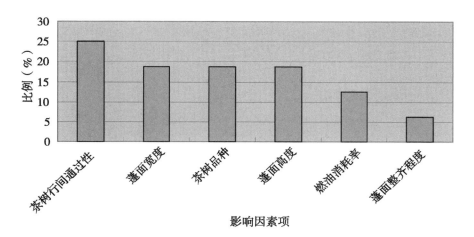

图3　影响采茶机适用性次要因素统计

2.2.1　权重的确定

在进行综合评价时，权重的确定是首要步骤，权重对最终的评价结果有很大影响。确定权重的方法很多，如专家估计法、层次分析法等，考虑到建立的采茶机适用性影响因素评价系统比较简单，采用专家估计法将影响采茶机适用性首要因素、重要因素和次要因素分别赋予权重值0.5、0.3、0.2。

2.2.2　结果的计算

在确定权重的基础上，可以算出影响采茶机适用性各个因素值：蓬面整齐程度 = $0.5S_1 + 0.3Z_8 + 0.2C_1 = 1.4722$，同理可算出蓬面高度（0.1706）、茶树行间通过性能（0.1472）、蓬面宽度（0.1456）、茶树品种（0.0876）、漏采率（0.033）、机器噪声（0.033）、机器振动（（0.033）、燃油消耗率（0.025）。

3　结论

根据计算结果，可以得到影响采茶机适用性最主要的因素为：蓬面整齐程度、蓬面高度、茶树行间通过性能、蓬面宽度和茶树品种。

参考文献

王秀铿，黄仲先，朱树林. 茶树品种对机采适应性研究［J］. 茶叶通讯，1987（2）.

基于模糊综合评判法的
采茶机适用性研究[*]

邓晓明　许甦康　左学中

（四川省农业机械鉴定站，成都　610031）

摘　要： 适用性作为评价农业机械整体性能的重要指标，能够正确引导用户购买，减少企业和用户的损失，有利于农业机械的推广应用，对行业和社会经济效益有着明显的促进作用。由于影响采茶机适用性的因素很多，且具有一定的主观性和模糊性，所以，将采茶机适用性量化是当前研究的重点问题。本文在分析采茶机适用性影响因素的基础上，建立了采茶机适用性评价体系，并利用模糊综合评判法对适用性进行判定。

关键词： 采茶机适用性；模糊综合评判法；适用度

0　引言

适用性、可靠性和安全性是评价农业机械的 3 个性能指标。《中华人民共和国农业技术推广法》中明确规定"推广农机产品，应当进行适用性试验"；《中华人民共和国农业机械化促进法》中进一步明确了"农业机械进行适用性、可靠性和安全性鉴定，对其做出评价并公布结果，为农民购买先进适用的农业机械提供信息。"由此可见适用性在评价农业机械性能指标中的重要性。

由于采茶机在中国使用时间还相对较短，其原有的传统评价模式主要是基于产品标准规定条件下的检测结果，远不能适应我国地域辽阔，作物品种多、加工工艺及采茶方式多样性强的特殊要求，所以对于采茶机的适用性影响因素及适用性评价方法的研究到目前为止还没有形成完整的理论体系。本文通过对影响采茶机适用性的因素和受适用性影响较为突出的主要性能指标的研究，明确农机农艺结合模式与采茶机产品发展的内在联系，建立采茶机适用性评价体系，并利用模糊综合评判法对采茶机适用性进行判定。

1　采茶机适用性影响因素

采茶机适用性指采茶机适应不同地区茶树品种、栽培条件、农艺要求所具备的性能。

＊ 基金项目：公益性行业（农业）科研专项经费项目"农业机械适用性评价技术集成研究"（200903038）

是用户在使用过程中对其满意程度的量化，是一个指标，我们把这个指标称为"适用度"。由于评价的主体是用户，所以在前期数据收集的过程主要通过对采茶机用户、生产企业与经销商、农机管理与推广部门进行调研的方式，初步总结出了影响采茶机适用性的主要因素有以下几点。

（1）茶叶品种

茶叶品种对机采的适用性主要体现在鲜叶摘采的精度要求和摘采后茶树的再生力和株形上[1]。鲜叶摘采的精度是根据茶叶品种来确定的。对于部分要求较高的名优茶，由于其原料是芽尖，机器采摘达不到制作要求，所以机采对这类茶叶不适用，例如，信阳毛尖。

（2）茶园的地形地貌、园间道路的通过性能是决定选择采茶机机型的关键因素

一般来说，目前，我国茶叶种植区域推广使用较多的有单人和双人采茶机，根据调查了解，单人采茶机在一般山区、丘陵地区适用，双人采茶机则比较适合平原或地势较平缓的浅丘地带的茶园使用。

（3）蓬面整齐程度

树冠形状对茶叶产量的影响，各地的研究结果，不甚一致，有的以弧形产量为高，有的则以水平形产量为高，但一般差异不大显著。从劳动强度、采摘工效考虑，弧形树冠便于机采。因此，一般认为灌木型茶树，宜采用弧形树冠；小乔木型茶树，则可用水平形树冠。如果茶树树冠不平整，发芽不整齐，生长势不旺盛，往往影响机采的效果，而且也会影响茶叶的质量。

（4）蓬面宽度

蓬面宽度是影响采茶机作业效率和茶叶采收质量的主要因素。由于茶树蓬面宽窄不一，单人采茶机需来回采收 3 次，最多 4 次，影响了采摘效率和茶叶的采收质量。

（5）蓬面高度　蓬面高度是影响操作者工作强度和作业质量的重要因素。问卷调查发现，机采茶树树冠的高度一般以 60～90cm 为宜，过高过低都不便机械操作。如树高超过 1m，则应进行深修剪。

根据调研我们还发现其他一些影响采茶机适用性的因素：如采茶机的重量、手把振动、茶叶导风管的风量等因素也影响采茶机使用与作业性能，与操作者的劳动强度密切相关。

2　基于模糊综合评判法的采茶机适用性评价体系模型

2.1　模糊综合评价法

模糊综合评价法是一种基于模糊数学的综合评价指标方法。该综合评价法根据模糊数学的隶属度理论把定性评价转化为定量评价，即用模糊数学对受到多种因素制约的事物或对象做出一个总体的评价。它具有结果清晰，系统性强的特点，能较好地解决模糊的、难以量化的问题，适合各种非确定性问题的解决[2]。由于影响采茶机适用性的因素很多，且具有一定的主观性和模糊性，所以本文采用模糊综合评价法对采茶机适用性进行

研究[3]。

2.2　评价指标体系的建立

影响采茶机适用性主要表现在茶园适用机采的性因素上，将上述主要影响采茶机适用性的 5 个影响因素建立了的采茶机适应性评价指标体系结构图：目标因素集 u_1 =（u_1，u_2，u_3，u_4，u_5）。采茶机适用性评价指标体系结构及其评价指标的具体内容如图 1 所示。

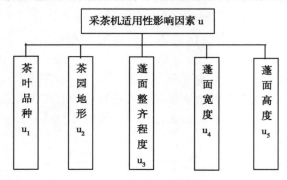

图 1　采茶机适用性评价指标体系结构图

2.3　评价集和权重的确定

评价集是对各层次评价指标的综合描述。采茶机适用性评价指标体系的评价集分为五个等级，其具体的评价集为：

V =（v_1，v_2，v_3，v_4，v_5，）=（适用，较适用，基本适用，较不适用，不适用）

确定权重的方法很多，例如，专家估计法、层次分析法等。根据本模型的结构特点，我们采用了专家估计法来确定权重，最终确定结果为：

A =（0.1，0.15，0.4，0.15，0.2）

2.4　模糊判断矩阵的确定

模糊判断矩阵必须建立在一定的数据基础上。对数据的采集，采用问卷的形式，调查采茶机用户、经销商对本地区广泛使用的两种采茶机的适用性，具体评价内容为采茶机适应性评价指标体系结构图第二层中各个单因素。最后通过对调查结果的整理、统计，即得到单因素模糊评判矩阵。

$$Ri = \begin{bmatrix} r_{i11} & r_{i12} & \cdots & r_{i1n} \\ r_{i21} & r_{i22} & \cdots & r_{i2n} \\ \vdots & \vdots & \vdots & \vdots \\ r_{im1} & r_{im2} & \cdots & r_{imn} \end{bmatrix} i = 1,\ 2$$

其中，m 为评价指标集 u_i 中元素的个数，n 为评价集 v 中元素的个数。

3 采茶机适用性评价体系模型的应用

通过发放问卷给四川地区的采茶机用户、经销商，让他们给本地区使用最广泛的 M、N 两种采茶机的适用性各个单因素评分。本次调查共发放问卷 200 份，回收 168 份，有效 165 份。调查问卷的单项满分为 10 分，按照模型中对评价集的划分将有效的 165 份问卷的数据进行整理和统计，构造出采茶机 A 的模糊评判矩阵为：

$$R_1 = \begin{bmatrix} 0.97 & 0.03 & 0 & 0 & 0 \\ 0.08 & 0.38 & 0.44 & 0.1 & 0 \\ 0.03 & 0.58 & 0.39 & 0 & 0 \\ 0.11 & 0.44 & 0.12 & 0.21 & 0.12 \\ 0.5 & 0.39 & 0.06 & 0.05 & 0 \end{bmatrix}$$

采用加权平均模型 M（×，+），即 $b_j = \sum (a_i \cdot r_{ij})$（j = 1，2…m）可以得到这种采茶机的茶园机采性的评价向量[4]：

B = A · R = （0.2085，0.4032，0.2613，0.091，0.036）

归一化得 B = （0.21，0.37，0.26，0.11，0.05）。同理可得采茶机 N 的评价向量 B'=（0.18，0.26，0.38，0.17，0.01）。根据最大隶属度原则，采茶机 M 在四川地区的适用性为"较适用"，采茶机 N 为"基本适用"，所以采茶机 M 在四川地区的适用性高于采茶机 N。

参考文献

[1] 王秀铿，黄仲先，朱树林. 茶树品种对机采适应性研究 [J]. 茶叶通讯，1987（2）.

[2] http://baike.baidu.com/view/3636909.htm.

[3] 蒋泽军. 模糊数学教程 [M]. 北京：国防工业出版社，2004.

[4] 杜栋，庞庆华，吴炎. 现代综合评价方法与案例精选 [M] 清华大学出版社，2011.

基于 AHP 法农业机械适用性综合评价方法模型的建立*

徐涵秋** 张山坡 米洪友

（四川省农业机械鉴定站，成都 610031）

摘 要：为了准确评价农业机械适用性，本文提出了多级模糊综合评价方法，分析了农业机械适用性的影响因素，建立了网络型农业机械适用性评价指标体系，运用层次分析法确定各层次评价指标权重。确定评价指标隶属度时，定性指标采用模糊统计法，数量化指标分为正向指标、适度指标、负向指标分别确定，也推荐了定量指标测试结果评价方法。通过 51-81 型耕整机验证，在评价区域内适用度为 80，适用性评价结论为"适用性较强"，评价结果能客观反映该耕整机适用性水平。

关键词：农业机械；适用性；评价指标；多级模糊综合评价

农业机械适用性是指农业机械产品在一定地域、环境、作物品种或农艺要求的条件下，具有保持规定特性的能力[1]。因此，农业机械的适用性是对应于一定的地域、环境、作物品种或农艺要求等作业条件而言的，同一台机具在某种作业条件下适用，而在其他作业条件下未必适用。农业机械的适用性有其相对性和局限性[2]。

农业机械适用性评价方法是通过对农业机械进行试验检测、使用情况调查、专家评议等途径，对机具的适用性能作出综合评定的方法。具体有适用性性能试验方法、适用性跟踪测评方法、适用性用户调查方法等。

适用性性能试验方法是在人为选定的作业条件下，对机具进行实地作业性能试验，分析机具对标准或农艺的满足程度，并通过数理统计技术分析机具在多种作业条件下使用时的关联度，并评价机具的适用性。该技术科学，得出的结果置信度高。但需大量人力和财力，评价成本高。

适用性跟踪测评方法是将样机投入到实际应用中，或者选择用户已经购买的机具，在正常作业情况下，对机具实际作业进行跟踪考核，评价机具和适用性。该技术的优点是可以直接了解机具的作业效果，试验成本较低，但获取技术指标的数量及准确性不如试验技

* 基金项目：公益性行业（农业）科研专项经费项目"农业机械适用性评价技术集成研究"（200903038）

** 作者简介：徐涵秋（1978—），男，河南淮滨人，硕士，高级工程师，主要从事农业机械试验鉴定与推广

术评价高，而且耗时较多。

适用性用户调查方法是利用调查表和听取座谈的方式，听取用户、农户的评价意见，了解机具在日常作业过程中的性能，利用数学分析的方法，评价机具在实际使用过程中适用性。该技术的优点是成本低，可以扩大调查面，获取大量的数据，但无法获取量化的性能指标，收集的信息置信度不高。在评价时评价机型如果是新机型，还不具有一定量的客户群时，无法采用用户调查的方式评价，无法通过该技术对机具作出准确的评价。

我国农业机械类型多，使用条件十分复杂，使用上述评价方法中任一种对机具的适用性作出评价都存在一定局限性[3]，因此，必须研究综合评价方法。农业机械适用性综合评价方法是根据不同机具的实际情况选用上述两种以上评价方法，采用数理统计技术及加权等方法，对机具的适用性进行综合评价。即该方法可以采用，性能试验方法与跟踪测评方法相结合、性能试验方法与用户调查方法相结合、跟踪测评方法与用户调查方法相结合、性能试验方法与跟踪测评方法和用户调查方法相结合等组合。根据各类机具适用性特点选择不同的组合进行综合评价，它可以避免单一方法的不足，实现科学、准确、经济、合理。当采用两种或两种以上评价方法时，不同的评价方式的评价结果表述是不一样的，准确度也不一样，必须利用综合评价方法，对不同方式取得的评价成果，进行加权数据处理，得出机具适用性综合评价结果，从而实现了评价结果科学、准确、合理。

1　农业机械适用性综合评价指标体系

针对农业机械适用性综合评价方法根据 GB/T 5262—2008《农业机械试验条件　测定方法的一般规定》的规定，结合借鉴国内外其他行业模糊综合评价研究成果[4~5]，本着科学性、系统性、可操作性、可比性和易于获得性的原则，确定出网络型评价指标体系，作如图 1 所示层次分解。

2　多级模糊综合评价模型的建立

对于评价农业机械适用性，其影响因素具有复杂性和多样性的特点，精确化能力的降低造成对系统描述的模糊性，且适用性等级的划分也具有模糊性，各等级的标准难以严密确定，划分只是一种人为判断，运用模糊手段来处理模糊性问题，将会使评价结果更真实、更合理。因此，对多因素、多层次具有模糊性的农业机械适用性问题宜采用基于模糊数学的模糊系统评价方法。依据模糊数学理论基于层次分析法的多级模糊综合评价模型的建立须经过以下步骤[6]。

① 给出备择的对象集：农业机械适用度。

② 确定指标集：把能影响评价农业机械适用性的各因素构成一个集合。

③ 建立权重集：由于指标集中各指标的重要程度不同，所以要运用层次分析法对一级指标和二级指标（甚至更多级指标）分别赋予相应的权数。

④ 确定评语集：评价集设为 $v = \{v_1$（适用性强），v_2（适用性较强），v_3（适用性一般），v_4（适用性较差），v_5（不适用）$\}$，数量化表示为 $v = \{100，90，80，70，60\}$。

⑤ 找出评判矩阵：$R = (r_{ij}v)_{n \times m}$，首先确定出 U 对 v 的隶属函数，然后计算出适用

性评价指标对各等级的隶属度 u_{ij}。

⑥ 求得模糊综合评判集，即根据评判集矩阵乘法得终评价结果，得出农业机械适用性优劣的结论。

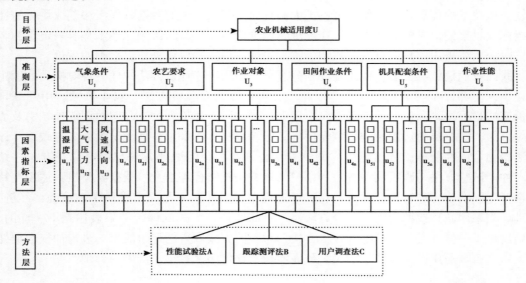

图 1　农业机械适用性综合评价指标体系结构

2.1　构建评价因素集合

在农业机械适用度指标构成体系中，评价对象因素集合为

$$U = \{U_1, U_2, U_3, U_4, U_5\} \qquad （式1）$$

$$U_1 = \{u_{11}, u_{12} \cdots u_{1n}\}$$

$$U_2 = \{u_{21}, u_{22} \cdots u_{2n}\}$$

$$U_3 = \{u_{31}, u_{32} \cdots u_{3n}\}$$

$$U_4 = \{u_{41}, u_{42} \cdots u_{4n}\}$$

$$U_5 = \{u_{51}, u_{52} \cdots u_{5n}\}$$

$$U_6 = \{u_{61}, u_{62} \cdots u_{6n}\}$$

在图 1 中农业机械适用性影响较为突出的因素包括以下几项。

（1）气象条件（U_1）

① 气温（℃）/湿度（%）：高温、常温、低温/高湿、正常、干旱；② 风向、风速（m/s）；③ 大气压力（kPa）。

（2）农艺要求（U_2）

影响机具适用性较为主要的农艺要求，如插秧机株距、秧苗大小、田间浸水时间等。

（3）作业对象（U_3）

作业对象所具有的特性影响机具适用性，如联合收割机作业对象（水稻、小麦）的草谷比、穗幅差、作物含水率等特征指标。

（4）田间作业条件（U_4）

① 地形地貌：山地、丘陵、平原等；

② 地块形状、地块面积、地块坡度等；

③ 水田、旱田；

④ 植被类型、植被覆盖率等；

⑤ 土壤条件：土壤类型、土壤坚实度、土壤含水率等。

（5）机具配套条件（U_5）

① PTO 型式、转速、速度；

② 牵引力；

③ 整机质量；

④ 悬挂装置型式、提升力；

⑤ 轮距；

⑥ 使用安全性。

（6）作业性能（U_6）

受适用性影响因素影响较为突出的机具作业性能指标，如联合收割机破碎率、损失率、含杂率等。对任一因素指标的获得可以通过性能试验法、跟踪测评法、用户调查法等方法中的任一种或多种组合。但对部分因素指标可能存在仅需一种方法便可以获得的情况，这时可视为另外方法的指标隶属度为零。

2.2　建立评价集

评价集 V 是评价等级的集合，针对农业机械适用度评价指标体系，建立评价集为

$$V = \{V_1, V_2, V_3, V_4, V_5\} \tag{式2}$$

= ｛适用性强，适用性较强，适用性一般，适用性较差，不适用｝

根据评价集 V，进行临界值的设立：90 ~ 100 为适用性强，80 ~ 90 为适用性较强，70 ~ 80 为适用性一般，60 ~ 70 为适用性较差，小于 60 为不适用。

数量化表示为 $V = \{100, 90, 80, 70, 60\}$

2.3　确定指标权重

由于 U 中各个因素对农业机械适用度的影响程度不同，需要对每个因素赋予不同的权重。本文运用层次分析法（AHP）求得不同层次指标的权重。采用 1 ~ 9 标度法，如表 1 所示。由各专家分别构造判断矩阵。然后由平均值得到最后的判断矩阵[7~8]。根据最终确定的判断矩阵首先进行层次单排序及其一致性检验，求解判断矩阵的最大特征值 λmax 及其所对应的特征向量 W，W 经过标准化后，即为同一层次中相应元素对于上一层中某个因素相对重要性的排序指标（权重）。

表1 判断矩阵标度含义

标度	含义
1	表示两个因素相比，具有同样重要性
3	表示两个因素相比，一个因素比另一个因素稍微重要
5	表示两个因素相比，一个因素比另一个因素明显重要
7	表示两个因素相比，一个因素比另一个因素强烈重要
9	表示两个因素相比，一个因素比另一个因素极端重要
2, 4, 6, 8	上述两相邻判断的中值
倒数	因素 i 与 j 比较的判断 u_{ij}，则因素 j 与 i 比较的判断 $u_{ji} = 1/u_{ij}$

进行层次单排序与一致性检验时，判断矩阵的一致性指标 C_I 为

$$C_I = （\lambda max-N） / （N-1）\qquad（式3）$$

随机一致性比率 C_R 为

$$C_{R=} = C_I/R_I\qquad（式4）$$

式中：N 为判断矩阵的阶数；R_I 为随机一致性指标，各阶数判断矩阵所对应的 R_I 见表2。

表2 R_I 值

阶数	1	2	3	4	5	6	7	8	9
R_I	0	0	0.580	0.901	1.120	1.240	1.320	1.410	1.450

若 $C_R < 0.10$，则认为判断矩阵满足一致性检验；否则，需重新构造判断矩阵，直到一致性检验通过。经过层次单排序以及一致性检验，可确定出指标层的权重。

利用同一层次所有层次单排序的结果，可以计算本层次所有元素对上一层次而言重要性的权值，即层次总排序。$C_R < 0.10$ 时，认为层次总排序满足一致性，得到准则层的权重。不同层次的因素指标权重可表示如下。

准则层权重为

$$A = （a_1, a_2, a_3, a_4, a_5, a_6）, \sum_{i=1}^{6} ai = 1\qquad（式5）$$

因素指标层权重为

$$A_i = （a_{i1}, a_{i2}\cdots a_{in}）, \sum_{j=1}^{n} aij = 1 \quad （i = 1, 2, 3, 4, 5, 6）\qquad（式6）$$

2.4 确定评价指标的隶属度

在进行模糊综合评价前应先确定各评价指标的隶属度，对于难以用数量表达的指标，如环境条件、地表条件等，采用模糊统计法来确定隶属度。模糊统计方法是让参与评价的专家按事先给定的评价集 V 给各个评价指标划分等级，再依次统计各个评价指标 u_{ij} 属于各个评价等级 Vq（q = 1, 2, 3, 4, 5）的频数 n_{ijq}，由 n_{ijq} 可以计算出评价因素隶属于评

价等级 V_q 的隶属度 u_{ij}^q。如果聘请 n 个专家，则 u_{ij}^q 为

$$u_{ij}^q = n_{ijq}/n \tag{式 7}$$

对于可以收集到确切数据的定量指标，可以分成正向指标、负向指标与适度指标，并确定各评价等级 V_q 的临界值 $v_1 \sim v_6$，再通过 Zadeh（式 8）~（式 10）计算已量化的指标 u_{ij} 隶属于各评价等级的隶属度。

正向指标的隶属度为

$$u_{ij}^q = \begin{cases} 0 \\ (uij - vq)/(vq + 1 - vq) & uij < vq \\ 1 \end{cases}$$

$$vq + 1 > uij \geqslant vq$$
$$uij \geqslant vq + 1 \tag{式 8}$$

适度指标的隶属度为

$$u_{ij}^q = \begin{cases} 0 \\ 2(uij - vq)/(vq + 1 - vq) & uij > vq + 1, uij < vq \\ 2(vq + 1 - uij)/(vq + 1 - vq) \end{cases}$$

$$vq \leqslant uij < vq + (vq + 1 - vq)/2$$
$$vq + (vq + 1 - vq)/2 \leqslant uij \leqslant vq + 1 \tag{式 9}$$

负向指标的隶属度为

$$u_{ij}^q = \begin{cases} 1 \\ (vq + 1 - uij)/(vq + 1 - vq) & uij \leqslant vq \\ 0 \end{cases}$$

$$vq + 1 \geqslant uij > vq$$
$$uij > vq + 1 \tag{式 10}$$

对于某一作业性能参数项目测试结果数据的采用亦可采用表 3 进行一致性变换，即把测试数据依据评价集进行数量化。

表 3　作业性能试验测试结果及评价的一致性

性能试验测试结果	单项评价	数量化
$x < 0.8X$	适用性强	100
$0.8X \leqslant x < 0.9X$	适用性较强	90
$0.9X \leqslant x < 1.1X$	适用性一般	80
$1.1X \leqslant x < 1.2X$	适用性较差	70
$x \geqslant 1.2X$	不适用	60

注：x 为测试值，X 为该项目的标准值。

2.5　进行模糊综合评价

首先进行一级模糊综合评价，采用由（式 7）~（式 10）确定的隶属度 u_{ij}^q 刻画的模

糊集合来描述的模糊规则，得到模糊矩阵 R_i 为

$$Ri = \begin{bmatrix} r_{11} & r_{12} & \cdots & r_{1n} \\ r_{21} & r_{22} & \cdots & r_{2n} \\ r_{31} & r_{32} & \cdots & r_{3n} \\ \vdots & \vdots & \vdots & \vdots \\ r_{61} & r_{62} & \cdots & r_{6n} \end{bmatrix}$$

一级综合评价模型 D 为

$$D = A_i R_i = \begin{bmatrix} D_1 \\ D_2 \\ D_3 \\ D_4 \\ D_5 \\ D_6 \end{bmatrix} = \begin{bmatrix} A_1 R_1 \\ A_2 R_2 \\ A_3 R_3 \\ A_4 R_4 \\ A_5 R_5 \\ A_6 R_6 \end{bmatrix} \tag{式11}$$

对指标层的每一评价指标 a_{ij} 均作出评价后，对准则层各指标进行二级模糊综合评价，得出评价矩阵 B 为

$$B = AD = \begin{bmatrix} b_1 & b_2 & b_3 & b_4 & b_5 \end{bmatrix} \tag{式12}$$

如果评价结果 $\sum_{i=1}^{5} b_i \neq 1$，对结果进行归一化处理，得到 B^*，并计算 S 为

$$S = B^* C^T$$

式中：C 矩阵由评价集 V 确定，取值为各评价等级临界值的中值；S 为农业机械适用度综合评价结果。

3 农业机械适用性多级模糊综合评价方法模型的应用

本文针对 51-81 型耕整机采用综合评价方法进行适用性评价。建立如图 2 所示评价体系。

3.1 建立判断矩阵

根据 2.3 的方法，发放调查表由各位专家按表 1 规定的标度含义给出所有因素的相对标度值，表 4 至表 8 为统计 12 位专家取值所得。

表 4 51-81 型耕整机适用度各测评因素的相对标度值

U	作业对象 U_3	田间作业条件 U_4	机具配套条件 U_5	作业性能 U_6
作业对象 U_3		5	7	1
田间作业条件 U_4			2	1/3
机具配套条件 U_5				1/5
作业性能 U_6				

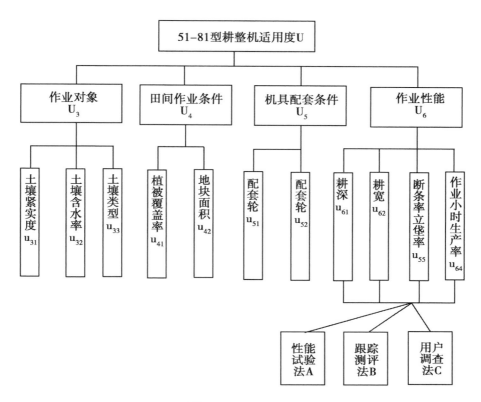

图 2　51-81 型耕整机适用性综合评价指标分解图

表 5　作业对象各测评因素的相对标度值

U_3	土壤紧实度 u_{31}	土壤含水率 u_{32}	土壤类型 u_{33}
土壤紧实度 u_{31}		5	1
土壤含水率 u_{32}			1/5
土壤类型 u_{33}			

表 6　田间作业条件各测评因素的相对标度值

U_4	植被覆盖率 u_{41}	地块面积 u_{42}
植被覆盖率 u_{41}		1/2
地块面积 u_{42}		

表 7　机具配套条件适用度各测评因素的权重值

U_5	装配轮 u_{51}	配套犁 u_{52}
装配轮 u_{51}		1/3
配套犁 u_{52}		

表 8　作业性能适用度各测评因素的相对标度值

U_6	耕深 u_{61}	耕宽 u_{62}	断条率/立垡回垡率 u_{63}	作业小时生产率 u_{64}
耕深 u_{61}		3	5	1
耕宽 u_{62}			2	1/2
断条率/立垡回垡率 u_{63}				1/5
作业小时生产率 u_{64}				

3.2　确定因素权重

根据表 4 至表 8 的建立判断矩阵，按 AHP 法计算出 51-81 耕整机适用性各因素的权重如表 9 所列。

表 9　各评价因素指标权重

准则层	准则层权重 A	因素指标层	指标层权重 Ai	备注
作业对象适用度　U_3	0.4799	土壤坚紧度 u_{31}	0.4545	
		土壤含水率 u_{32}	0.0909	
		土壤类型 u_{33}	0.4545	
田间作业条件适用度　U_4	0.1569	植被覆盖率 u_{41}	0.3333	
		地块面积 u_{42}	0.6667	
机具配套条件适用度　U_5	0.0682	装配轮 u_{51}	0.2500	
		配套犁 u_{52}	0.7500	
作业性能适用度　U_6	0.2950	耕深 u_{61}	0.4031	
		耕宽 u_{62}	0.1556	
		断条率/立垡回垡率 u_{63}	0.0770	
		作业小时生产率 u_{64}	0.3642	

3.3　确定各评价指标隶属度

根据调查表及试验检测数据并结合 2.4 中式 7 计算出 51-81 型耕整机各评价因素的隶属度如表 10 所列。

表 10　各评价因素指标隶属度

因素指标	等级				
	V_1	V_2	V_3	V_4	V_5
土壤紧实度 u_{31}	0.43	0.24	0.16	0.17	0
土壤含水率 u_{32}	0.26	0.33	0.16	0.17	0.08
土壤类型 u_{33}	0.36	0.25	0.15	0.15	0.09
植被覆盖率 u_{41}	0.32	0.25	0.15	0.11	0.17
地块面积 u_{42}	0.28	0.39	0.14	0.13	0.06
装配轮 u_{51}	0.28	0.31	0.17	0.16	0.08
配套犁 u_{52}	0.22	0.3	0.21	0.17	0.1
耕深 u_{61}	0.34	0.23	0.27	0.12	0.04
耕宽 u_{62}	0.22	0.23	0.32	0.17	0.06
断条率/立垡回垡率 u_{63}	0.29	0.27	0.22	0.12	0.1
作业小时生产率 u_{64}	0.3	0.19	0.23	0.18	0.1

3.4　模糊综合评价

根据一级模糊综合评价模型，计算出指标层的评价向量为

$$D_1 = A_1 R_1 = (0.4545, 0.0909, 0.4545) \times \begin{bmatrix} 0.43 & 0.24 & 0.16 & 0.17 & 0 \\ 0.26 & 0.33 & 0.16 & 0.17 & 0.08 \\ 0.36 & 0.25 & 0.15 & 0.15 & 0.09 \end{bmatrix}$$

$$= (0.3827, 0.2527, 0.1554, 0.1609, 0.0482)$$

同理可得

$$D_2 = (0.2933, 0.3433, 0.1433, 0.1233, 0.0967)$$
$$D_3 = (0.2350, 0.3025, 0.2000, 0.1675, 0.0950)$$
$$D_4 = (0.3029, 0.2185, 0.2593, 0.1496, 0.0696)$$

对准则层各指标进行二级模糊综合评价，根据（式 13）得出

$$B = [0.3351\ 0.2602\ 0.1872\ 0.1521\ 0.0653]$$
$$S = B^* C^T = [0.34\ 0.26\ 0.19\ 0.15\ 0.07] \times [95\ 85\ 75\ 65\ 30]^T = 80$$

由此可以判定 51-81 型耕整机在评价区域内适用性结论为"适用性较强"。

4　结语

本文采用 51-81 型耕整机在四川省的使用情况调查为例，建立了适用性综合评价指标体系，并运用多级模糊综、综合评价方法对适用性进行判别。通过分析表明，多级模糊综合评价方法运用到耕整机适用度评价中，能够很好地解决评价指标以及评价等级判定的模

糊性问题，评价结果能够客观地反映耕整机适用度的水平。多级模糊综合评价方法的关键是指标权重以及隶属度的确定，这在很大程度上依赖所聘请专家的经验。虽然本文应用层次分析推求权重，可以进行思维的一致性检验，尽量减少了人为分配的任意性，但专家的选取在一定程度上仍会对评价结果产生影响，本文的研究还有待于今后进一步的深入和完善。

参考文献

［1］NY/T 2082—2011，农业机械试验鉴定 术语［S］. 2011.

［2］谢宁生. 农业机械的适用性研究简介［J］. 江苏农机化，1994（2）：11－12.

［3］刘博，焦刚. 农业机械适用性的评价方法［J］. 农业机械学报，2006，37（9）：100－103.

［4］Liu Shiyan, Wu Linjiang. A study on the establishing and evaluation of corporation competence index system［J］. Statistics and Information Tribune, 2001, 16（1）：29－33.（in Chinese）.

［5］Yuan Jiaxin, Cheng Longsheng. The corporation competence and its evaluation［J］. Statistics and Decision, 2003, 18（5）：38－39.（in Chinese）.

［6］秦寿康. 综合评价原理与应用［M］. 北京：电子工业出版社，2003.

［7］许树柏. 层次分析法原理：决策实用方法［M］. 天津：天津大学出版社，1988.

［8］吴育华，杜纲. 管理科学基础［M］. 天津：天津大学出版社，2001.